中 等 职 业 教 育 规 划 教 材

全国建设行业中等职业教育推荐教材

建筑工程预算

（工业与民用建筑专业）

主　编　袁建新

参　编　王朝霞　李成贞

中国建筑工业出版社

图书在版编目（CIP）数据

建筑工程预算/袁建新主编. —北京：中国建筑工业
出版社，2003
中等职业教育规划教材. 全国建设行业中等职业教
育推荐教材. 工业与民用建筑专业
ISBN 978-7-112-05385-8

Ⅰ. 建…　Ⅱ. 袁…　Ⅲ. 建筑预算定额-专业学校-
教材　Ⅳ. TU723.3

中国版本图书馆 CIP 数据核字（2003）第 025916 号

本书共分十一章，主要内容包括建筑安装工程预算编制原理、预算定额的应用、人工单价、材料预算价格、机械台班预算价格编制方法、土建施工图预算编制、水暖电安装工程预算编制、工程量清单计价。同时也介绍了施工预算、工程结算、微机编制预算的方法。

本书在阐述基本理论知识和基本方法时，突出实用，注重培养职业能力，完整地列举了土建施工图预算、水暖电安装工程预算编制实例，供读者学习参考。

本书内容通俗易懂、实用性强，可作为中等职业学校工民建专业的教材，也可供高职学生及工程造价人员学习参考。

中 等 职 业 教 育 规 划 教 材
全国建设行业中等职业教育推荐教材
建筑工程预算
（工业与民用建筑专业）
主　编　袁建新
参　　编　王朝霞　李成贞

*

中国建筑工业出版社出版、发行（北京西郊百万庄）
各地新华书店、建筑书店经销
北京市密东印刷有限公司印刷

*

开本：787×1092 毫米　1/16　印张：20¼　字数：491 千字
2003 年 6 月第一版　2012 年 3 月第十八次印刷
定价：**35.00** 元
ISBN 978-7-112-05385-8
（20978）

前　　言

本书根据教育部"面向 21 世纪职业教育课程改革和教材建设"首批研究开发项目《中等职业学校 3 年制工业与民用建筑专业整体教学改革方案》研究成果之一,即《工业与民用建筑专业教育标准》、《工业与民用建筑专业培养方案》和《建筑工程预算教学大纲》等文件编写。

本书以政治经济学基本理论、市场经济基本观点为基础,结合建筑产品的特点,着重研究和阐述了建筑安装工程预算编制原理、预算定额的应用及建筑安装工程预算的编制方法。通过完整的预算编制实例,介绍了土建工程预算、室内水暖电安装工程预算的编制过程。同时增加关于工程量清单计价方法的新内容。

本书内容注重基本理论知识的学习,突出了理论与实践紧密结合和职业能力的培养,注重了学习内容的简单易懂性和实用性。

本书由袁建新主编,其中第一、二、三、五、六、七、八章由袁建新编写,第四章由王朝霞编写,第九、十、十一章由李成贞编写。

本书在编写过程中参考了有关文献资料,得到了建设部人事教育劳动司、建设部中等专业学校工民建专业指导委员会的大力支持。谨此,一并致谢。

建筑工程预算具有阶段性和地区性,有关理论和方法正在不断发展,加之我们的水平有限,书中难免有不妥之处,敬请广大师生和读者指正。

目　　录

第一章 概 论

第一节 建设程序与建设项目

一、建设程序的概念

建设程序是指建设项目从设想、评估、决策、设计、施工、竣工验收、投产使用的整个建设过程中,完成各项工作必须遵循的有规律的先后顺序。

二、建设程序

现行的建设程序,概括地说,包括以下几个阶段的内容:

1. 建设项目决策阶段

(1)主管部门根据国民经济长远规划和本地区发展规划提出项目建议书。

(2)有关专家或咨询机构在项目建议书提供的初步技术经济论证报告的基础上,编制可行性研究报告,并进行投资估算。

(3)根据可行性研究报告,对建设项目进行决策。

2. 建设项目设计阶段

(1)根据设计任务书和可行性研究报告,设计单位进行初步设计,并编制设计概算。

(2)根据初步设计进行施工图设计,并编制施工图预算。

3. 建设工程招投标阶段

(1)根据设计文件、建设项目批准文件以及建设要求,发布招标文件。

(2)根据招标文件、标底价和投标文件、投标价确定中标单位。

4. 建设工程施工阶段

(1)组织施工,编制施工预算。

(2)做好生产准备工作。

5. 建设工程竣工验收阶段

(1)竣工验收、交付使用。

(2)办理竣工决算、竣工结算。

建设程序示意图见图 1-1。

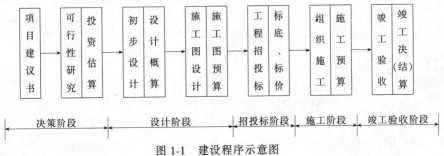

图 1-1 建设程序示意图

三、建设项目及其划分

1. 建设项目

建设项目是指按一个总体设计进行建设的各个单项工程所构成的总体,在我国称为基本建设项目。通常,把一个企业、事业单位或一个独立的工程项目作为一个建设项目。

建设项目具有投资额大、建设周期长的特征。

2. 单项工程

单项工程是建设项目的组成部分,具有独立的设计文件,竣工后可以独立发挥生产能力或使用效益的工程,所以有时也称建设项目。如,一所大学的教学大楼、图书馆等等。

3. 单位工程

单位工程是单项工程的组成部分。是指具有独立的设计文件,能单独施工,但建成后不能独立发挥生产能力和使用效益的工程。如一个车间的土建工程、电气工程等等。又如,住宅工程中的土建工程、给排水工程等分别是一个单位工程。

4. 分部工程

分部工程是单位工程的组成部分。分部工程一般按工种来划分。例如,土建单位工程可以划分为土石方工程、砖石工程、脚手架工程、钢筋混凝土工程、木结构工程、金属结构工程、装饰工程等分部工程;也可以按单位工程的部位构成来划分。如土建单位工程,可以划分为基础工程、墙体工程、梁柱工程、楼地面工程、门窗工程、屋面工程等分部工程。通常,建筑工程预算定额中的分部工程划分,综合了上述两种方法。

5. 分项工程

分项工程是分部工程的组成部分。通常,按照分部工程的划分思路,再将分部工程划分为若干个分项工程。如,分部工程的基础工程,可以划分为人工挖地槽土方、混凝土基础垫层、砖基础、基础防潮层、地槽回填土、人工运土方等若干分项工程。

分项工程是建筑工程的基本构造要素,在预算原理中,我们把这一基本构造要素称为"假定建筑产品"。

建设项目划分示意图见图1-2。

图 1-2　建设项目划分示意图

第二节　工程造价构成

从理论上讲,建筑产品与其他产品一样,都是由构成这个商品价值的社会必要劳动量确定,即包括 c＋v＋m 三部分价值。按照现行的预算制度,这三部分价值又划分为四个组成部分,即直接工程费、间接费、利润和税金。

一、直接工程费

直接工程费是与建筑产品生产直接有关的费用,包括直接费,其他直接费、现场经费。

1. 直接费

直接费又称定额直接费,主要包括人工费、材料费和施工机械使用费。

2. 其他直接费

其他直接费主要包括冬雨季施工增加费、夜间施工增加费、材料二次搬运费、生产工具用具费等。

3. 现场经费

现场经费主要包括为施工准备、组织施工生产而发生的办公费、差旅交通费、固定资产使用费等。

二、间接费

建筑安装工程间接费是指费用发生后,不能直接计入某个工程,而只有通过分摊的办法间接计入建筑安装工程成本的费用。他主要包括企业管理费、财务费用和其他费用。

三、利润

利润是劳动者为社会创造的劳动价值。利润应按国家或地方规定的利润率计算。

利润的计取具有竞争性,施工企业投标报价时,可根据本企业的经营管理水平和建筑市场供求状况,在一定范围内确定本企业的利润水平。

四、税金

税金也是劳动者为社会创造的劳动价值,与利润不同的是,它具有法令性和强制性。按现行规定,税金主要包括营业税、城市维护建设税和教育费附加。

建筑安装工程造价构成示意图见图 1-3。

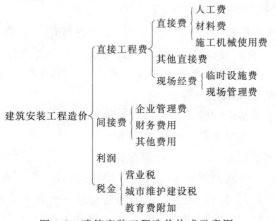

图 1-3　建筑安装工程造价构成示意图

第三节　建筑安装工程预算编制原理

一、建筑产品的特点

建筑产品亦称建筑工程、安装工程、建筑装饰工程。它具有以下特点:

1．单件性

建筑产品的单件性,是指每一个建筑产品都具有特定的用途和功能,即对建筑物的造型、结构、尺寸、设备配置和内外装饰等方面都有不同要求。因而,建筑产品的单件性使得建筑物在实物形态上和劳动消耗上千差万别,各不相同。

2．固定性

建筑产品的固定性是指建筑物必须固定建造在某一地点,不能随意移动。同一类型的建筑物,由于建造在不同地点,必然受气候、水文地质等因素的影响,使得基础、结构等方面产生较大的变化,从而使每一个建筑产品的工程造价都不相同。

3．流动性

建筑产品的固定性导致了施工生产的流动性。流动性是指施工企业必须分别到不同的建设地点建造不同的房屋。

由于每个施工地点距施工单位的基地远近不同,各种材料的来源地不同,运输条件的不同等等因素,影响了建筑产品的造价。

二、施工图预算确定工程造价的必要性

上述建筑产品的三个基本特点,决定了其在实物形态和价格要素上千差万别的特性,这种差别构成了制定建筑产品统一定价的障碍。

建筑产品的差别性和产品价格的统一性,是一对矛盾。差别性要求我们对每一个建筑产品进行定价,统一性要求我们价格水平必须一致。通过下面的分析,我们找到了用编制施工图预算的方法来逐个计算各个工程的工程造价是确定建筑产品价格的科学方法。

三、确定建筑安装工程造价的基本理论

将一个复杂的建筑工程或安装工程,分解为若干个基本构造要素——分项工程;编制确定分项工程人工、材料、机械台班消耗量及其货币量的预算定额,是确定建筑安装工程造价基本原理的重要基础。

1．建筑产品的共性要素——分项工程

建筑产品是一个构成复杂、体积庞大的工程,要对这样的一个整体产品进行统一定价,显然不容易做到。不过,我们可以将问题简单化,即按一定的规则将建筑产品进行合理的层层分解,一直分解到构成一般建筑产品的共性要素——分项工程为止。例如,M5 水泥砂浆砌砖基础;1:2 水泥砂浆地面面层等等。

分项工程就是指经过逐层分解,最后得到的,能够用较为简单的施工过程生产出来的,可以用适当的计量单位计算的工程基本构造要素。

2．单位分项工程的消耗量标准——预算定额

将一般的建筑安装工程划分到分项工程这个层次后,我们就可以采用一定的办法,编制出确定单位分项工程的人工、材料、机械台班消耗量标准——预算定额。

虽然不同的建筑安装工程由不同的分项工程项目和不同的工程数量构成。但是,由预算定额确定的每一单位分项工程的人工、材料、施工机械台班消耗量,从客观上起到了统一建筑产品劳动消耗水平的作用。从而,使我们能够将千差万别的不同建筑物,计算出符合统一价格水平要求的工程造价成为现实。

如果在预算定额消耗量的基础上,再考虑价格因素,用货币量计算具体工程的分项工程直接费,再根据直接费计算间接费、利润和税金,这就完成了用编制施工图预算计算工程造

价的主要过程。

3. 构建确定工程造价的数学模型

用施工图预算确定工程造价,一般采用以下两种方法。

(1)单位估价法

单位估价法是编制施工图预算普遍采用的方法。该方法根据施工图和预算定额,通过计算分项工程量、分项工程直接费,汇总成单位工程直接费后,再根据有关费率计算其他直接费、间接费、利润和税金,最后汇总成单位工程造价。其数学模型如下:

以直接工程费为取费基础的单位工程造价＝直接工程费＋间接费＋利润＋税金

式中:直接工程费＝[Σ(分项工程量×定额基价)]×(1＋其他直接费费率)

间接费＝直接工程费×间接费费率

利润＝(直接工程费＋间接费)×利润率

税金＝(直接工程费＋间接费＋利润)×税率

上述计算式可以合并为:

$$
\begin{array}{l}
\text{单位工} \\
\text{程造价}
\end{array}
= \left[\Sigma \left(\begin{array}{l} \text{分项工} \\ \text{程量} \end{array} \times \begin{array}{l} \text{定额} \\ \text{基价} \end{array} \right) \right] \times \left(1 + \begin{array}{l} \text{其他直接} \\ \text{费费率} \end{array} \right) \times \left(1 + \begin{array}{l} \text{间接费} \\ \text{费率} \end{array} \right) \times (1 + \text{利润率}) \times (1 + \text{税率})
$$

以定额人工费为取费基础的单位工程造价＝直接工程费＋间接费＋利润＋税金

式中:直接工程费＝[Σ(分项工程量×定额基价)]＋(单位工程定额人工费×其他直接费费率)

其中:单位工程定额人工费＝Σ(分项工程量×定额基价中人工费单价)

间接费＝单位工程定额人工费×间接费费率

利润＝单位工程定额人工费×利润率

税金＝(直接工程费＋间接费＋利润)×税率

上述算式可以合并为:

$$
\begin{array}{l}
\text{单位工} \\
\text{程造价}
\end{array}
= \left\{ \left[\Sigma \left(\begin{array}{l} \text{分项工} \\ \text{程量} \end{array} \times \begin{array}{l} \text{定额} \\ \text{基价} \end{array} \right) \right] + \left[\Sigma \left(\begin{array}{l} \text{分项工} \\ \text{程量} \end{array} \times \begin{array}{l} \text{定额基价中} \\ \text{人工费单价} \end{array} \right) \right] \right.
$$
$$
\left. \times \left(1 + \begin{array}{l} \text{其他直接} \\ \text{费费率} \end{array} + \begin{array}{l} \text{直接费} \\ \text{费率} \end{array} + \text{利润率} \right) \right\} \times (1 + \text{税率})
$$

(2)实物金额法

当预算定额只有人工、材料、机械台班消耗量,没有定额基价时,或者需要用该方法计算时,就可以采用实物金额法来确定建筑安装工程造价。

实物金额法的基本方法是,先计算分项工程的人工、材料、施工机械台班消耗量,然后汇总成单位工程的消耗量,再以各消耗量分别乘上各自对应的单价,最后汇总成直接费。后面各项费用的计算方法同单位估价法。其数学模型如下:

$$
\begin{array}{l}
\text{以直接费为取费基} \\
\text{础的单位工程造价}
\end{array}
= \left\{ \left[\Sigma (\text{分项工程量} \times \text{定额用工数量}) \right] \times \text{地区人工单价} + \left[\Sigma \right. \right.
$$
$$
(\text{分项工程量} \times \text{定额材料消耗量}) \right] \times \text{地区材料预算价格} + \left[\Sigma (\text{分} \right.
$$
$$
\left. \text{项工程量} \times \text{定额机械台班数量}) \right] \times \text{机械台班预算价格} \right\} \times (1 +
$$
$$
\text{其他直接费费率}) \times (1 + \text{间接费费率}) \times (1 + \text{利润率}) \times (1 +
$$
$$
\text{税率})
$$

$$以人工费为取费基础的单位工程造价 = \{[\Sigma(分项工程量 \times 定额用工数量)] \times 地区人工单价 \times (1 + 其他直接费费率 + 间接费费率 + 利润率) + [\Sigma(分项工程量 \times 定额材料消耗量)] \times 地区材料预算价格 + [\Sigma(分项工程量 \times 定额机械台班量)] \times 机械台班预算价格\} \times (1 + 税率)$$

4．施工图预算编制程序

施工图预算编制程序是指编制施工图预算有规律的步骤和顺序。施工图预算编制程序示意图见图1-4。

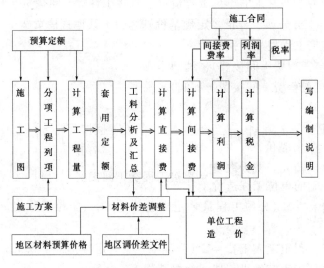

图 1-4　施工图预算编制程序示意图

第四节　建　设　预　算

一、建设预算费用构成

建设预算费用由单项工程费用、其他费用及预备费构成。

1．单项工程费用

（1）建筑安装工程费

①建筑工程费

②安装工程费

（2）设备、工具、器具的置费

2．其他费用

（1）土地补偿费和安置补助费

（2）建设单位管理费

（3）研究试验费

（4）生产职工培训费

（5）办公和生产用家具购置费

（6）联合试运转费

（7）勘察设计费

（8）供电补贴费

（9）施工机构迁移费

（10）矿山巷道维修费

（11）引进技术和进口设备项目的其他费用

3．预备费

（1）在概预算范围内增加的工程和费用

（2）设备、材料的价差

（3）由于自然灾害采取的措施费

（4）工程竣工验收费

二、建设预算的作用

建设预算不仅计算建设项目的全部费用，而且是对全部建设投资进行分配、管理、控制和监督的重要手段，其主要作用如下：

1．编制建设计划的依据

国家确定建设投资规模和投资方向，对国民经济各部门进行投资分配，都必须以建设预算为依据。另外，各项目建设年度计划投资额也是根据设计概算来确定的。

2．选择最佳设计方案的依据

设计概算是衡量建设项目设计方案经济合理性的主要依据。设计人员在初步设计阶段根据设计概算的多个可选择方案进行技术经济比较分析，从而选择一个经济合理的最佳设计方案。

3．建设贷款和结算工程价款的依据

建设预算是控制建设投资额的依据。各贷款银行根据建设预算确定的数额和其他有关条件确定建设项目贷款的额度。

建设单位根据预算和承包合同向施工单位拨付工程价款，根据预算和工程进度拨付工程进度款，根据预算和工程变更资料计算工程结算造价。

4．施工企业加强管理和成本核算的依据

施工企业根据施工图预算提供的有关数据，编制施工进度计划、材料供应计划；根据施工图预算和施工定额编制施工预算。

施工图预算是企业统计完成工作量和工程成本核算的基础。

三、建设预算的编制与审定

建设预算包括设计概算和施工图预算。

采用两阶段设计的工程项目，由设计单位在初步设计阶段编制设计概算，在施工图设计阶段编制施工图预算。

采用三阶段设计的工程项目，设计单位在技术设计阶段编制修正概算。

目前，施工图预算主要在工程招标投标阶段，分别由招标单位和投标单位编制。

招标单位通过编制施工图预算和依据其他条件确定工程标底价；投标单位通过编制施工图预算和依据有关条件确定投标价。

由于通过招投标方式的市场竞争价确定工程承包价，施工图预算均由双方内部进行审定，不再需要通过报批的程序确定工程预算造价。

第五节 工程造价管理

一、工程造价管理的内容与目标

1. 工程造价管理的内容

工程造价管理的主要内容就是合理确定和有效控制工程造价。包括：

（1）遵照价值规律、供求规律、竞争规律和有关规定，科学合理地确定建筑安装工程费用和其他建设费用的构成。

（2）在合理确定定额水平的基础上，正确编制投资估算、设计概算、施工图预算、竣工结算和决算。

（3）在工程建设的决策阶段、设计阶段、招标投标阶段、工程实施阶段、竣工验收阶段，运用各种方法和手段对工程进行有效地控制，使人力、物力、财力得到合理利用，取得最大的投资效益。

2. 工程造价管理的目标

工程造价管理的基本目标是，在保证工程质量和工期的前提下，合理使用人力、物力和财力，获得最大的投资效益。具体包括：

（1）正确处理项目功能与工程造价的关系

主要研究以最低的工程造价实现项目的各项功能。可以通过优化设计的方法来实现。

（2）正确处理建设工期与工程造价的关系

建设工期过长或过短都会影响工程费用的增加。选择合理的建设工期是降低工程造价的必要手段。

（3）正确处理使用成本与建造成本的关系

在工程造价管理时，不能单纯考虑降低工程造价，还要考虑是否能降低工程建造完以后使用成本。因此，应该计算工程项目全寿命期的成本费用，不能只考虑建筑成本。

二、工程造价管理的组织

1. 政府行政管理

建设部标准定额司主管建设工程造价各项工作，主要包括：

（1）组织制定工程造价管理的有关法规、制度，并组织贯彻实施；

（2）组织制定全国统一经济定额和部管行业经济定额的制定、修订计划；

（3）制定工程造价咨询单位的资质标准，提出工程造价专业技术人员执业资格标准。

省、自治区、直辖市建设行政主管部门下设定额管理站或工程造价管理总站，在所辖地区内行使管理职能，其职责大体和建设部标准定额司的各项工作相对应。

各地市由建设主管部门下设定额管理站或工程造价管理站，管理所辖地区工程造价的各项工作。

2. 企事业单位管理

设计和工程造价咨询单位，按照业主或委托方的意图，在可行性研究和规划阶段，完成合理确定和有效控制建设项目的工程造价各项工作。在招投标和项目实施阶段通过编制标底，参加评标，通过对设计变更、工期和费用索赔及工程结算等项管理内容进行工程造价控制。

承包企业设有专门的职能机构（如工程造价管理部等）参与企业的投标决策，并在工程实施阶段对工程造价进行动态管理。

3．中国建设工程造价管理协会

中国建设工程造价管理协会是行会组织，目前挂靠建设部。

协会的主要业务范围是：

（1）研究工程造价管理体制的改革，行业发展、行业政策、市场准入制度及行为规范管理论与实践问题；

（2）探讨提高项目投资效益、科学预测和控制工程造价的方法，促进现代化管理技术在工程造价咨询行业的运用；

（3）接受国家行政主管部门委托，承担工程造价咨询行业和造价工程师执业资格及职业教育等具体工作；

（4）指导各专业委员会和地方造价协会的业务工作。

三、造价工程师执业资格制度

造价工程师执业资格制度是工程造价管理的一项基本制度。

造价工程师的执业资格，是履行工程造价管理岗位职责与业务的准入资格。制度规定，凡从事工程建设活动的建设、设计、施工、工程造价咨询、工程造价管理等单位和部门，必须在计价、评估、审查、控制及管理等岗位配备有造价工程师执业资格的专业技术人员。

造价工程师是指经全国统一考试合格，取得造价工程师执业资格证书，并经注册从事建设工程造价业务活动的专业技术人员。

复 习 思 考 题

1．什么是建设程序？

2．建设程序包括哪几个阶段？

3．建设项目是如何划分的？举例说明。

4．理论工程造价由哪几部分费用构成？

5．建筑产品有哪些特点？

6．写出以直接工程费为取费基础的工程造价计算数学模型。

7．编制施工图预算有哪几种方法？

8．叙述施工图预算的编制程序。

9．叙述工程造价管理的内容。

第二章 建筑安装工程定额

第一节 概 述

一、建筑安装工程定额的概念

建筑安装工程定额是主管部门颁发（或施工企业内部制定）的用于规定完成建筑安装产品生产所需消耗的人工、材料、机械台班的数量标准。

建筑安装工程定额反映了在一定生产力水平条件下，施工企业的生产技术水平和管理水平。

二、建筑安装工程定额的分类

建筑安装工程定额可以从不同角度，按以下方法分类。

1．按定额包含的生产要素分类

（1）劳动定额

劳动定额是施工企业内部使用的定额。它规定了在正常施工条件下，某工种某等级的工人或工人小组，生产单位合格产品所需消耗的劳动时间；或者是在单位工作时间内生产合格产品的数量。前者称为时间定额，后者称为产量定额。

（2）材料消耗定额

材料消耗定额是施工企业内部使用的定额。它规定了在正常施工条件下，节约和合理使用材料条件下，生产单位合格产品所必须消耗的一定品种规格的原材料、半成品、成品和结构构件的数量标准。

（3）机械台班使用定额

机械台班使用定额也是企业内部定额。它规定了在正常施工条件下，利用某种施工机械，生产单位合格产品所必须消耗的机械工作时间；或者是在单位时间内施工机械完成合格产品的数量标准。

2．按定额的不同用途分类

（1）施工定额

施工定额是企业内部根据自身生产技术水平和管理水平编制的定额。主要用于投标报价和企业内部的有效管理。

施工定额一般由劳动定额、材料消耗定额、机械台班定额构成。

（2）预算定额

预算定额主要用于编制施工图预算，是确定一定计量单位的分项工程或结构构件的人工、材料、机械台班消耗量（及货币量）的数量标准。预算定额是招标工程编制标底价的基础。

（3）概算定额

概算定额主要用于在初步设计或扩大初步设计阶段编制设计概算，是确定一定计量单位的扩大分项工程的人工、材料、机械台班消耗量的数量标准。

（4）概算指标

概算指标主要用于估算或编制设计概算。概算是以每个建筑物或构筑物为对象，以"m²"、"m³"或"座"等计量单位规定人工、材料、机械台班耗用量的数量标准。

3．按定额的编制单位和执行范围分类

（1）全国统一定额

由主管部门根据全国各专业的技术水平与组织管理状况编制，在全国范围内执行的定额，如《全国统一安装工程预算定额》等等。

（2）地区定额

参照全国统一定额和有关规定编制，在本地区使用的定额，如各省、市、自治区编制的《建筑工程预算定额》等。

（3）企业定额

根据施工企业生产力水平和管理水平编制，供本企业使用的定额，如《施工定额》等。

（4）临时定额

当现行的预算定额不能满足使用要求时，根据当时具体情况补充的一次性使用定额。编制补充定额必须按有关规定执行。

三、建筑安装工程预算定额的作用

1．定额是确定工程造价的主要依据

预算定额的重要作用是确定建筑安装工程造价。一般情况下，一个工程的实物消耗量应依据施工图和预算定额计算确定，其数据量是计算工程造价的主要依据。

2．定额是企业计划管理的基础

施工企业为了组织和管理施工生产过程，必须编制各种计划，而计划中的人力、物力的需用量，要根据预算定额来计算。因此，定额是企业计划管理的重要基础。

3．定额是提高劳动生产率的重要手段

施工企业要提高劳动生产率，除了合理的组织外，还要贯彻执行各种定额，将企业提高劳动生产力的任务具体落实到每位职工身上，促使他们采用新技术、新工艺，改进操作方法，改进劳动组织，减轻劳动强度，使用较少的劳动量，生产较多的产品，从而达到提高劳动生产率的目的。

4．定额是衡量设计方案优劣的标准

使用概算定额或概算指标对拟建工程的若干设计方案进行技术经济分析，就能选择经济合理的最佳方案。因此，定额是衡量设计方案经济合理性的标准。

5．定额是实行责任承包制的重要依据

以工程招标投标承包制为核心的经济责任制，是建筑市场发展的基本内容。

在签订投资包干协议、计算标底和标价、签订工程承包合同，以及企业内部实行各种形式的承包责任制，都必须以各种定额为主要依据。

6．定额是科学组织施工和管理施工的有效工具

建筑安装工程施工是由多个工种、多个部门组成的一个有机整体而进行施工生产的活动。在安排各部门各工种的生产计划中，无论是计算资源需用量或者平衡资源需用量、组

织供应材料、合理配备劳动组织、调配劳动力、签发工程任务单和限额领料单，这是组织劳动竞赛、考核工料消耗量、计算和分配劳动报酬等等，都要以各种定额为依据。因此，定额是组织和管理施工生产的有效工具。

7．定额是企业实行经济核算的重要基础

企业为了分析和比较施工生产过程中的各种消耗，必须以各种定额为依据。企业进行工程成本核算时，要以定额为标准，分析比较各项成本，肯定成绩，找出差距，提出改进措施，不断降低各种消耗，提高企业的经济效益。

四、建筑安装工程定额的特性

在社会主义市场经济条件下，定额具有以下三个方面的特性：

1．科学性

建筑安装工程预算定额采用技术测定法统计计算法等较科学的方法编制。这些方法都认真研究了施工生产过程中的客观规律，采用了人们长期的观察、测定、总结生产实践经验以及广泛搜集基础资料编制的。在编制过程中，认真研究分析了工作时间、现场布置、工具设备的改革，以及生产技术与组织管理等各方面的问题，用科学的计算方法编制出定额。因而，制定的定额客观地反映了施工生产企业的生产力水平，体现了定额的科学性。

2．权威性

在计划经济体制下，定额具有法令性，即当建筑安装工程定额经国家主管机关批准颁发后，具有经济法规的性质，执行定额的各方必须严格执行。

但是，在市场经济条件下，定额的执行过程中允许企业根据投标等具体情况进行调整，使其体现了市场经济动态变化的特点，故定额的法令性淡化了。建筑安装工程定额既能达到国家宏观调控市场的目的，又能起到让建筑市场发育、发展的作用。这种具有权威性控制量的定额，是市场经济条件下的必然产物。

定额的权威性是建立在先进科学的编制方法基础之上的，它能较正确地反映本行业的生产力水平，符合市场经济的发展规律。

3．群众性

定额的群众性是指定额的制定和执行都必须有广泛的群众基础。因为定额水平的高低主要取决于建筑安装工人所创造的劳动生产力水平的高低；其次，工人直接参加定额的测定工作，有利于制定出简明适用、易于推广的定额；最后，定额的执行要依靠广大职工的生产实践活动才能完成。

五、定额的编制方法

1．技术测定法

技术测定法又称计时观察法，它是一种科学的调查研究制定定额的方法。它通过对施工过程的具体活动进行实地观察，详细记录工人和施工机械的工作时间消耗，测定完成产品的数量和有关影响因素，将记录结果进行分析研究，整理出可靠的数据资料，为编制定额提供可靠数据资料的一种方法。

常用的技术测定方法包括：测时法、写实记录法、工作日写实法。

2．经验估计法

经验估计法是根据施工企业的定额员、施工员、劳资员和老工人等的实践工作经验，对生产某一产品或完成某项工作所需的人工、材料、机械台班数量进行分析、讨论和估算后，确定定额消耗量的一种方法。

3. 统计计算法

统计计算法是运用过去统计资料分析研究编制定额的一种方法

4. 比较类推法

比较类推法又称典型定额法。该方法是在相同类型的项目中，选择有代表性的典型项目，用技术测定汇编制出定额，然后依据这些定额，用比较类推的方法编制出其他相关定额的一种方法。

第二节 企业定额

企业定额包括劳动定额、材料消耗定额、施工机械台班定额和施工定额。

一、劳动定额

1. 劳动定额的概念

劳动定额亦称人工定额，它规定了在正常条件下某等级某工种工人在单位时间内完成合格产品的数量；或者是完成单位合格产品所需的劳动时间。按其表现形式的不同，前者叫产量定额，后者叫时间定额。

时间定额的常用单位是：工日/m^3、工日/m^2、工日/块、工日/套、工日/组等等。

例如，砌 1$m^3$1 砖厚砖基础的时间定额为 0.956 工日/m^3。

产量定额的常用单位是：m^2/工日、m^3/工日、块/工日、组/工日、套/工日、t/工日等等。

例如，砌 1 砖厚砖基础的产量定额为 1.05m^3/工日。

2. 时间定额与产量定额的关系

时间定额与产量定额是互为倒数的关系，即：

$$时间定额 = \frac{1}{产量定额}$$

或者 $$时间定额 \times 产量定额 = 1$$

例如，已知水磨石地面（不嵌条，机磨）的时间定额为 3.58 工日/$10m^2$，则水磨石地面的产量定额为 $\frac{1}{3.58} = 0.279$（$10m^2$/工日）$= 2.79m^2$/工日。

3. 时间定额与产量定额的特点

产量定额以 m^3/工日、m^2/工日、t/工日、组/工日等实物量单位表示，数量直观、具体，容易为工人所理解和接受，因此，产量定额适用于向工人班组下达生产任务。

时间定额以 工日/m^3、工日/m^2、工日/套等为单位，不同的工作内容有相同的时间单位，定额完成量可以相加，故时间定额适用于劳动计划的编制和统计完成任务情况。

某企业劳动定额摘录见表 2-1。

4. 拟定劳动定额的计算公式

项　目	厚　度　在			序　号
	1 砖	1.5 砖	2 砖及 2 砖以外	
综　合	$\dfrac{0.956}{1.05}$	$\dfrac{0.927}{1.08}$	$\dfrac{0.9}{1.11}$	一
砌　砖	$\dfrac{0.37}{2.7}$	$\dfrac{0.337}{2.97}$	$\dfrac{0.309}{3.24}$	二
运　输	$\dfrac{0.481}{2.08}$	$\dfrac{0.481}{2.08}$	$\dfrac{0.481}{2.08}$	三
调制砂浆	$\dfrac{0.105}{9.52}$	$\dfrac{0.109}{9.2}$	$\dfrac{0.11}{9.12}$	四
编　号	1	2	3	

注：定额表示形式：$\dfrac{\text{时间定额}}{\text{产量定额}}$

拟定时间定额一般采用下列公式：

$$N = \frac{N_基 \times 100}{100 - (N_辅 + N_准 + N_息 + N_断)}$$

式中　N——单位产品时间定额；

　　　$N_基$——完成单位产品的基本工作时间；

　　　$N_辅$——辅助工作时间占全部工作过程单位产品定额时间的百分比；

　　　$N_准$——准备结束时间占全部工作过程单位产品定额时间的百分比；

　　　$N_息$——休息时间占全部工作过程单位产品时间的百分比；

　　　$N_断$——不可避免的中断时间占全部工作过程单位产品定额时间的百分比。

【例 1】　根据下列现场测定资料，确定混合砂浆抹砌块墙面的时间定额和产量定额。

基本工作时间：　　　　　　　　　　490 工分/10m²

辅助工作时间：　　　　　　　　　　占全部工作时间 2%

准备与结束工作时间：　　　　　　　占全部工作时间 1.8%

不可避免的中断时间：　　　　　　　占全部工作时间 2%

休息时间　　　　　　　　　　　　　占全部工作时间 10%

【解】　（1）时间定额

$$N = \frac{490 \times 100}{100 - (2 + 1.8 + 2 + 10)}$$
$$= \frac{49000}{84.20}$$
$$= 581.95（工分）$$
$$= 1.21 \text{工日}/10\text{m}^2$$

（2）产量定额

$$产量定额 = \frac{1}{1.21} = 0.826（10\text{m}^2/\text{工日}） = 8.26\text{m}^2/\text{工日}$$

二、材料消耗定额

1. 材料消耗定额的概念

材料消耗定额是指在先进合理的施工条件和合理使用材料的情况下，生产质量合格单位产品所必须消耗的建筑安装材料的数量标准。

2．净用量定额和损耗量定额

材料消耗量定额包括：

（1）直接用于建筑安装工程上的材料；

（2）不可避免产生的施工废料；

（3）不可避免的材料施工操作损耗。

直接构成建筑安装工程实体的材料称为材料消耗净用量定额；不可避免的施工废料和施工操作损耗称为损耗量定额。

材料消耗净用量定额与损耗量定额具有下列关系：

$$材料消耗量定额 = 材料消耗净用量定额 + 材料损耗量定额$$

$$材料损耗率 = \frac{材料损耗量定额}{材料消耗量定额} \times 100\%$$

或：

$$材料损耗率 = \frac{材料损耗量}{材料总消耗量} \times 100\%$$

$$材料消耗定额 = \frac{材料消耗净用量定额}{1 - 材料损耗率}$$

或：

$$总消耗量 = \frac{净用量}{1 - 损耗率}$$

【例 2】　M5 水泥砂浆砌砖基础，每立方米砌体标准砖净用量 520 块，损耗率 1%；水泥砂浆净用量 0.230m³，损耗率 1.5%。求标准砖和 M5 水泥砂浆的总消耗量。

【解】　（1）标准砖总消耗量

$$标准砖总消耗量 = \frac{520}{1 - 1\%} = 525 \text{ 块}/m^3$$

（2）砂浆总消耗量

$$M5 水泥砂浆总消耗量 = \frac{0.230}{1 - 1.5\%} = 0.234 m^3/m^3$$

在实际工作中，为了简化计算过程，常用下列公式计算总消耗量：

$$总消耗量 = 净用量 \times （1 + 损耗比）$$

式中　$损耗比 = \frac{损耗量}{净用量}$

3．编制材料消耗定额的基本方法

（1）现场技术测定法

通过现场使用材料的过程进行技术测定，从而取得编制材料消耗定额的全部资料。

一些材料消耗定额中，材料的净用量可以通过计算的方法比较容易确定，但损耗量需要通过现场技术测定等方法来确定。

（2）试验法

试验法是在实验室内采用专门的仪器设备，通过实验的方法来确定材料消耗定额的一种方法。用这种方法提供编制材料消耗定额的数据，虽然精确度较高，但容易脱离现场实际情况。

（3）统计法

统计法是通过现场用料的大量统计资料进行分析计算的一种方法。用该方法可以获得编制材料消耗定额的各项数据。

虽然统计法比较简单，但不能准确区分材料消耗的性质，因而不能分别确定材料净用量定额和损耗量定额，只能笼统地确定材料消耗定额。

（4）理论计算法

理论计算法是运用一定的计算公式确定材料消耗定额的方法。该方法较适合计算块状、板状、卷状等材料的消耗量。

4．砌体材料用量计算方法

（1）蒸压灰砂砖砌体的砖和砂浆用量计算

蒸压灰砂砖的规格为 240mm×115mm×53mm。

$$\begin{matrix}\text{每立方米砌体}\\\text{灰砂砖净用量}\end{matrix}（\text{块}）=\frac{2×\text{墙厚的砖数}}{\text{墙厚}×（\text{砖长}+\text{灰缝}）×（\text{砖厚}+\text{灰缝}）}$$

上式中，墙厚的砖数是指用砖的长度来标明墙厚。例如，半砖墙指 115mm 厚墙，$\frac{3}{4}$ 砖墙指 180mm 厚墙、1 砖墙指 240mm 厚墙等等。

上述公式中，分母表达了砌体的标准块体积，例如，240mm 厚砖墙的标准块示意见图 2-1；分子表达了一个标准块中砖的数量，例如 240mm 厚灰砂砖墙的标准块中有 2 块砖。

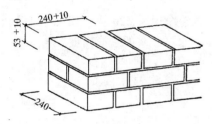

图 2-1 标准块体积尺寸示意图

按照上述思路，每立方米砌体的砖或砌块净用量计算公式可以表达为：

$$\begin{matrix}\text{每立方米砌体}\\\text{砖（砖块）净用量}\end{matrix}（\text{块}）=\frac{\text{标准块中砖（砌块）数量}}{\text{标准块（含灰缝）体积}}$$

另外，每立方米砌体砂浆净用量计算公式为：

$$\begin{matrix}\text{每立方米砌体}\\\text{砂浆净用量}\end{matrix}（\text{m}^3）=1\text{m}^3\text{砌体}-1\text{m}^3\text{砌体中砖}$$
$$（\text{砌块}）\text{净体积}$$

计算总消耗的公式为：

$$\text{砌块（砂浆）总消耗量}=\frac{\text{净用量}}{1-\text{损耗率}}$$

【例 3】 计算 1m³240mm 厚灰砂砖墙砖和砂浆的总消耗量（灰缝为 10mm，砖和砂浆的损耗率均为 1.2%）。

【解】 ①灰砂砖总消耗量

$$\begin{aligned}
\text{灰砂砖净用量}&=\frac{2×\text{墙厚的砖数}}{\text{墙厚}×（\text{砖长}+\text{灰缝}）×（\text{砖厚}+\text{灰缝}）}\\
&=\frac{2×1}{0.24×（0.24+0.01）×（0.053+0.01）}\\
&=\frac{2}{0.00378}\\
&=529.1\text{块}
\end{aligned}$$

或：

$$\text{灰砂砖净用量}=\frac{\text{标准块中砖数量}}{\text{标准块（含灰缝）体积}}$$

16

$$= \frac{2}{0.24 \times (0.24 + 0.01) \times (0.053 + 0.01)}$$

$$= \frac{2}{0.00378}$$

$$= 529.1 \text{ 块}$$

$$灰砂砖总消耗量 = \frac{净用量}{1 - 损耗率}$$

$$= \frac{529.1}{1 - 1.2\%} = 535.5 \text{ 块}$$

②砂浆总消耗量

$$砂浆净用量 = 1m^3 - 1m^3 \text{ 砌体中砖净体积}$$

$$= 1 - 0.24 \times 0.115 \times 0.053 \times 529.1$$

$$= 1 - 0.774 = 0.226 m^3$$

$$砂浆总消耗量 = \frac{净用量}{1 - 损耗率}$$

$$= \frac{0.226}{1 - 1.2\%}$$

$$= 0.229 m^3$$

（2）砌块墙体材料用量计算

【例4】 计算尺寸为390mm×190mm×190mm 的190mm 厚混凝土空心砌块墙的砂浆和砌块总消耗量（灰缝10mm，砌块与砂浆的损耗率均为1.5%）。

【解】 ①砌块总消耗量

$$每立方米墙体砌块净用量 = \frac{标准块中砌块数量}{标准块（含灰缝）体积}$$

$$= \frac{1}{0.19 \times (0.39 + 0.01) \times (0.19 + 0.01)}$$

$$= \frac{1}{0.0152}$$

$$= 65.8 \text{ 块}$$

$$混凝土空心砌块总消耗量 = \frac{净用量}{1 - 损耗率}$$

$$= \frac{65.8}{1 - 1.5\%}$$

$$= 66.8 \text{ 块}$$

②砂浆总消耗量

$$砂浆净用量 = 1m^3 - 1m^3 \text{ 砌体中砌块净体积}$$

$$= 1 - 65.8 \times 0.39 \times 0.19 \times 0.19$$

$$= 1 - 0.9264$$

$$= 0.074 m^3$$

$$砂浆总消耗量 = \frac{净用量}{1 - 损耗率}$$

$$= \frac{0.074}{1 - 1.5\%}$$

$$= 0.075 m^3$$

5．块料面层材料用量计算方法

（1）每 100m^2 块料面层材料用量计算公式

$$\text{每 }100\text{m}^2\text{块料总消耗量}=\frac{100}{（块料长＋灰缝）×（块料宽＋灰缝）}÷（1－损耗率）$$

$$\text{每 }100\text{m}^2\text{块料结合层总消耗量}=\frac{100\text{m}^2×结合层厚度}{1－损耗率}$$

$$\text{每 }100\text{m}^2\text{块料灰缝砂浆总消耗量}=\frac{（100－块料长×块料宽×100\text{m}^2\text{块料净用量}）×灰缝深}{1－损耗率}$$

【例5】 1:2 水泥砂浆贴 $300\text{mm}×200\text{mm}×8\text{mm}$ 缸砖地面，结合层 5mm 厚，灰缝 2mm 宽，缸砖损耗率 1.8%，砂浆损耗率 1.1%，试计算每 100m^2 地面缸砖和砂浆的总消耗量。

【解】 ①缸砖总消耗量

$$\text{每 }100\text{m}^2\text{缸砖总消耗量}=\frac{100}{（块料长＋灰缝）×（块料宽＋灰缝）}÷（1－损耗率）$$

$$=\frac{100}{（0.30＋0.002）×（0.20＋0.002）}÷（1－1.8\%）$$

$$=1639.24÷0.982$$

$$=1669.29\text{ 块}/100\text{m}^2$$

②1:2 砂浆总消耗量

$$\text{1:2 砂浆结合层总消耗量}=\frac{100\text{m}^2×结合层厚度}{1－损耗率}$$

$$=\frac{100×0.005}{1－1.1\%}$$

$$=0.506\text{m}^3/100\text{m}^2$$

$$\text{1:2 灰缝砂浆总消耗量}=\frac{（100－块料长×块料宽×100\text{m}^2\text{块料净用量}）×灰缝深}{1－损耗率}$$

$$=\frac{（100－0.30×0.20×1639.24）×0.008}{1－1.1\%}$$

$$=\frac{0.013}{0.989}$$

$$=0.013\text{m}^3/100\text{m}^2$$

1:2 砂浆总消耗量 $=0.506＋0.013=0.519\text{m}^3/100\text{m}^2$

6．砂浆配合比计算方法

（1）混合砂浆配合比用量计算（体积比）计算公式：

$$\text{砂子用量（m}^3）=\frac{砂子比例数}{配合比总比例数－砂子比例数×砂子空隙率}$$

$$\text{水泥用量（kg）}=\frac{水泥比例数×水泥表观密度}{砂子比例数}×砂子用量$$

$$\text{石灰膏用量（m}^3）=\frac{石灰膏比例数}{砂子比例数}×砂子用量$$

注：当砂子用量超过 1m^3 时，按 1m^3 取定。

【例6】 用 1:1:6 混合砂浆抹内墙面，水泥表观密度 1240kg/m^3，砂子空隙率 30%，试计算每立方米混合砂浆的水泥、砂子、石灰膏净用量。

【解】 ①计算砂子用量

$$砂子用量 = \frac{6}{(1+1+6)-6\times30\%} = \frac{6}{8-1.8} = \frac{6}{6.2} = 0.968 \text{m}^3/\text{m}^3$$

②计算水泥用量

$$水泥用量 = \frac{1\times1240}{6}\times0.968 = 206.67\times0.968$$
$$= 200.06 \text{kg}/\text{m}^3$$

③计算石灰膏用量

$$石灰膏用量 = \frac{1}{6}\times0.968 = 0.167\times0.968 = 0.161\text{m}^3/\text{m}^3$$

（2）纯水泥浆配合比用量计算

【例7】 纯水泥浆的用水量按水泥的35%计算，水泥密度为3100kg/m³、表观密度为1200kg/m³，试计算每立方米纯水泥浆的水泥和水的用量。

【解】 ①计算虚体积系数

$$水灰比 = 0.35\times\frac{水泥表观密度}{水表观密度} = 0.35\times\frac{1200}{1000} = 0.42$$

$$虚体积系数 = \frac{1}{1+0.42} = 0.7042$$

②计算实体积系数

$$收缩后的体积 \begin{cases} 水泥净体积 = 0.7042\times\frac{1200}{3100} = 0.2726\text{m}^3 \\ 水体积 = 0.7042\times0.42 = 0.2958\text{m}^3 \\ 小计：0.2726+0.2958 = 0.5684\text{m}^3 \end{cases}$$

$$实体积系数 = \frac{1}{(1+0.42)\times0.5684}$$
$$= 1.24$$

③水泥和用水量计算

$$水泥用量 = 1.239\times1200 = 1486.8\text{kg}/\text{m}^3$$
$$用水量 = 1.239\times0.42 = 0.52\text{m}^3/\text{m}^3$$

（3）石膏灰浆配合比用量计算

【例8】 石膏粉表观密度1000kg/m³、密度2750kg/m³，加水量80%，每立方米灰浆加入纸筋26kg，折合体积0.0286m³，求每立方米石膏灰浆的石膏粉净用量。

【解】

$$水灰比 = \frac{0.80\times1000}{1000} = 0.80$$

$$虚体积系数 = \frac{1}{1+0.80} = 0.556$$

$$\left. \begin{array}{l} 收缩后石膏粉净体积 = 0.556\times\frac{1}{2.75} = 0.202\text{m}^3 \\ 收缩后水净体积 = 0.556\times0.8 = 0.445\text{m}^3 \end{array} \right\} 0.647\text{m}^3$$

$$实体积系数 = \frac{1}{(1+0.80)\times0.647} = 0.858m^3$$

$$石膏粉净用量 = (0.858 - 0.0286)\times1000$$
$$= 829kg/m^3$$

$$用水量 = 829\times0.8 = 663kg/m^3$$

（4）水泥白石子浆配合比用量计算

【例9】 白石子表观密度1500kg/m³，空隙率44%，每立方米密实体积水泥浆的水泥用量1480kg，求1:2.5水泥白石子浆的白石子、水泥净用量。

【解】 ①计算白石子用量

$$白石子用量 = \frac{白石子表观密度\times白石子比例数}{配合比总比例数 - 白石子比例数\times空隙率}$$
$$= \frac{1500\times2.5}{(1+2.5) - 2.5\times44\%}$$
$$= 1500\times\frac{2.5}{2.4}$$
$$= 1500\times1.04（取定1.0）$$
$$= 1500\times1.00$$
$$= 1500kg/m^3$$

②计算水泥用量

$$水泥用量 = \frac{水泥比例数\times水泥表观密度}{白石子比例数}\times白石子用量$$
$$= \frac{1\times1480}{2.5}\times1.0$$
$$= 529kg/m^3$$

（5）每100m² 抹灰面干粘石用量计算

计算公式：

$$每100m^2抹灰面干粘石用量 = \frac{石子表观密度\times（1-空隙率）\times石子粒径}{1-损耗率}\times100m^2$$

【例10】 白石子干粘石抹灰面，白石子表观密度1500kg/m³，粘在墙抹灰面后的空隙率为25%，石子粒径4mm，损耗率5%，试计算100m²抹灰面的白石子用量。

【解】
$$每100m^2抹灰面白石子用量 = \frac{1500\times（1-25\%）\times0.004}{1-5\%}\times100$$
$$= \frac{1125}{0.95}\times100 = 473.68kg/100m^2$$

7．周转性材料消耗量计算

建筑安装工程施工中，除了耗用直接构成工程实体的材料（水泥、砖等）外，还需消耗一些工具性材料。如挡土板、脚手架、模板等。这类材料在施工中不是一次性消耗掉的，而是随着使用次数的增加逐渐消耗的，故称为周转性材料。

周转性材料在定额中是按照多次使用、分次摊销的方法计算。

需要说明，预算定额中表达的消耗量是使用一次的实物摊销量。

（1）捣制结构的模板摊销量计算

①考虑模板周转使用补充和回收的计算

$$周转使用量 = \frac{一次使用量 + 一次使用量 \times （周转次数 - 1） \times 损耗率}{周转次数}$$

$$回收量 = \frac{一次使用量 - （一次使用量 \times 损耗率）}{周转次数}$$

$$摊销量 = 周转使用量 - 回收量$$

【例 11】 某工程捣制钢筋混凝土独立基础，每立方米的模板接触面积为 2.4m²，每 m² 接触面积需用木方板材 0.084m³，模板周转使用 6 次，每次周转损耗率为 16.6%，试计算该基础的模板周转使用量、回收量和定额摊销量。

【解】 a. 计算模板周转使用量

$$周转使用量 = \frac{0.084 \times 2.4 + 0.084 \times 2.4 \times （6-1） \times 16.6\%}{6}$$

$$= \frac{0.369}{6} = 0.062 \text{m}^3$$

b. 计算回收量

$$回收量 = \frac{0.084 \times 2.4 - （0.084 \times 2.4 \times 16.6\%）}{6}$$

$$= \frac{0.168}{6}$$

$$= 0.028 \text{m}^3$$

c. 计算模板定额摊销量

$$摊销量 = 0.062 - 0.028 = 0.034 \text{m}^3/\text{m}^3$$

②不考虑周转使用补充和回收量的计算

计算公式：

$$摊销量 = \frac{一次使用量}{周转次数}$$

【例 12】 根据上例中的有关数据，不考虑周转使用补充和回收量，计算独立基础的模板摊销量。

【解】 $$模板摊销量 = \frac{0.084 \times 2.4}{6} = 0.034 \text{m}^3/\text{m}^3$$

（2）预制混凝土构件模板摊销量计算

预制混凝土构件的模板虽然也是多次使用，反复周转，但与捣制构件的模板用量计算方法不同。预制构件是按多次使用、平均摊销的方法计算模板摊销量，不计算每次的周转损耗率（补充损耗率）。因此，预制构件的模板摊销量，只需按施工图计算出一次使用量，再根据确定的周转次数计算。计算公式为：

$$一次使用量 = \frac{1\text{m}^3 构件模板接触面积 \times 1\text{m}^2 接触面积模板净用量}{1 - 损耗率}$$

$$摊销量 = \frac{一次使用量}{周转次数}$$

【例 13】 根据选定的预制过梁标准图计算，每立方米构件的模板接触面积为 9.20m²，每平方米接触面积模板净用量 0.091m³，模板周转 25 次，损耗率 5%，试计算预制每立方米过梁的模板摊销量。

【解】a. 计算一次使用量

$$一次使用量 = \frac{9.20 \times 0.091}{1 - 5\%}$$

$$= \frac{0.8372}{0.95}$$

$$= 0.881 m^3 / m^3$$

b. 计算摊销量

$$模板摊销量 = \frac{0.881}{25} = 0.035 m^3 / m^3$$

三、施工机械台班定额

施工机械台班定额是施工机械生产率的反映。

编制合理的施工机械台班定额是有效利用施工机械，进一步提高机械生产率的必备条件。

编制施工机械台班定额，主要包括以下内容。

1. 拟定正常施工条件

机械操作与人工操作相比，劳动生产率在很大程度上受施工条件的影响，所以要认真拟定正常的施工条件。

拟定机械工作正常的施工条件，主要包括工作地点的合理组织和合理的工人编制。

2. 确定机械纯工作 1h 的正常生产率

确定机械正常生产率必须先确定机械纯工作 1h 的正常劳动生产率。因为只有先取得机械纯工作 1h 正常生产率，才能根据机械利用系数计算出施工机械台班定额。

机械纯工作时间，就是指机械必须消耗的净工作时间。它包括：正常负荷下的工作时间；有根据降低负荷下工作时间；不可避免的无负荷时间；不可避免的中断时间。

机械纯工作 1h 的正常生产率，就是在正常施工条件下，由具备一定技能的技术工人操作施工机械净工作 1h 的劳动生产率。

确定机械纯工作 1h 正常劳动生产率可分三步进行：

第一步，计算机械一次循环的正常延续时间。它等于本次循环中各组成部分延续时间之和，计算公式为：

$$机械一次循环正常延续时间 = \sum 循环内各组成部分延续时间$$

【例 14】 某轮胎式起重机吊装大型屋面板，每次吊装一块，通过计时观察，测得循环一次的各组成部分的平均延续时间如下：

挂钩时的停车	32.1s
将屋面板吊至 12m 高处	83.7s
将屋面板下落就位	55.8s
解钩时的停车	40.8s
回转悬臂、放下吊绳空回至构件堆放处	49.2s
小计	261.6s

【解】 机械一次循环的正常延续时间 $= 32.1 + 83.7 + 55.8 + 40.8 + 49.2$

$$= 261.6s$$

第二步，计算施工机械纯工作 1h 的循环次数，计算公式为：

$$\frac{\text{机械纯工作}}{\text{1h 循环次数}} = \frac{60 \times 60}{\text{一次循环的正常延续时间}}$$

上例中的机械纯工作 1h 循环次数计算如下：

$$\frac{\text{轮胎式起重机纯工作}}{\text{1h 循环次数}} = \frac{60 \times 60}{261.6} = 13.76 \text{ 次}$$

第二步，求机械纯工作 1h 的正常生产率，计算公式为：

$$\frac{\text{机械纯工作 1h}}{\text{正常生产率}} = \frac{\text{机械纯工作 1h}}{\text{正常循环次数}} \times \frac{\text{一次循环生}}{\text{产的产品数量}}$$

上例中的机械纯工作 1h 的正常生产率为：

$$\frac{\text{轮胎式起重机纯工作}}{\text{1h 正常生产率}} = 13.76 \text{（次）} \times 1 \text{（块/次）} = 13.76 \text{ 块}$$

3. 确定施工机械的正常利用系数

机械的正常利用系数，是指机械在工作班内工作时间的利用率。

机械正常利用系数与工作班内的工作状况有着密切的关系。

拟定工作班的正常状况，关键是如何保证合理利用工时，因此，要注意以下几个问题：

（1）尽量利用不可避免的中断时间、工作开始前与结束后的时间，进行机械的维护和保养。

（2）尽量利用不可避免的中断时间为工人休息时间。

（3）根据机械工作的特点，在担负不同工作时，规定不同的开始与结束时间。

（4）合理组织施工现场，排除由于施工管理不善造成的机械停歇。

确定机械正常利用系数，首先要计算工作班在正常状况下，准备与结束工作，机械开动、机械维护等工作所必须消耗的时间，以及有效工作的开始与结束时间，然后再计算机械工作班的纯工作时间，最后确定机械正常利用系数。

$$\frac{\text{机械正常}}{\text{利用系数}} = \frac{\text{工作班内机械纯工作时间}}{\text{机械工作班延续时间}}$$

4. 计算机械台班定额

计算机械台班定额是编制机械台班定额的最后一步。

在确定了机械工作正常条件、机械 1h 纯工作时间正常生产率和机械利用系数后，就可以确定机械台班的定额指标了。

$$\frac{\text{施工机械台}}{\text{班产量定额}} = \frac{\text{机械纯工作 1h}}{\text{正常生产率}} \times \frac{\text{工作班延}}{\text{续时间}} \times \frac{\text{机械正常}}{\text{利用系数}}$$

【例 15】 轮胎式起重机吊装大型屋面板，机械纯工作 1h 的正常生产率为 13.76 块，工作班内 8h 的实际工作时间为 7.2h，求机械台班的产量定额和时间定额。

【解】 （1）计算机械正常利用系数

$$\frac{\text{机械正常}}{\text{利用系数}} = \frac{7.2}{8} = 0.9$$

（2）求轮胎式起重机台班产量定额

$$\frac{\text{轮胎式起重机}}{\text{台班产量定额}} = 13.76 \times 8 \times 0.9 = 99 \text{ 块/台班}$$

（3）求轮胎式起重机台班时间定额

$$\frac{\text{轮胎式起重机}}{\text{台班时间定额}} = \frac{1}{99} = 0.01 \text{ 台班/块}$$

四、施工定额

1．施工定额的概念

施工定额是以同一性质的施工过程为对象，规定某种建筑产品的人工、材料、机械台班消耗的数量标准。

施工定额是由施工企业根据本企业生产力水平和管理水平制定的内部定额。

施工定额一般由劳动定额、材料消耗定额、施工机械台班定额组成。

2．施工定额的作用

施工定额有以下主要作用：

（1）施工定额是工程量清单计价模式下投标报价的依据

施工定额反映了本企业的劳动生产力水平，是企业个别成本的客观反应。因此，采用工程量清单计价方式的投标报价，允许以施工定额的消耗量作为报价的依据。因为它符合中标价不低于工程成本的规定。所以，要使企业在市场竞争中占有利地位，必须根据本企业的实际情况科学合理地编制施工定额。

（2）施工定额是编制施工组织设计、施工作业计划的依据

施工单位编制的施工组织设计，一般包括施工工程的平面布置、人工、材料、机械台班需用量计划和施工工期的时间安排。由于施工组织设计是施工管理的中心环节，所以可以用企业内部定额——施工定额来计算上述需用量。根据这些需用量和现有的施工力量来安排施工进度。

（3）施工定额是施工项目部向工人班组签发施工任务单和限额领料单的依据。

签发施工任务单，是将施工任务落实到工人班组；签发限额领料单是控制工程的材料消耗量。

施工任务单和限额领料单是结算承包工料的依据。

（4）施工定额是编制施工预算、进行"两算"对比的依据

施工预算反映了正常施工条件下劳动消耗的平均先进水平。通过施工图预算与施工预算之间的"两算"对比，认真执行施工预算，能更好地合理组织施工生产，有效控制劳动消耗量，节约工程成本。

综上所述，施工定额是企业投标报价的基础，是企业管理的工具。加强施工定额的管理，对于促进企业生产力水平的提高和经济效益的提高，具有十分重要的意义。

3．施工定额的编制原则

施工定额能否在施工管理中促进企业生产力水平的提高，主要取决于定额本身的质量。

衡量定额质量的主要标志有两个：一是定额水平；二是定额内容和形式。因此，在编制施工定额的过程中应该贯彻以下原则。

（1）平均先进水平原则

定额的水平是指规定消耗在单位建筑安装产品上的劳动力、材料、机械台班数量的多少。单位产品的劳动消耗量与生产力水平成反比。

施工定额的水平应是平均先进水平。因为具有平均先进水平的定额才能在使用中促进企业生产力水平的提高。

所谓平均先进水平，是指在正常施工条件下，多数班组或生产者经过努力才能达到的水平。一般地说，该水平应低于先进水平而略高于平均水平。

平均先进水平对于先进生产者、中等水平工人和少数落后者起着不同的作用。

平均先进水平使先进生产者感到有一定的压力，能鼓励他们进一步提高技术水平；使大多数处于中间水平的工人感到定额可望可及，能增强达到定额或超过定额的信心；平均先进水平没有迁就少数落后者，使他们产生努力工作的责任感，能认识到必须花较大的精力去改善施工条件，改进技术操作水平才能缩短差距，尽快达到定额水平。所以，平均先进水平是一种鼓励先进，勉励中间，鞭策落后的定额水平。综上所述，只有贯彻这样的水平，才能达到不断提高企业劳动生产力的目的。

在编制施工定额中贯彻平均先进水平原则，可以从以下几个方面来考虑。

①确定定额水平时，要考虑已经成熟的并得到推广使用的先进技术和先进经验。对于那些尚不成熟或尚未推广的先进技术，暂不作为确定水平的依据。

②对于编制定额的原始资料，要加以整理分析，剔除个别的、偶然的不合理数据。

③要选择正常的施工条件和合理的操作方法，作为确定定额的依据。

④要从实际出发，全面考虑影响定额水平的有利因素和不利因素。

⑤要注意施工定额项目之间水平的综合平衡，避免有"肥"有"瘦"，造成定额执行中的困难。

定额的水平具有一定的时间性。某一时期是平均先进水平，但在执行过程中，经过工人努力后，大多数人都超过了定额水平。那么，这时的定额就不具有平均先进水平了。所以，要在适当的时候重新修订定额，以保持定额的平均先进水平。

（2）简明适用原则

简明适用原则主要针对施工定额的内容和形式而言。这一原则要求定额的内容和形式有利于定额的贯彻执行。

简明适用原则要求施工定额的内容较丰富，项目较齐全，适用性强，能满足工程报价、施工组织、项目管理等多方面的要求。同时，要求定额简明扼要，容易为大家理解和掌握。

贯彻简明适用原则，关键要做到定额项目设置较齐全，项目划分粗细程度恰当。如果定额项目不齐全，差得很多，其执行范围必然会受到限制，企业补充的临时定额大量出现，难以排除人为的影响因素，从而降低定额水平。

施工定额项目划分的粗细程度，一般要满足下列条件：

①适应工程报价的组合需要；

②适应劳动组织和劳动分工的需要；

③满足施工管理的各项需要；

④满足工程成本核算的各项要求；

⑤满足简化计算过程的要求。

定额项目划分的粗细程度与定额的步距关系甚大。

所谓定额步距是指同类一组定额中，子目之间间隔的大小。例如在砌灰砂砖墙这一组定额中，其步距可以按墙原划分为 $\frac{1}{4}$ 砖、$\frac{1}{2}$ 砖、$\frac{3}{4}$ 砖、1 砖、$1\frac{1}{2}$ 砖、2 砖及以上等等定额子目。这时定额子目中的步距保持在 $\frac{1}{4} \sim \frac{1}{2}$ 砖厚之间。若将该组定额项目的步距加大，使子目之间保持在 $\frac{1}{2} \sim 1$ 砖厚的范围时，可划分为 $\frac{1}{2}$ 砖、1 砖、$1\frac{1}{2}$ 砖、2 砖以上等等子目。通过上述两组定额的对比，显然前一组子目划分的步距小，定额子目细，后一组子目划分的步距大，定额子目粗。

当定额子目划分细时，精确度就高，但简明性就差；当定额子目划分粗时，综合程度高，简明性好，但精确度低。

一般，对常用的、主要的、工料消耗影响大的定额子目要划分细一点。反之，步距可以大一些。

在贯彻简明适用原则时，正确选择计量单位，适当利用系数，合理编写使用说明和附注，也能取得较好的效果。

4．施工定额的编制

（1）编制施工定额的准备工作

编制施工定额的准备工作主要包括以下几个方面：

①明确编制任务和指导思想；

②充实编制机构和培训编制人员；

③整理和分析积累的资料；

④拟定编制方案。

（2）施工定额的编制

编制依据包括：

现行的建筑安装工程劳动定额、材料消耗定额、施工机械台班定额；

现场测定资料；

现行的施工验收规范和质量评定标准；

建筑安装工人技术等级标准；

半成品配合比资料。

编制施工定额的主要工作包括：

确定施工定额的项目；

选择定额项目的计量单位；

确定各项目的人工、材料、机械台班消耗量。

5．施工定额的应用

施工定额的应用一般包括，定额的套用、定额的换算、工日增减及系数使用。

（1）施工定额的套用

①脚手架

a.搭设长度和步数计算

$$搭设长度 = 建筑物周长 + 8 \times （架宽 \div 2 + 里杆离墙面距离）$$

$$搭设步数 = （墙面高度 - 架子步高） \div 架子步高$$

注：搭设步数计算出的余数，采用四舍五入方法取整数。

脚手架步高、架宽及里杆离墙面距离见表 2-2。

施工定额脚手架步高、架宽数据参考表 表 2-2

单位：m

项　　目	扣件式金属架	木　架	竹　架	项　　目	扣件式金属架	木　架	竹　架
步　　高	1.30	1.20	1.50	立杆间距	2.00	1.50 以内	1.50 以内
架　　宽	1.50	1.50 以内	1.30 以内	里杆离墙面距离	0.50	0.50	0.50

【例 16】 某住宅工程砌砖墙，采用扣件式钢管双排外架，墙高 9.35m（包括室外地坪高差），建筑物周长 33.70m，试计算脚手架的搭设步数和搭设长度。

【解】
$$脚手架搭设步数 = （9.35 - 1.30） \div 1.30$$
$$= 8.05 \div 1.30$$
$$= 6.19 \, 步 = 6 \, 步（取定）$$

$$脚手架搭设长度 = 33.7 + 8 \times （1.50 \div 2 + 0.50）$$
$$= 33.7 + 8 \times 1.25$$
$$= 33.7 + 10$$
$$= 43.70m$$

b. 套用定额、计算人工和材料用量

查某企业施工定额，金属双排外架由地面搭至顶面 6 步高的定额子目，每搭设 10m 长的人工和材料一次使用量如下：

人工：	3.54 工日/10m
钢管：	227.9m/10m
小横杆：	72.1m/10m
十字扣：	144 个/10m
一字扣：	35 个/10m
旋转扣：	3.7 个/10m
底座：	10 个/10m
架板：	16.58m² /10m

【例 17】 根据上例算出的脚手架搭设长度工程量和定额的工料耗用量，计算该住宅工程的人工工日和材料一次使用量。

【解】
$$人工工日 = 43.70 \div 10 \times 3.54 = 14.46 \, 工日$$

主要材料一次使用量：

$$钢管 = 43.70 \div 10 \times 227.9 = 995.92m$$
$$小横杆 = 43.70 \div 10 \times 72.1 = 315.08m$$
$$十字扣 = 43.70 \div 10 \times 144 = 629.28 \, 个$$
$$一字扣 = 43.70 \div 10 \times 35 = 152.95 \, 个$$
$$旋转扣 = 43.70 \div 10 \times 3.7 = 16.17 \, 个$$

$$底座 = 43.70 \div 10 \times 10 = 43.70 \text{ 个}$$
$$架板 = 43.70 \div 10 \times 16.58 = 72.45\text{m}^2$$

该住宅工程的双排金属脚手架摊销量，按上面计算出的一次使用量分别除以不同的周转次数，就可以计算出。周转次数按各企业施工定额的规定确定。

②钢筋混凝土预制构件运输

按某企业施工定额规定，二类预制构件（包括矩形梁、槽形板、空心板、平板等）运输的装载系数为 0.85。

【例 18】 某住宅工程的二类预制构件工程量为 28.68t，运距 3km，用施工定额计算该预制构件运输的汽车司机工日数、主要材料用量和汽车台班量。

【解】 查施工定额，采用 8t 载重汽车运输，装载系数为 0.85，运输距离 5km 内的定额，各项数据如下：

汽车司机（1 人）　　　　　0.22 工日/10t

台班产量　　　　　　　　　45.5t/台班

枋材摊销量　　　　　　　　0.043m³/10t

根据以上数据计算 28.68t 预制构件运输的工料消耗量：
$$司机用工 = 28.68 \div 10 \times 0.22 = 0.63 \text{ 工日}$$
$$枋材摊销量 = 28.68 \div 10 \times 0.043 = 0.123\text{m}^3$$
$$8\text{t 汽车台班} = 28.68 \div 10 \times 0.22 = 0.63 \text{ 台班}$$

③起重机装卸预制构件

【例 19】 根据上例资料，计算用起重机装卸预制构件的用工数。

【解】 查施工定额，二类预制构件装卸的时间定额为：

小组成员 12 人（司机 4 人，装卸工 8 人）时间定额为 2.64 工日/10t。

故装卸 28.68m³ 二类预制构件的用工数为：
$$司机、装卸工用工数 = 28.68 \div 10 \times 2.64 = 7.57 \text{ 工日}$$

（2）施工定额的换算

预制构件吊装的施工定额换算举例如下：

【例 20】 某住宅工程有 60 块预应力空心板，采用 10t 内轮胎吊安装，每次吊 4 块，试计算工日数和台班数量。

【解】 查某企业施工定额，空心板吊装定额数据如下：

小组成员共 9 人（司机 2 人，安装工人 7 人）人工时间定额为 0.074 工日/块（该定额以吊一块板为准，若每次吊 4 块乘以系数 1.5）；

机械时间定额：　　　0.008 台班/块

台班产量：　　　　　121 块/台班

每次吊 4 块板的时间定额与台班产量定额为：
$$台班产量定额 = 121 \times 1.5 = 182 \text{ 块/台班}$$
$$人工时间定额 = \frac{9}{182} = 0.049 \text{ 工日/块}$$
$$机械时间定额 = \frac{1}{182} = 0.005 \text{ 台班/块}$$

吊装 60 块预应力空心板的工日和台班数为：

$$司机及安装工工日数 = 60 \times 0.049 = 2.94 \text{ 工日}$$

$$10t \text{ 内轮胎吊台班数} = 60 \times 0.005 = 0.30 \text{ 台班}$$

（3）工日增减及系数的换算

①人力搬运门窗玻璃增加工日

某企业施工定额规定：人工搬运门窗玻璃以一层楼为准，每增加一层，按 10m^2 增加 0.01 工日计算。

【例 21】 某住宅工程的第三层楼上安装窗子用的 3mm 厚玻璃为 30.32m^2，查施工定额，搬运一层的时间定额为 0.557 工日 $/10\text{m}^2$，试求搬上第三层的用工数。

【解】 每 10m^2 玻璃增加二层的时间定额为：

$$0.01 \text{ 工日} /10\text{m}^2 \times 2 \text{ 层} = 0.02 \text{ 工日} /10\text{m}^2$$

搬上第三层的用工计算为：

$$0.557 + 0.02 = 0.577 \text{ 工日} /10\text{m}^2$$

$$所求用工数 = 30.32 \div 10 \times 0.577 = 1.75 \text{ 工日}$$

②地坪混凝土垫层的换算

【例 22】 某住宅工程的地坪垫层为 C10 混凝土，60mm 厚。该工程有 5 间室内净面积小于 16m^2 的房间的垫层工程量共 2.96m^3，试计算该项目的用工数。

【解】 查某施工定额，房间小于 16m^2 做垫层，其时间定额应乘以 1.3 系数。另外，垫层的时间定额为 0.982 工日 $/\text{m}^3$。

$$用工数 = 2.96 \times 0.982 \times 1.30 = 3.779 \text{ 工日}$$

第三节 预 算 定 额

一、预算定额的概念

建筑工程预算定额、安装工程预算定额统称为建筑安装工程预算定额，简称为预算定额。

预算定额是工程造价管理主管部门颁发，用于确定一定计量单位分项工程或结构构件的人工、材料、施工机械台班消耗量的数量标准。

二、预算定额的作用

预算定额有以下主要作用：

1. 是编制施工图预算，确定工程预算造价的主要依据。

2. 是建设工程招投标中确定标底价和投标价的重要依据。

3. 是业主与承包商拨付工程进度款、核定工程变更消耗量、办理竣工结算的重要依据。

4. 是施工企业编制施工计划，确定人力、材料、机械台班需用量和统计完成工程量的主要依据。

5. 是施工企业考核工程成本的主要依据。

6. 是对设计方案和施工方案进行技术经济评价的依据。

7. 是编制地区单位估价表和概算定额的基础。

三、预算定额的编制原则

1. 平均水平原则

预算定额应遵循价值规律的要求，按生产该产品的社会必要劳动量来确定其消耗量。这就是说，在正常施工条件下，以平均的劳动强度、平均的技术熟练程度，在平均的技术装备条件下，完成单位合格产品所需的劳动消耗量就是预算定额的消耗水平。这种以社会必要劳动量来确定的定额水平，就是通常说的平均水平。

2. 简明适用原则

定额的简明与适用是统一体中的一对矛盾。如果只强调简明，适用性就差；如果只强调适用，简明性就差。因此，预算定额要在适用的基础上力求简明。

简明适用原则主要体现在以下几个方面：

（1）为了满足各方面使用的需要（编制施工图预算、编制标底价、编制投标价、办理结算、成本核算、编制各种计划等），不但要注意项目齐全，而且还要注意补充新结构、新工艺的项目。另外，还要注意每个定额子目的内容划分要恰当。例如，预制构件的制作、运输、安装划分为三个项目较适用。因为在实际工作中，构件的制、运、安往往由不同的施工单位来完成。

（2）明确预算定额的计量单位时，要考虑简化工程量的计算。如砌砖墙定额的计量单位用"m^3"要比用"块"更简便。

（3）预算定额中的各种说明，要简明扼要，通俗易懂。

（4）预算定额要尽量少留活口，因为过多地补充定额必然会影响定额的水平。

四、预算定额的编制依据

编制预算定额的主要依据包括：

1. 现行的劳动定额、材料消耗定额和施工定额。

2. 现行的设计规范、施工验收规范、质量评定标准和安全操作规程。

3. 通用标准图和已选定的典型工程施工图。

4. 成熟推广的新技术、新结构、新材料、新工艺。

5. 施工现场定额测定资料、材料实验资料和统计资料。

6. 现行的预算定额，现行的工资标准、材料预算价格及施工机械台班预算价格。

五、预算定额的编制步骤

编制预算定额一般分为以下三个阶段进行。

1. 准备工作阶段

（1）根据工程造价管理的需要，由建设工程造价管理部门组织编制预算定额的领导小组和各专业小组。

（2）拟定编制定额的工作方案，提出编制预算定额的基本要求，确定定额编制的原则、适用范围，确定项目划分及定额表格形式等。

（3）调查研究，收集各种编制依据和资料。

2. 编制初稿阶段

（1）对调查和收集的资料进行深入细致的分析研究。

（2）按编制方案中项目划分的规定和所选定的典型工程施工图计算工程量，根据取定的各项消耗指标和有关编制依据，计算分项定额中的人工、材料和机械台班消耗量，编制出定额项目表。

（3）测算定额水平。预算定额的征求意见稿编出后，应将新编定额与原定额进行比较分析，测算新定额的水平是提高了还是降低了，并分析其原因。

测算定额水平一般有三种方法。

第一种：对新旧定额的主要定额项目水平进行逐项比较，测算新定额水平提高或降低的程度。

第二种：通过计算工程造价测算定额水平。即用同一建筑安装工程采用新旧预算定额分别算出工程造价后进行对比分析，从而测算出新预算定额的水平。

第三种：用新预算定额分析出的用工、用料数量与现场实际耗用的工料进行比较，分析新定额所达到的水平。

新定额水平的测算结果过高或过低，都要对定额进行调整，直到符合要求为止。

3. 修改和审查定稿阶段

组织建设单位、施工单位、中介机构、行政主管部门等单位讨论新定额，将征求的意见交编制小组重新修改定稿，并写出预算定额编制说明和送审报告，连同预算定额送审批机关审批。

预算定额编制步骤示意图见图 2-2。

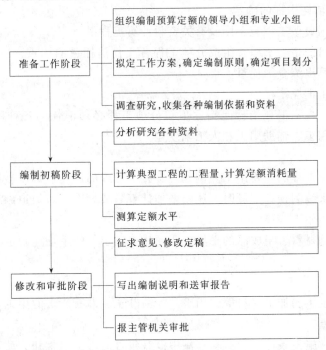

图 2-2 预算定额编制步骤示意图

六、预算定额消耗量指标确定

1. 定额计算单位的确定

预算定额计算单位的选择，与预算定额的准确性、简明适用性及预算编制工作的繁简程度有着密切关系。因此，在计算预算定额各种消耗量之前，应首先确定其计算单位。

在确定预算定额计量单位时，首先应考虑选定的单位能否确切反映单位产品的工、料消耗量，保证预算定额的准确性；其次，要有利于减少定额项目，提高定额的综合性；最后，要有利于简化工程量计算和整个预算的编制工作，保证预算编制的准确性和及时性。

由于各分项工程的形状不同，定额的计量单位应根据上述原则和要求，按照各分项工程的形状特征和变化规律来确定。

凡物体的长、宽、高三个度量都在变化时，应采用立方米为计量单位。例如，土方、石方、砖石、混凝土构件等项目。

当物体有一相对固定的厚度，而它的长和宽两个度量决定的面积不固定时，宜采用平方米为计量单位。例如，楼地面面层、屋面防水层、装饰抹灰、木地板等分项工程。

如果物体截面形状大小固定，但长度不固定时，应以延长米为计量单位。例如，木装饰线、给排水管道、导线敷设等分项工程。

有的分项工程的体积、面积基本相同，但重量和价格差异很大（如金属结构的项目等），应当以重量单位"kg"或"t"计算。有的分项工程还可以按个、组、座、套等自然计量单位计算。例如，屋面排水用的水斗、弯头以及给排水中的管道阀门、水龙头安装等均以"个"为计量单位；电照工程中的各种灯具安装则以"套"为计量单位。

定额单位确定以后，在定额项目表中，常用所取单位的"10倍"、"100倍"等倍数的计量单位来标示。

2. 预算定额消耗指标的确定

（1）按选定的典型工程施工图及有关资料计算工程量

计算工程量目的是为了综合组成分项工程各实物消耗量的比重，以便采用劳动定额、材料消耗定额计算出综合消耗量。

（2）确定人工消耗指标

预算定额中的人工消耗指标是指完成该分项工程必须消耗的各种用工。包括基本用工、材料超运距用工、辅助用工和人工幅度差。

①基本用工

指完成该分项工程的主要用工。例如，砌砖工程中的砌砖、调制砂浆、运砂浆等的用工。用劳动定额来编制预算定额时，还要增加计算附墙烟囱、垃圾道砌筑等用工。

②材料超运距用工

预算定额中的材料、半成品的平均运距要比劳动定额的平均运距远。因此，要计算超运距运输用工。

③辅助用工

指施工现场发生的加工材料等的用工。如筛砂子、淋石灰膏的用工等。

④人工幅度差

主要指在正常施工条件下，劳动定额中没有包含的用工因素和劳动定额与预算定额的水平差。例如，各工种交叉作业配合工作的停歇时间，工程质量检查和工程隐蔽、验收等所占用的时间。目前，预算定额人工幅度差系数一般为10%左右。

人工幅度差的计算公式为：

$$人工幅度差 =（基本用工＋超运距用工＋辅助用工）×10\%$$

（3）材料消耗指标的确定

由于预算定额是在材料消耗定额、施工定额的基础上综合而成的，所以，其材料用量也要综合计算。例如，每砌 $10m^3$ 一砖内墙的灰砂砖和砂浆用量的计算过程如下：

①计算 $10m^3$ 一砖内墙的灰砂砖净用量；

②扣除 $10m^3$ 砌体中混凝土梁头、板头所占体积；

③计算 $10m^3$ 一砖内墙砌筑砂浆净用量；

④计算扣除梁头、板头体积后的砂浆净用量；

⑤计算 $10m^3$ 一砖内墙砌体的灰砂砖、砂浆损耗量；

⑥计算 $10m^3$ 一砖内墙砌体的灰砂砖、砂浆总消耗量。

（4）施工机械台班定额消耗指标的确定

预算定额中机械台班消耗量单位是台班。按现行规定，每台机械工作 8h 为一个台班。

预算定额中，配合班组施工的施工机械（如砂浆搅拌机等），按工人小组的产量计算台班产量。计算公式为：

$$\frac{\text{分项定额}}{\text{机械台班使用量}} = \frac{\text{分项定额计量单位值}}{\text{小组总产量}}$$

七、编制预算定额项目表

当分项工程的人工、材料和机械台班消耗量指标确定后，就可以着手编制预算定额项目表。

在预算定额项目表中，工程内容可以参照施工定额的工作内容填写；人工消耗指标可按工种分别填写用工数；材料消耗量指标应列出主要材料名称、单位和实物消耗量；机械台班使用量指标应列出主要施工机械的名称和台班量。中小型施工机械也可用"中小型机械费"表示。

根据典型工程计算工程量后编制的预算定额项目表，见表 2-3。

预算定额项目表　　　　　　　　　　表 2-3

工程内容：1. 调制、运输、铺砂浆。2. 安放木砖、铁件、砌砖

定额编号			××××	××××	××××
项目		单位	混合砂浆砌砖墙 $10m^3$		
			1 砖	3/4 砖	1/2 砖
人工	砖工	工日	12.046	12.158	12.512
	其他用工	工日	2.736	2.736	2.736
	合计	工日	14.782	14.795	15.248
材料	灰砂砖	千块	5.257	5.310	5.363
	砂浆	m^3	2.234	2.212	2.190
	32.5 级水泥	kg	(377.56)	(373.82)	(370.12)
	石灰膏	m^3	(0.40)	(0.40)	(0.39)
	细砂	m^3	(2.64)	(2.61)	(2.59)
	水	m^3	2.16	2.16	2.16
机械	2t 塔吊	台班	0.475	0.475	0.475
	200L 灰浆搅拌机	台班	0.475	0.475	0.475

第四节　概算定额和概算指标

一、概算定额

1. 概算定额的概念

概算定额亦称扩大结构定额。它规定了完成单位扩大分项工程或结构构件所必须消耗的人工、材料、机械台班的数量标准。

概算定额是由预算定额综合而成的。将预算定额中有联系的若干个分项工程项目综合为一个概算定额项目。例如，砖基础工程在预算定额中一般划分为人工挖地槽土方、基础垫层、砖基础、墙基防潮层等若干分项工程。但在概算定额中，可以将上述若干个项目综合为一个概算定额项目，即砖基础项目。

2．概算定额的作用

概算定额的主要作用包括：

（1）是编制设计概算的依据。

（2）是对设计项目进行技术经济分析和比较的依据。

（3）是编制招投标文件的参考数据。

3．概算定额的编制依据

（1）现行的预算定额和概算定额。

（2）现行的工资标准、材料预算价格和机械台班预算价格。

4．概算定额的编制步骤

（1）准备工作阶段

该阶段的主要工作是确定编制机构和人员的组成；进行调查研究，了解现行概算定额的执行情况和存在的问题，明确编制定额的目的。在此基础上，制定出编制方案和确定概算定额的全部项目。

（2）编制初稿阶段

该阶段根据制定的编制方案和确定的定额项目，收集各种资料和整理各种数据，对各种资料进行深入细致的测算和分析，确定各项目的消耗指标，最后编制出定额初稿。

该阶段要测算概算定额的水平。内容包括两个方面，新编概算定额与原概算定额的水平；新编概算定额与预算定额的水平。

（3）审查阶段

该阶段要组织有关单位、专家讨论概算定额初稿，在听取合意意见和建议的基础上进行修改。然后将修改稿报主管部门审批。

二、概算指标

1．概算指标的概念

概算指标是以整个建筑物或构筑物为对象以"m^2"、"m^3"、"座"等为计量单位，规定人工、材料、机械台班消耗的数量标准。

2．概算定额的作用

概算定额的主要作用包括：

（1）是建设主管部门编制投资估算书，确定投资估算和主要材料需用量的依据。

（2）是设计单位编制初步设计概算的依据。

（3）是考核建设投资效果的依据。

3．概算指标的主要内容和形式

概算指标的内容和形式没有统一的规定，一般包括：

（1）工程概况

包括建筑面积（工程规模）、结构类型、建筑高度、建筑层高、工程类别、建设日期、竣工日期等等。

（2）建设标准

包括基础构造、墙体、门窗、楼地面、屋面、室内外装饰的做法和采用的材料等等。

（3）费用分析

包括人工费、材料费、机械费、间接费、利润、税金等的单方指标及占总造价的百分比。

（4）主要材料消耗指标

包括钢材、木材、水泥、面砖等主要材料的单方指标。

概算指标实例见表2-4。

××市某办公楼工程概算指标　　　　　　　　表 2-4

	工程名称	重庆市某办公楼		结构类型	框　架
工程概况	工程规模	3203m²		建筑高度	20.7m
	建设日期	2001 年 6 月		建筑层高	4.2（1 层）/3.3m
	竣工日期	2002 年 2 月		工程类别	三类
	材料价格	××市造价信息		取费等级	二级
建设标准	基　础	挖孔桩			
	墙　体	M5 混合砂浆加气混凝土砌块墙			
	门　窗	胶合板门，铝合金推拉窗			
	楼地面	现浇有梁板，普通水磨石面层			
	屋　面	煤渣混凝土保温层，卷材防水，水泥花砖面层			
	室内装饰	水泥砂浆墙面及顶棚，面刷乳胶漆			
	室外装饰	外墙面砖			
	其　他	—			
	名　称	单　位	数　量	单方指标	占总造价%
费用分析	工程造价	元	2000347	624.52	100
	人工费	元	226451	70.70	11.32
	材料费	元	961368	300.15	48.06
	机械费	元	89410	27.91	4.47
	间接费	元	118062	36.86	5.90
	利　润	元	77477	24.19	3.87
	税　金	元	68764	21.47	3.44
主要材料指标	钢　材	kg	130912	40.87	18.33
	水　泥	kg	727166	227.03	11.58
	原　木	m³	39.520	0.012	1.62
	特细砂	t	994	0.31	1.39
	碎　石	t	1384	0.43	2.07
	白石子	t	74	0.02	0.87
	页岩砖	块	45909	14.33	0.51
	加气混凝土块	m³	678	0.21	5.12
	面　砖	m²	2738	0.85	2.74
	门	m²	223	0.07	0.92
	窗	m²	446	0.14	5.36

注：1. 建筑高度为建筑物的檐口高度。2. 建筑层高为建筑物的主要层高。3. 建设日期为标底编制日期。

复 习 思 考 题

1. 定额按生产要素是怎样分类的?

2. 定额具有哪些特性?

3. 编制定额的方法有哪几种?

4. 什么是劳动定额?

5. 劳动定额有哪几种表现形式? 为什么?

6. 编制材料消耗定额有哪几种方法?

7. 叙述计算每立方米砌体砌块数量的基本思路。

8. 怎样计算预制混凝土构件的模板摊销量?

9. 怎样计算机械一次循环的正常延续时间?

10. 什么是施工定额?

11. 施工定额有哪些作用?

12. 叙述施工定额的水平。

13. 什么是预算定额?

14. 预算定额有哪些编制原则?

15. 什么是概算定额?

第三章 预算定额的应用

第一节 概 述

一、预算定额的构成

预算定额一般由总说明、分部说明、分节说明、建筑面积计算规则、分项工程消耗指标、分项工程基价、机械台班预算价格、材料预算价格、砂浆和混凝土配合比表、材料损耗率表等内容构成，见图 3-1。

二、预算定额的内容

1. 文字说明

（1）总说明

总说明综合叙述了定额的编制依据、作用、适用范围及编制此定额时有关共性问题的处理意见和使用方法等。

（2）建筑面积计算规则

建筑面积计算规则严格、较全面地规定了计算建筑面积的范围和方法。建筑面积是基本建设中重要的技术经济指标，也是计算其他技术经济指标的基础。

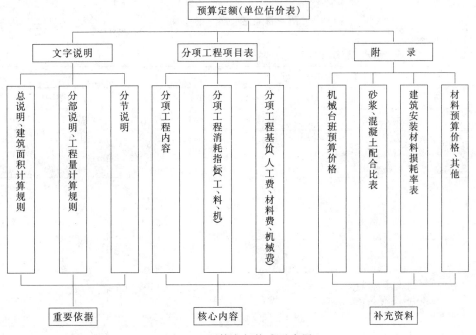

图 3-1 预算定额构成示意图

（3）分部说明

分部说明是预算定额的重要内容，它介绍了分部工程定额中使用各定额项目的具体规定。例如砖墙身如为弧形时，其相应定额的人工费要乘以大于 1 的系数等。

（4）工程量计算规则

工程量计算规则是按分部工程归类的。工程量计算规则统一规定了各分项工程量计算的处理原则，不管是否完全理解，在没有新的规定出现之前，必须按该规则执行。

工程量计算规则是准确和简化工程量计算的基本保证。因为，在编制定额的过程中就运用了计算规则，在综合定额内容时就确定了计算规则，所以，工程量计算规则具有法规性。

（5）分节说明

分节说明主要包括了该章节项目的主要工作内容。通过对工作内容的了解，帮助我们判断在编制施工图预算时套用定额的准确性。

2．分项工程项目表

分项工程项目表是按分部工程归类的，它主要包括以下三个方面的内容：

（1）分项工程内容

分项工程内容是以分项工程名称来表达的。一般来说，每一个定额号对应的内容就是一个分项工程的内容。例如，"M5 混合砂浆砌砖墙"就是一个分项工程的内容。

（2）分项工程消耗指标

分项工程消耗指标是指人工、材料、机械台班量的消耗。例如，某地区预算定额摘录见表 3-1，其中 1—1 号定额的项目名称是花岗岩板贴楼地面，每 $100m^2$ 的人工消耗指标是 20.57 个工日；材料消耗指标分别是花岗岩板 $102m^2$、1:2 水泥砂浆 $2.20m^3$、白水泥 10kg、素水泥浆 $0.1m^3$、棉纱头 1kg、锯木屑 $0.60m^3$、石料切割锯片 0.42 片、水 $2.60m^3$；机械台班消耗指标为 200L 砂浆搅拌机 0.37 台班、2t 内塔吊 0.74 台班、石料切割机 1.60 台班。

预　算　定　额　摘　录　　　　　　　　　　表 3-1

工程内容：清理基层、调制砂浆、锯板磨边

贴花岗岩板、擦缝、清理净面　　　　　　　　　　　　　　　单位：$100m^2$

定　额　编　号				1—1	1—2	1—3
项　　目		单　位	单　价	花岗岩楼地面	花岗岩踢脚板	花岗岩台阶
基　　价		元		26774.12	27285.84	41886.55
其中	人工费	元		514.25	1306.25	1541.75
	材料费	元		26098.27	25850.25	40211.69
	机械费	元		161.60	129.34	133.11
综　合　用　工		工日	25.00	20.57	52.25	61.67
材　　料	花岗岩板	m^2	250.00	102.00	102.00	157.00
	1:2 水泥砂浆	m^3	230.02	2.20	1.10	3.26
	白水泥	kg	0.50	10.00	20.00	15.00
	素水泥浆	m^3	461.70	0.10	0.10	0.15
	棉纱头	kg	5.00	1.00	1.00	1.50
	锯木屑	m^3	8.50	0.60	0.60	0.89
	石料切割锯片	片	70.00	0.42	0.42	1.68
	水	m^3	0.60	2.60	2.60	4.00
机　　械	200L 砂浆搅拌机	台班	15.92	0.37	0.18	0.59
	2t 内塔吊	台班	170.61	0.74	0.56	—
	石料切割机	台班	18.41	1.60	1.68	6.72

（3）分项工程基价

分项工程基价亦称分项工程单价，是确定单位分项工程人工费、材料费和机械使用费的标准。例如表 3-1 中 1—1 定额的基价为 26774.12 元。该基价是由人工费 514.25 元、材料费 26098.27 元、机械费 161.60 元合计而成。这三项费用的计算过程是：

$$人工费 = 20.57 工日 \times 25.00 元/工日 = 514.25 元$$

$$材料费 = 102.00 \times 250.00 + 2.20 \times 230.02 + 10.00 \times 0.50 + 0.10 \times 461.70 + 1.00 \times$$
$$5.00 + 0.60 \times 8.50 + 0.42 \times 70.00 + 2.60 \times 0.60 = 26098.27 元$$

$$机械费 = 0.37 \times 15.92 + 0.74 \times 170.61 + 1.60 \times 18.41 = 161.60 元$$

3. 附录

附录主要包括以下几部分内容：

（1）机械台班预算价格

机械台班预算价格确定了各类各种施工机械的台班使用费。例如，表 3-1 中 1—1 定额的 200L 砂浆搅拌机的台班预算价格为 15.92 元/台班。

（2）砂浆、混凝土配合比表

砂浆、混凝土配合比表确定了各种砂浆、混凝土每立方米的原材料消耗量，它是计算工程材料消耗量的依据。例如表 3-2 中 F—2 号定额规定了 1:2 水泥砂浆每立方米需用 32.5 级普通水泥 635kg，中砂 1.04m³。

抹灰砂浆配合比表（摘录）　　　　　　　　表 3-2

单位：m³

定　额　编　号				F—1	F—2
项　　目	单　位	单　价		水　泥　砂　浆	
				1:1.5	1:2
基　　价	元			254.40	230.02
材　料	32.5 级水泥	kg	0.30	734	635
	中　砂	m³	38.00	0.90	1.04

（3）建筑安装材料损耗率表

该表表示了编制预算定额时，各种材料损耗率的取定值，为使用定额者换算定额和补充定额提供依据。

（4）材料预算价格表

材料预算价格表汇总了预算定额中所使用的各种材料的单价，它是在编制施工图预算时，材料价差调整的依据。

第二节　人工工日单价的确定

人工工日单价是指预算定额基价中，计算人工费的单价。工日单价通常由日工资标准、保险费和工资性补贴构成。

一、工资标准的确定

工资标准是指工人在单位时间内（日或月）按照不同的工资等级所取得的工资数额。

研究工资标准的目的是为了确定工日单价，满足编制预算定额或换算预算定额的需要。

1．工资等级

工资等级是按国家或企业有关规定，按照劳动者的技术水平、熟练程度和工作责任大小等因素所划分的工资级别。

2．工资等级系数

工资等级系数也称工资级差系数，是某一等级的工资标准与一级工工资标准的比值。例如原国家规定的建筑工人的工资等级为 1～7 级，第七级与第一级工资之间的比值为2.800，它们之间上一级与下一级之间的工资比值均为 1.187，见表 3-3。

建筑工人工资标准表（六类工资区）　　　　表 3-3

工资等级（n）	一	二	三	四	五	六	七
工资等级系数（K_n）	1.000	1.187	1.409	1.672	1.985	2.358	2.800
级差（％）	—	18.7	18.7	18.7	18.7	18.7	18.7
月工资标准（F_n）	33.66	39.95	47.43	56.28	66.82	79.37	95.25

表 3-3 中的月工资标准是一个等比数列，其公比为 1.187，因而工资等级系数可用下列公式计算：

$$K_n = (1.187)^{n-1}$$

式中　　n——工资等级；

K_n——n 级工资等级系数；

1.187——等比级差的公比。

3．工资标准计算

工资标准的计算可以通过等级系数计算法和插值法求得。

（1）等级系数法

应用等级系数计算工资标准的公式为：

$$F_n = F_1 \times K_n$$

式中　　F_n——n 级工的月工资标准；

F_1——一级工的月工资标准；

K_n——n 级工的工资等级系数。

【例 1】　根据表 3-3 中数据计算三级工的月工资标准。

【解】　　　　　　$F_3 = 33.66 \times 1.409 = 47.43$ 元/月

【例 2】　已知一级工的工资标准为 33.66 元/月，工资等级系数的等比级差为 1.187，求 4.5 级工的月工资标准。

【解】　已知　$F_{4.5} = 33.66 \times K_{4.5}$，公比为 1.187

故　　$K_{4.5} = (1.187)^{4.5-1} = 1.822$

∴　　$F_{4.5} = 33.66 \times 1.822 = 61.33$ 元/月

（2）插值法

应用插值公式计算工资标准，只需工资额，无需工资等级系数，其公式为：

$$F_{n \cdot m} = F_n + (F_{n+1} - F_n) \times m$$

式中 $F_{n·m}$——$n·m$ 等级的工资标准，其中 n 为整数，m 为小数；

F_n——n 级工资标准；

F_{n+1}——比 n 级高一级的工资标准。

【例3】   已知五级工的工资标准为 66.82 元/月，六级工的工资标准为 79.37 元/月，求 5.2 级的月工资标准。

【解】 $F_{5.2} = 66.82 + (79.37 - 66.82) × 0.2 = 66.82 + 2.51 = 69.33$ 元/月

二、工日单价的计算

预算定额基价中人工费单价包括工资标准（基本工资）保险费（医疗保险、失业保险等）和工资性补贴，其计算公式为：

$$工日单价 = \frac{加权平均的月工资标准 + 工资性补贴 + 保险费}{月平均工作天数（20.92）}$$

注：月平均工作天数 = （365 - 52×2 - 10）÷12 = 20.92d

【例4】   已知砌砖工人小组的加权平均月工资标准为 291.00 元，月工资性补贴为 180.00 元，月保险费为 52.00 元，求工日单价；又根据预算定额规定，砌 10m³ 砖基础的定额用工为 11.83 个工日，求该定额基价中的人工费。

【解】   （1）求工日单价

$$工日单价 = \frac{291 + 180 + 52}{20.92} = 25.00 \text{ 元/工日}$$

（2）求定额人工费

$$定额人工费 = 11.83 × 25.00 = 295.75 \text{ 元/10m}^3$$

第三节   材料预算价格编制

一、材料预算价格的概念

材料预算价格是指材料由其来源地或交货地点运至工地仓库或堆放场地后的出库价格。

二、材料预算价格的构成

从材料预算价格的概念中可以看出，材料预算价格应包括材料从采购时发生的原价、手续费和一直运到工地仓库的全部费用。因而，不难判断，材料预算价格由下列费用构成：

1. 材料原价；
2. 材料供销部门手续费；
3. 材料包装费；
4. 材料运杂费；
5. 采购及保管费。

三、材料预算价格的计算公式

按现行规定，材料预算价格的计算公式为：

材料预算价格 = ［材料原价×（1＋手续费率）＋包装费＋运杂费］

×（1＋采购及保管费率）－包装品回收值

当没有发生手续费和包装费时：

材料预算价格＝（材料原价＋运杂费）×（1＋采购及保管费率）

有些地区将运杂费和采购保管费用综合费来表示计算时：

材料预算价格＝材料原价×（1＋综合费率）

四、材料预算价格的编制

1．材料原价的确定

材料原价是指材料的出厂价、交货地点的价格、材料市场价、材料批发价、进口材料的批发价等。

在确定材料原价时，如果同一种材料因来源地、供应单位和生产厂家不同，会产生几种价格，这时，应根据不同来源地的供应数量和各自的单价，采用加权平均的方法计算其材料原价。

（1）总金额法

$$加权平均原价＝\frac{\Sigma（各来源地数量×各来源地单价）}{\Sigma 各来源地数量}$$

【例5】 某工程需42.5级普通水泥由甲、乙、丙三地供应：甲地500t，出厂价300元/t；乙地900t，出厂价290元/t；丙地2000t，出厂价295元/t，求加权平均原价。

【解】 $\dfrac{42.5级水泥}{加权平均原价}＝\dfrac{500×300＋900×290＋2000×295}{500＋900＋2000}＝\dfrac{1001000}{3400}＝294.41 元/t$

（2）数量比例法

加权平均原价＝Σ（各来源地材料原价×各来源地数量百分比）

式中 各来源地数量百分比＝$\dfrac{各来源地数量}{材料总数量}×100\%$

【例6】 某工程需白水泥由甲、乙、丙三地供应：甲地12t，出厂价420元/t；乙地8t，出厂价440元/t；丙地20t，出厂价410元/t，求加权平均原价。

【解】 （1）各地白水泥数量占总量百分比

$$甲地数量百分比＝\frac{12}{12＋8＋20}×100\%＝30\%$$

$$乙地数量百分比＝\frac{8}{12＋8＋20}×100\%＝20\%$$

$$丙地数量百分比＝\frac{20}{12＋8＋20}×100\%＝50\%$$

（2）白水泥加权平均原价

白水泥加权平均原价＝420×30%＋440×20%＋410×50%＝419元/t

2．材料供销部门手续费

材料供销部门手续费是指购买材料的单位不直接向生产厂家采购、订货，需委托物资供销商供应时所支付的手续费。

材料供销部门手续费包括材料入库、出库、管理，加成和进货运杂费等。

直接向生产厂家采购材料时，不发生这笔费用。

供销部门手续费计算公式如下：

供销部门手续费＝材料原价×手续费率

材料供销部门手续费率，在计划经济体制下，由各地主管部门确定；在市场经济体制下，由供销合同确定。

【例7】 某工程所需 600 套高级卫生洁具委托 A 公司供货，根据供销合同确定，每套洁具单价 2500 元，并收取 1.5% 的手续费，求每套卫生洁具的手续费。

【解】 每套卫生洁具手续费 $= 2500 \times 1.5\% = 37.50$ 元/套

3. 材料包装费

材料包装费是指为了便于储运材料、保护材料，使材料不受损失而发生的包装费用，主要指耗用包装品的价值和包装费用。

例如，为了方便运输与保管，各种灯具需采用防振的纸箱包装，发生的纸箱的费用就构成了灯具包装费的主要内容。

凡由生产厂家负责包装的产品，其包装费一般已计入材料原价内，不再另行计算，但在计算该产品的材料预算价格时应扣除包装品回收值。

材料包装费的计算包括包装费和包装品回收值两项内容的计算，计算公式如下：

$$材料包装费 = 发生包装品的数量 \times 包装品单价$$

$$包装品回收值 = 材料包装费 \times 包装品回收率 \times 包装品残值率$$

式中 包装品回收率——指包装材料回收量与发生量的比率；

$$包装品回收率 = \frac{包装品回收量}{包装品发生量} \times 100\%$$

包装品残值率——指回收包装材料的价值与原包装材料价值的比率。

$$包装品残值率 = \frac{回收包装品的价值}{原包装材料的价值} \times 100\%$$

建筑安装材料包装品的回收率和残值率，可根据实际情况确定，也可参照以下比率确定：

（1）用木材制品包装

回收率：70% 残值率：20%

（2）用铁桶、铁皮、铁丝制品包装

铁桶回收率：95% 残值率：50%

铁皮回收率：50% 残值率：50%

铁丝回收率：20% 残值率：50%

（3）用纸皮、纤维品包装

回收率：60% 残值率：50%

（4）用草绳、草袋制品包装，不计算回收值。

【例8】 某外墙涂料需用塑料桶包装，每吨用 16 个桶，每个桶的单价 24 元，回收率 75%，残值率 60%，试计算每吨外墙涂料的包装费和包装品回收值。

【解】 （1）计算包装费

$$外墙涂料包装费 = 16 \times 24 = 384.00 \text{ 元/t}$$

（2）计算回收值

$$外墙涂料包装品回收值 = 384.00 \times 75\% \times 60\% = 172.80 \text{ 元/t}$$

4. 材料运杂费

材料运杂费是指材料由其来源地运至工地仓库或堆放场地时，全部运输过程发生的一切费用，包括车、船等的运输费，调车费、出入仓库费、装卸费及合理的运输损耗等。

调车费是指机车到非公用装货地点装货时的调车费用。

装卸费、出入仓库费是指火车、汽车、轮船等出入仓库时的搬运费和堆码费。

材料运输损耗是指材料在运输、搬运过程中发生的合理（定额）损耗。

（1）加权平均运费计算

材料来源地的确定，应该贯彻就地、就近取材的原则。当同一种材料有几个货源地时，应按各货源地的供应数量比例和运费单价，计算加权平均运费，计算公式如下：

$$\text{加权平均运费} = \frac{\Sigma(\text{各来源地运输单价} \times \text{各来源地材料数量})}{\Sigma\text{各来源地材料数量}}$$

【例 9】 某工程需 1800m² 地砖，甲地供货 900m²，运费 5.00 元/m²；乙地供货 400m²，运费 6.00 元/m²；丙地供货 500m²，运费 5.50 元/m²，求加权平均运费。

【解】

$$\text{地砖加权平均运费} = \frac{5.00 \times 900 + 6.00 \times 400 + 5.50 \times 500}{900 + 400 + 500} = \frac{9650}{1800} = 5.36 \text{ 元/m}^2$$

（2）材料运输损耗计算

计算公式如下：

$$\text{材料运输损耗} = \text{加权平均原价} + \text{供销部门手续费} + \text{运费} + \text{包装费} + \text{调车费}$$
$$+ \text{出入仓库费} + \text{装卸费}) \times \text{运输损耗率}$$

【例 10】 根据下列资料计算 500mm×500mm 地面砖的运输损耗：

加权平均原价：	65.00 元/m²
供销部门手续费：	0.78 元/m²
加权平均运费：	5.36 元/m²
装卸费：	0.80 元/m²
运输损耗率：	2%

【解】 500mm×500mm 地砖运输损耗 =（65.00 + 0.78 + 5.36 + 0.80）×2% = 1.44 元/m²

（3）材料运杂费计算

材料运杂费计算公式如下：

材料运杂费 = 加权平均运费 + 装卸费 + 运输损耗

【例 11】 根据下列资料计算广场砖材料运杂费：

加权平均原价：	86.00 元/m²
装卸费：	1.20 元/m²
加权平均运费：	7.33 元/m²
运输损耗率：	1.8%

【解】 （1）计算运输损耗

广场砖运输损耗 =（86.00 + 1.20 + 7.33）×1.8% = 94.53×1.8% = 1.70 元/m²

（2）计算运杂费

广场砖运杂费 = 86.00 + 1.20 + 7.33 + 1.70 = 96.23 元/m²

5．材料采购及保管费

材料采购及保管费是指材料供应部门在组织采购、供应和保管材料过程中所发生的各项费用，包括工地仓库的材料储存损耗。

计算公式如下：

材料采购及保管费＝（加权平均原价＋供销部门手续费＋包装费＋运杂费）×采购及保管费率

采购及保管费率一般综合取定为2.5%左右，各地区可根据不同的情况确定其费率。

【例12】 根据下列资料计算矿棉板的采购及保管费：

加权平均原价：	12.00 元/m²
供销部门手续费：	0.24 元/m²
加权平均运杂费：	2.68 元/m²
包装费：	0.96 元/m²
采购及保管费率：	2.5%

【解】

矿棉板采购及保管费＝（12.00＋0.24＋2.68＋0.96）×2.5%＝15.88×2.5%＝0.40 元/m²

6．材料预算价格综合例题

【例13】 根据下列资料，计算乳胶漆的材料预算价格。

货源地	数量 （kg）	出厂价 （元/kg）	运费 （元/kg）	装卸费 （元/kg）	运输损耗率 （%）	采购及保管 费率（%）	供销部门 手续费率（%）
甲 地	560	13.20	0.25	0.18	2.0	2.5	1.8
乙 地	380	12.80	0.31	0.16	2.0	2.5	1.8
丙 地	1250	12.50	0.40	0.15	2.0	2.5	1.8
丁 地	2000	12.60	0.28	0.14	2.0	2.5	1.8

注：乳胶漆用塑料桶包装，每桶15kg，塑料桶单价10.00元/个，回收率60%，残值率50%。

【解】 （1）加权平均原价

$$乳胶漆加权平均原价＝\frac{13.20×560＋12.80×380＋12.50×1250＋12.60×2000}{560＋380＋1250＋2000}$$

$$＝\frac{53081}{4190}＝12.67 元/kg$$

（2）供销部门手续费

$$12.67×1.8\%＝0.23 元/kg$$

（3）包装费

$$10÷15＝0.67 元/kg$$

（4）包装品回收值

$$0.67×60\%×50\%＝0.20 元/kg$$

（5）运杂费

$$①运费＝\frac{0.25×560＋0.31×380＋0.40×1250＋0.28×2000}{560＋380＋1250＋2000}$$

$$= \frac{1317.8}{4190} = 0.31 \, \text{元/kg}$$

②装卸费 $= \dfrac{0.18 \times 560 + 0.16 \times 380 + 0.15 \times 1250 + 0.14 \times 2000}{4190}$

$$= \frac{629.10}{4190} = 0.15 \, \text{元/kg}$$

③运输损耗 $= (12.67 + 0.23 + 0.67 + 0.31 + 0.15) \times 2\% = 14.03 \times 2\%$
$$= 0.28 \, \text{元/kg}$$

运杂费 $= ① + ② + ③ = 0.31 + 0.15 + 0.28 = 0.74 \, \text{元/kg}$

（6）采购及保管费

采购及保管费 $= (12.67 + 0.23 + 0.67 + 0.74) \times 2.5\% = 14.31 \times 2.5\% = 0.36 \, \text{元/kg}$

（7）乳胶漆材料预算价格

乳胶漆材料预算价格 $= (12.67 + 0.23 + 0.67 + 0.74 + 0.36) - 0.20 = 14.67 - 0.20$
$$= 14.47 \, \text{元/kg}$$

五、用综合费率法计算材料预算价格

为了简化材料预算价格的计算过程，可以将运杂费、采购及保管费等费用合并成一个综合费率，用综合费率的方法来计算材料预算价格，其计算公式为：

材料预算价格 = 材料原价 × （1 + 综合费率）

采用综合费率的方法计算材料预算价格，一般较适合于在市区内采购建筑安装材料的情况。

【例 14】 某工程在市区，所需内墙面瓷砖 800m^2；甲地采购 200m^2，单价 21.00 元；乙地采购 280m^2，单价 20.80 元；丙地采购 320m^2，单价 21.40 元，综合费率按 3.8% 确定，试计算内墙瓷砖的材料预算价格。

【解】 （1）计算加权平均原价

$$\text{瓷砖加权平均原价} = \frac{21 \times 200 + 20.80 \times 280 + 21.40 \times 320}{200 + 280 + 320} = \frac{16872}{800} = 21.09 \, \text{元/m}^2$$

（2）计算材料预算价格

内墙瓷砖材料预算价格 $= 21.09 \times (1 + 3.8\%) = 21.09 \times 1.038 = 21.89 \, \text{元/m}^2$

第四节　施工机械台班预算价格的确定

一、施工机械台班预算价格的概念

施工机械台班预算价格亦称施工机械台班费用定额，是指一台机械在单位工作班中为使机械正常运转所分摊和支出的各项费用。

二、施工机械台班预算价格的组成

施工机械台班预算价格按有关规定由八项费用构成。这些费用按其性质分类，划分为第一类费用和第二类费用。

第一类费用包括：折旧费、大修理费、经常修理费、安拆费及场外运输费；

第二类费用包括：人工费、燃料动力费、养路费及车船使用税、保险费。

三、第一类费用的确定

1. 折旧费

折旧费是指机械设备在规定的使用年限（即耐用总台班）内，陆续收回其原值及支付贷款利息等费用，计算公式如下：

$$台班折旧费 = \frac{机械预算价格 \times （1-残值率）+贷款利息}{耐用总台班}$$

其中：

（1）机械预算价格 = 原价 × （1+购置附加费率）+手续费+运杂费

（2）残值率是指机械设备报废时其回收残值占原值的比率。残值率一般在2%～8%的范围内。

（3）耐用总台班指机械设备从开始投入使用至报废前，所使用的台班总数，其计算式如下：

$$耐用总台班 = 大修理间隔台班 \times 大修理周期$$

2. 大修理费

大修理费是指机械设备按规定的大修理间隔台班必须进行的大修，以恢复其正常使用功能所需的费用。

$$台班大修理费 = \frac{一次大修理费 \times （大修理周期-1）}{耐用总台班}$$

3. 经常修理费

经常修理费是指机械设备除大修理以外的各级保养及临时故障排除所需的费用；为保障机械正常运转所需替换设备，随机使用工具、附具的摊销和维护费用；机械运转与日常保养所需的油脂、擦拭材料费用和机械停置期间的正常维护保养费用等，一般，可用下列公式计算：

$$经常修理费 = 大修理费 \times K$$

注：$K = \dfrac{典型机械台班经常修理费测算值}{典型机械台班大修理费测算值}$

4. 安拆费及场外运费

安拆费是指机械在施工现场进行安装、拆卸所需的人工、材料、机械费、试运转费以及安装所需的辅助设施费用，包括安装机械的基础、底座、固定锚桩、行走轨道、枕木等的折旧费及搭、拆费用等。

场外运费指机械整体或分件，从停放场地运至施工现场或由一个工地运至另一个工地且运距在25km以内的机械进出场运输及转移费用，包括机械的装卸、运输、辅助材料及架线费用等。

四、第二类费用的确定

1. 燃料动力费

指机械在运转施工作业中所耗用的电力、固体燃料（煤、木柴等）、液体燃料（汽油、柴油等），水和风力等资源费。

$$台班燃料费 = 台班耗用燃料及动力数量 \times 燃料或动力单价$$

2. 人工费

人工费是指机上司机、司炉及其他操作人员的工资及上述人员在机械规定的年工作台班以外的工资和工资性津贴。

$$台班人工费 = 台班机上操作人工工日数 \times 人工单价$$

3．养路费及车船使用税

指按国家有关规定应交纳的养路费和车船使用税，计算公式如下：

$$台班养路费及车船使用税 = \frac{载重量（或核定吨位） \times \left[\begin{array}{l}养路费（元/t \cdot 月）\times 12个月\end{array} + 车船使用税（元/t \cdot 年）\right]}{年工作台班}$$

4．保险费

指按有关保险规定应缴纳的第三者责任险、车主保险费等。

五、施工机械台班预算价格实例

现将某地区施工机械台班预算价格摘录如表3-4。

某地区施工机械台班预算价格摘录 表 3-4

编号	机械名称	规格型号	台班基价（元）	第一类费用				第二类费用			
				折旧费（元）	大修理费（元）	经常修理费（元）	安拆费及场外运输费（元）	燃料动力费（元）	人工费（元）	养路费及车船使用税（元）	保险费（元）
10001	载重汽车	6t	258.25	70.22	10.39	58.26	1.36	45.07	15.63	55.35	1.97
10002	电锤	520W	9.11	2.43	—	4.86	1.33	0.49	—	—	—
10003	喷涂机	PWQ-8L	37.25	3.88	1.93	10.40	1.47	3.94	15.63	—	—

第五节 预 算 定 额 的 应 用

一、预算定额基价的确定

人工、材料、机械台班消耗量是定额中的主要指标，它以实物量来表示。为了方便使用，目前，各地区编制的预算定额普遍反映货币量指标，也就是由人工费、材料费、机械台班使用费构成定额基价。

所谓基价，即指工程单价。它可以是完全工程单价，也可以是不完全工程单价。

作为建筑工程预算定额，它以完全工程单价的形式来表现，这时也可称为建筑工程单位估价表；作为不完全工程单价表现形式的定额，常用于安装工程预算定额和装饰工程预算定额，因为上述定额中一般不包括主要材料费。

预算定额中的基价是根据某一地区的人工单价、材料预算价格、机械台班预算价格计算的，其计算公式如下：

$$定额基价 = 人工费 + 材料费 + 机械使用费$$

式中

$$人工费 = \Sigma（定额工日数 \times 工日单价）$$

$$材料费 = \Sigma（材料数量 \times 材料预算价格）$$

$$机械使用费 = \Sigma（机械台班量 \times 台班预算价格）$$

公式中的实物量指标是预算定额规定的，但人工单价、材料预算价格、机械台班预算价格则按某地区的价格确定的。通常，全国统一预算定额的基价，采用北京地区的价格；

省、市、自治区预算定额的基价采用省会所在地或自治区首府所在地的价格。

定额基价的计算过程可以通过表 3-5 来表达。

预算定额项目基价计算表 表 3-5

定 额 编 号				1—1	计 算 式
项 目	单 位		单 价	花岗石楼地面 （100m²）	
基 价	元		—	26774.12	基价 = 514.25 + 26098.27 + 161.60 = 26774.12
其中	人工费	元	—	514.25	见计算式
	材料费	元	—	26098.27	见计算式
	机械费	元	—	161.60	见计算式
综合用工	工日	25.00		20.57	人工费 = 20.57 × 25.00 = 514.25 元
材料	花岗石板	m²	250.00	102.00	材料费：
	1:2 水泥砂浆	m³	230.02	2.20	102.00 × 250.00 = 25500
	白水泥	kg	0.50	10.00	2.20 × 230.02 = 506.04
	素水泥浆	m³	461.70	0.10	10.00 × 0.50 = 5.00
	棉纱头	kg	5.00	1.00	0.10 × 461.70 = 46.17 }26098.27 元
	锯木屑	m³	8.50	0.60	1.00 × 5.00 = 5.00
	石料切割锯片	片	70.00	0.42	0.60 × 8.50 = 5.10
	水	m³	0.60	2.60	0.42 × 70.00 = 29.40
					2.60 × 0.60 = 1.56
机械	200L 砂浆搅拌机	台班	15.92	0.37	机械费：
	2t 内塔吊	台班	170.61	0.74	0.37 × 15.92 = 5.89 }161.60 元
	石料切割机	台班	18.41	1.60	0.74 × 170.61 = 126.25
					1.60 × 18.41 = 29.46

二、预算定额项目中材料费与配合比表的关系

预算定额项目中的材料费是根据材料栏目中的半成品（砂浆、混凝土）、原材料用量乘以各自的单价汇总而成的，其中，半成品的单价是根据半成品配合比表中各项目的基价来确定的。例如，"定—1"定额项目中 M5 水泥砂浆的单价是根据"附—1"砌筑砂浆配合比的基价 124.32 元/m³ 确定的。还需指出，M5 水泥砂浆的基价是该附录号中 32.5 级水泥、中砂的材料费，即：270 × 0.30 + 1.14 × 38.00 = 124.32 元/m³。

三、预算定额项目中工料消耗指标与砂浆、混凝土配合比表的关系

定额项目中材料栏内含有砂浆或混凝土半成品用量时，其半成品的原材料用量要根据定额附录中砂浆、混凝土配合比表的材料消耗量来计算。因此，当定额项目中的配合比与施工图设计的配合比不同时，附录半成品配合比表是定额换算的重要依据。

【例 15】 根据表 3-6～表 3-10 中"定—1"号定额和"附—1"号定额计算砌 10m³ 砖基础需用 2.36m³ 的 M5 水泥砂浆的原材料用量。

【解】 32.5MPa 水泥：2.36 × 270 = 637.20kg

中 砂：2.36 × 1.14 = 2.690m³

工程内容：略

定 额 编 号			定—1	定—2	定—3	定—4
定 额 单 位			10m³	10m³	10m³	100m²
项 目	单位	单 价	M5 水泥砂浆砌砖基础	现浇 C20 钢筋混凝土矩形梁	C15 混凝土地面垫层	1:2 水泥砂浆墙基防潮层
基 价	元		1277.30	7673.82	1954.24	798.79
其中　人工费	元		310.75	1831.50	539.00	237.50
其中　材料费	元		958.99	5684.33	1384.26	557.31
其中　机械费	元		7.56	157.99	30.98	3.98
人工　基本工	d	25.00	10.32	52.20	13.46	7.20
人工　其他工	d	25.00	2.11	21.06	8.10	2.30
人工　合　计	d	25.00	12.43	73.26	21.56	9.5
材料　标准砖	千块	127.00	5.23			
材料　M5 水泥砂浆	m³	124.32	2.36			
材料　木材	m³	700.00		0.138		
材料　钢模板	kg	4.60		51.53		
材料　零星卡具	kg	5.40		23.20		
材料　钢支撑	kg	4.70		11.60		
材料　ϕ10 内钢筋	kg	3.10		471		
材料　ϕ10 外钢筋	kg	3.00		728		
材料　C20 混凝土(0.5~4)	m³	146.98		10.15		
材料　C15 混凝土(0.5~4)	m³	136.02			10.10	
材料　1:2 水泥砂浆	m³	230.02				2.07
材料　防水粉	kg	1.20				66.38
材料　其他材料费	元			26.83	1.23	1.51
材料　水	m³	0.60	2.31	13.52	15.28	
机械　200L 砂浆搅拌机	台班	15.92	0.475			0.25
机械　400L 混凝土搅拌机	台班	81.52		0.63	0.38	
机械　2t 内塔吊	台班	170.61		0.625		

工程内容：略

定 额 编 号			定—5	定—6
定 额 单 位			100m²	100m²
项 目	单位	单 价	C15 混凝土地面面层（60 厚）	1:2.5 水泥砂浆抹砖墙面（底 13 厚、面 7 厚）
基 价	元		1191.28	888.44
其中　人工费	元		332.50	385.00
其中　材料费	元		833.51	451.21
其中　机械费	元		25.27	52.23
人工　基本工	d	25.00	9.20	13.40
人工　其他工	d	25.00	4.10	2.00
人工　合　计	d	25.00	13.30	15.40
材料　C15 混凝土（0.5~4）	m³	136.02	6.06	
材料　1:2.5 水泥砂浆	m³	210.72	2.10	底：1.39　面：0.71
材料　其他材料费	元			4.50
材料　水	m³	0.60	15.38	6.99

定 额 编 号			定—5	定—6
定 额 单 位			100m²	100m²
项 目	单 位	单 价	C15混凝土地面面层（60厚）	1:2.5水泥砂浆抹砖墙面（底13厚、面7厚）
机械　200L砂浆搅拌机	台班	15.92		0.28
400L混凝土搅拌机	台班	81.52	0.31	
塔式起重机	台班	170.61		0.28

砌筑砂浆配合比表（摘录）　　　　　　　　　　　表 3-8

单位：m³

定 额 编 号			附—1	附—2	附—3	附—4
项 目	单 位	单 价	水 泥 砂 浆			
			M5	M7.5	M10	M15
基 价	元		124.32	144.10	160.14	189.98
材料　32.5MPa水泥	kg	0.30	270.00	341.00	397.00	499.00
中　砂	m³	38.00	1.140	1.100	1.080	1.060

抹灰砂浆配合比表（摘录）　　　　　　　　　　　表 3-9

单位：m³

定 额 编 号			附—5	附—6	附—7	附—8
项 目	单 位	单 价	水 泥 砂 浆			
			1:1.5	1:2	1:2.5	1:3
基 价	元		254.40	230.02	210.72	182.82
材料　32.5MPa水泥	kg	0.30	734	635	558	465
中　砂	m³	38.00	0.90	1.04	1.14	1.14

普通塑性混凝土配合比表（摘录）　　　　　　　　表 3-10

单位：m³

定 额 编 号			附—9	附—10	附—11	附—12	附—13	附—14
项 目	单 位	单 价	粗骨料最大粒径：40mm					
			C15	C20	C25	C30	C35	C40
基 价	元		136.02	146.98	162.63	172.41	181.48	199.18
材料　42.5MPa水泥	kg	0.30	274	313				
52.5MPa水泥	kg	0.35			313	343	370	
62.5MPa水泥	kg	0.40						368
中　砂	m³	38.00	0.49	0.46	0.46	0.42	0.41	0.41
0.5～4砾石	m³	40.00	0.88	0.89	0.89	0.91	0.91	0.91

四、预算定额的套用

套用定额包括直接使用定额项目中的基价、人工费、机械费、材料费、各种材料用量及各种机械台班耗用量。

当施工图的设计要求与预算定额的项目内容一致时，可直接套用预算定额。

在编制单位工程施工图预算的过程中，大多数分项工程项目可以直接套用预算定额。套用预算定额时应注意以下几点：

（1）根据施工图、设计说明、标准图作法说明，选择预算定额项目；

（2）应从工程内容 技术特征和施工方法上仔细核对，才能较准确地确定与施工图相对应的预算定额项目。

（3）施工图中分项工程的名称、内容和计量单位要与预算定额项目相一致。

五、预算定额的换算

编制预算时，当施工图中的分项工程项目不能直接套用预算定额时，就产生了定额的换算。

1. 换算原则

为了保持原定额的水平，在预算定额的说明中规定了有关换算原则，一般包括：

（1）如施工图设计的分项工程项目中砂浆、混凝土强度等级与定额对应项目不同时，允许按定额附录的砂浆、混凝土配合比表进行换算，但配合比表中规定的各种材料用量不得调整。

（2）定额中的抹灰项目已考虑了常用厚度，各层砂浆的厚度一般不作调整。如果设计有特殊要求时，定额中工、料可以按比例换算。

（3）是否可以换算、怎样换算，必须按预算定额中的各项规定执行。

2. 预算定额的换算类型

预算定额的换算类型常有以下几种：

（1）砂浆换算：即砌筑砂浆换强度等级、抹灰砂浆换配合比及砂浆用量。

（2）混凝土换算：即构件混凝土的强度等级、混凝土类型换算；楼地面混凝土的强度等级、厚度换算等。

（3）系数换算：按规定对定额基价、定额中的人工费、材料费、机械费乘以各种系数的换算。

（4）其他换算：除上述三种情况以外的预算定额换算。

3. 预算定额换算的基本思路

预算定额换算的基本思路是：根据选定的预算定额基价，按规定换入增加的费用，换出应扣除的费用。这一思路可用下列表达式表述：

$$换算后的定额基价 = 原定额基价 + 换入的费用 - 换出的费用$$

例如，某工程施工图设计用 C20 混凝土作地面垫层，查预算定额，只有 C15 混凝土地面垫层的项目，这就需要根据该项目，再根据定额附录中 C20 混凝土的基价进行换算，其换算式如下：

$$\frac{C20 混凝土}{地面垫层基价} = \frac{C15 混凝土地面}{垫层定额基价} + \frac{定额混凝}{土用量} \times \frac{C20 混凝}{土基价} - \frac{定额混凝}{土用量} \times \frac{C15 混凝}{土基价}$$

六、砌筑砂浆换算

1. 换算原因

当设计图纸要求的砌筑砂浆强度等级在预算定额中缺项时，就需要根据同类相似定额调整砂浆强度等级，求出新的定额基价。

2．换算特点

由于该类换算的砂浆用量不变，所以人工、机械费不变，因而只需换算砂浆强度等级和计算换算后的材料用量。

砌筑砂浆换算公式：

$$\text{换算后定} \atop \text{额基价} = \text{原定额} \atop \text{基价} + \text{定额砂} \atop \text{浆用量} \times \left(\text{换入砂} \atop \text{浆基价} - \text{换出砂} \atop \text{浆基价} \right)$$

【例 16】 M10 水泥砂浆砌砖基础。

【解】 换算定额号：定—1

换算附录定额号：附—1、附—3

（注：本节中换算举例中的定额号和附录定额号均采用表 2-6、表 2-7、表 2-8、表 2-9、表 2-10 中的有关定额。）

（1）$\text{换算后定} \atop \text{额基价} = \underset{1277.30}{\text{定—1}} + 2.36 \times \left(\underset{160.14}{\text{附—3}} - \underset{124.32}{\text{附—1}} \right) = 1277.30 + 2.36 \times 35.82$

$= 1277.30 + 84.54 = 1361.84 \ \text{元}/10\text{m}^3$

（2）换算后材料用量（10m³ 砖砌体）

32.5MPa 水泥： $2.36 \times 397.00 = 936.92\text{kg}$

中　　　砂： $2.36 \times 1.08 = 2.549\text{m}^3$

七、抹灰砂浆换算

1．换算原因

当设计图纸要求的抹灰砂浆配合比或抹灰厚度与预算定额的抹灰砂浆配合比或厚度不同时，就需要根据同类相似定额进行换算，求出新的定额基价。

2．换算特点

第一种情况：当抹灰厚度不变只换配合比时，只调整材料费和材料用量；

第二种情况：当抹灰厚度发生变化时，砂浆用量要改变，因而定额人工费、材料费、机械费和材料用量均要换算。

3．换算公式

第一种情况：

$$\text{换算后定} \atop \text{额基价} = \text{原定额} \atop \text{基　价} + \Sigma \left[\text{各层砂浆} \atop \text{定额用量} \times \left(\text{换入砂} \atop \text{浆基价} - \text{换出砂} \atop \text{浆基价} \right) \right]$$

第二种情况：

换算后定额基价 = 原定额基价 + （定额人工费 + 定额机械费）× （K − 1） + Σ（各层换入砂浆用量 × 换入砂浆基价 − 各层砂浆定额用量 × 换出砂浆基价）

式中　K——人工、机械费换算系数；

$$K = \frac{\text{设计抹灰砂浆总厚}}{\text{定额抹灰砂浆总量}}$$

各层换入砂浆用量 $= \dfrac{\text{定额砂浆用量}}{\text{定额砂浆厚度}} \times$ 设计厚度。

【例 17】 1:3 水泥砂浆底 13 厚，1:2 水泥砂浆面 7 厚抹砖墙面。

【解】 该例题属于第一种情况换算。

换算定额号：定—6

换算附录定额号：附—6、附—7、附—8

（1）换算后定额基价 = 888.44 + （0.71×230.02 + 1.39×182.82 − 2.10×210.72）

$$= 888.44 + （417.43 − 442.51）$$

$$= 888.44 − 25.08 = 863.36 \text{ 元／} 100m^2$$

（2）换算后材料用量（100m²）

32.5MPa 水泥：0.71×635 + 1.39×465 = 1097.20kg

中　　　砂：0.71×1.04 + 1.39×1.14 = 2.323m³

【例 18】　1:3 水泥砂浆底 15 厚，1:2.5 水泥砂浆面 8 厚抹砖墙面。

【解】　该例题属于第二种情况换算。

换算定额号：定—6

换算附录定额号：附—7、附—8

$$人工机械费换算系数 = \frac{15+8}{13+7} = \frac{23}{20} = 1.15$$

$$1:3 \text{ 水泥砂浆用量} = \frac{1.39}{13} × 15 = 1.604m^3$$

$$1:2.5 \text{ 水泥砂浆用量} = \frac{0.71}{7} × 8 = 0.811m^3$$

（1）换算后定额基价 = 888.44 + （385.00 + 52.23）×（1.15 − 1）+ ［（1.604×182.82 + 0.811×210.72）− （2.10×210.72）］= 888.44 + 437.23×0.15 + （464.14 − 442.51）= 888.44 + 65.58 + 21.63 = 975.65 元／100m²

（2）换算后材料用量（100m²）

32.5MPa 水泥：1.604×465 + 0.811×558 = 1198.40kg

中　　　砂：1.604×1.14 + 0.811×1.14 = 2.753m³

八、构件混凝土换算

1．换算原因

当施工图设计要求构件采用的混凝土强度等级，在预算定额中没有相符合的项目时，就产生了混凝土品种、强度等级和石子粒径的换算。

2．换算特点

由于混凝土用量不变，所以人工费、机械费不变，只换算混凝土品种、强度等级和石子粒径。

3．换算公式

$$\frac{换算后定}{额基价} = \frac{原定额}{基价} + \frac{定额混凝}{土用量} × \left(\frac{换入混凝}{土基价} − \frac{换出混}{凝土基价} \right)$$

【例 19】　现浇 C30 钢筋混凝土矩形梁。

【解】　换算定额号：定—2

换算附录定额号：附—10、附—12

$$（1）\frac{换算后定}{额基价} = \frac{定—2}{7673.82} + 10.15 × \left(\frac{附—12}{172.41} − \frac{附—10}{146.98} \right) = 7673.82 + 10.15 × 25.43$$

$$= 7673.82 + 258.11 = 7931.93 \text{ 元/10m}^3$$

（2）换算后材料用量（10m³）

52.5MPa 水泥：$10.15 \times 343 = 3481.45$kg

中　　　砂：$10.15 \times 0.42 = 4.263$m³

0.5～4 砾石：$10.15 \times 0.91 = 9.237$m³

九、楼地面混凝土换算

1. 换算原因

预算定额楼地面混凝土面层项目的定额单位一般以平方米为单位。因此，当图纸设计的面层厚度与定额规定的厚度不同时，就产生了楼地面项目的定额基价和材料用量换算。

2. 换算特点

（1）同抹灰砂浆的换算特点。

（2）如果预算定额中有楼地面面层厚度增加或减少定额时，可以用两个定额加或减的方式来换算，由于该方法较简单，此处不再介绍。

3. 换算公式

换算后定额基价 = 原定额基价 +（定额人工费 + 定额机械费）×（$K-1$）+ 换入混凝土用量 × 换入混凝土基价 - 定额混凝土用量 × 换出混凝土基价

式中　K——人工、机械费换算系数：

$$K = \frac{\text{混凝土设计厚度}}{\text{混凝土定额厚度}};$$

$$\text{换入混凝土用量} = \frac{\text{定额混凝土用量}}{\text{定额混凝土厚度}} \times \text{设计混凝土厚度}。$$

【例 20】　C25 混凝土地面面层 80 厚。

【解】　换算定额号：定—5

换算附录定额号：附—9、附—11

人工机械费换算系数 $K = \dfrac{80}{60} = 1.333$

换入 C25 混凝土用量 = $\dfrac{6.06}{60} \times 80 = 8.08$m³

（1）换算后定额基价 = $1191.28 +（332.50 + 25.27）\times（1.333 - 1）+ 8.08 \times 162.63 - 6.06 \times 136.02 = 1191.28 + 119.14 + 1314.05 - 824.28 = 1800.19$ 元/100m²

（2）换算后材料用量（100m²）

52.5MPa 水泥：$8.08 \times 313 = 2529.04$kg

中　　　砂：$8.08 \times 0.46 = 3.717$m³

0.5～4 砾石：$8.08 \times 0.89 = 7.191$m³

十、乘系数换算

乘系数的换算是指在使用某些预算定额项目时，定额的一部分或全部乘以规定的系数。例如，某地区预算定额规定，砌弧形砖墙时，定额人工费乘以 1.10 系数；圆弧形、锯齿形、不规则形墙的抹面、饰面，按相应定额项目套用，但人工费乘以系数 1.15。

【例 21】　1:2.5 水泥砂浆抹锯齿形砖墙面。

【解】　根据题意，按某地区预算定额规定，套用定—6 定额后，人工费增加 15%。

换算后定额基价 $= 888.44 + 385.00 \times (1.15 - 1) = 888.44 + 57.75 = 946.19$ 元/100m²

十一、其他换算

其他换算是指不属于上述几种换算情况的定额基价换算。

【例 22】 1:2 防水砂浆墙基防潮层（加水泥用量的 9% 防水粉）。

【解】 根据题意和定额"定—4"内容应调整防水粉的用量。

换算定额号：定—4

换算附录定额号：附—6

$$\begin{matrix} \text{防水粉} \\ \text{用量} \end{matrix} = \begin{matrix} \text{定额砂} \\ \text{浆用量} \end{matrix} \times \begin{matrix} \text{砂浆配合比中} \\ \text{的水泥用量} \end{matrix} \times 9\% = 2.07 \times 635 \times 9\% = 118.30\text{kg}$$

（1）换算后定额基价 $= \begin{matrix} \text{定—4} \\ 798.79 \end{matrix} + 1.20\,(\text{防水粉单价}) \times \begin{pmatrix} \text{换入量} & \text{定额原用量} \\ 118.30 & 66.38 \end{pmatrix}$

$\qquad\qquad = 798.79 + 1.20 \times 51.92 = 798.79 + 62.30 = 861.09$ 元/100m²

（2）换算后材料用量（100m²）

32.5MPa 水泥：$2.07 \times 635 = 1314.45\text{kg}$

中　　　　砂：$2.07 \times 1.04 = 2.153\text{m}^3$

防　　水　　粉：$2.07 \times 635 \times 9\% = 118.30\text{kg}$

复习思考题

1. 什么是工资标准？

2. 什么是工资等级？

3. 什么是工资等级系数？

4. 如何计算含有小数等级的工资标准？

5. 什么是材料预算价格？

6. 材料预算价格由哪些费用构成？

7. 怎样计算材料运杂费？

8. 叙述计算材料预算价格的综合费率法。

9. 机械台班的第一类费用包括哪些内容？

10. 换算预算定额有哪几种方法？

11. 叙述抹灰砂浆换算的过程。

第四章　建筑工程量计算

第一节　建筑面积计算

一、建筑面积的概念

房屋建筑面积是指房屋的水平平面面积。其组成内容包括使用面积、辅助面积和结构面积。使用面积是指建筑物各层平面布置中可直接为生产或生活使用的净面积总和。如住宅楼中的卧室、起居室所占的净面积。辅助面积是指建筑物各层平面布置中为辅助生产或生活所占净面积总和。如住宅楼中的厨房、厕所、走道等所占的净面积。结构面积是指建筑物各层平面布置中的墙体、柱及通风道、垃圾道等结构所占面积的总和。

二、建筑面积的作用

(1) 建筑面积是表示建筑技术经济效果的重要数据。

例如：根据建筑面积可以表示每平方米的预算造价，每平方米的人工用量，每平方米的某种材料用量。

(2) 建筑面积是计算某些分项工程量的基本数据。

例如：平整场地、综合脚手架、室内回填土、楼地面工程、垂直运输等工程量的计算都与建筑面积有关。

(3) 建筑面积是计算土地利用系数、使用面积系数、有效面积系数、优良工程率等指标的依据。

计算建筑面积，应根据《全国统一建筑工程预算工程量计算规则》进行计算。总的原则应本着凡在结构上、使用上形成具有使用功能空间的建筑物，并能单独计算出其水平面积及其相应消耗的工、料、机用量的可计算建筑面积，反之不应计算。

三、建筑面积计算规则

(一) 计算建筑面积的范围

1. 单层建筑物建筑面积，按建筑物外墙勒脚以上结构的外围水平面积计算。不论其高度如何，均按一层计算建筑面积。

(1) 单层建筑物内设有部分楼层者，首层建筑面积已包括在单层建筑物内，二层及二层以上应计算建筑面积。如图 4-1 所示。

其建筑面积计算可用下式表示：

$$S = A \times B + a \times b$$

(2) 高低联连跨的单层建筑物，需分别计算建筑面积时其高低跨计算跨度的分界线以高跨中柱外边线为界。如图 4-2 所示。

高跨建筑面积：　　　　　　　$S_1 = L \times A$

低跨建筑面积：　　　　$S_2 = L \times (A_1 + A_2)$ 或 $S_2 = L \times A_1$

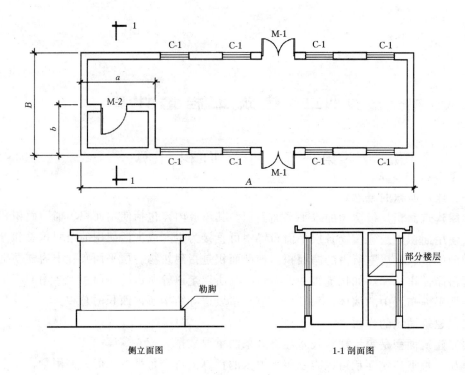

側立面图 1-1 剖面图

图 4-1 单层建筑物设有部分楼层示意图

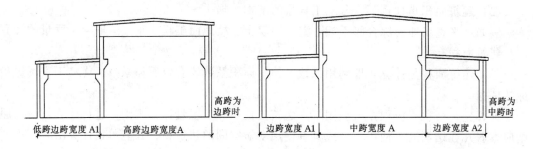

图 4-2 高低跨单层建筑物示意图

式中 L——两端山墙外表面间的水平长度。

2．多层建筑物建筑面积，按各层建筑面积之和计算，其首层建筑面积按外墙勒脚以上结构的外围水平面积计算，二层及二层以上按外墙结构的外围水平面积计算。

注：同一建筑物如结构、层数不同时，应分别计算建筑面积。

3．按外围水平面积计算建筑面积

（1）地下室、半地下室、地下车间、仓库、商店、车站、地下指挥部等及相应的出入口建筑面积，按其上口外墙（即：露出地面的外墙，不包括采光井、防潮层及其保护墙）外围水平面积计算。如图 4-3 所示。

建筑面积计算可用下式表示：

$$S = A \times B + 出入口建筑面积$$

（2）建于坡地的建筑物利用吊脚空间设置架空层和深基础地下架空层设计加以利用时，其层高超过 2.2m，按围护结构外围水平面积计算。如图 4-4 所示。

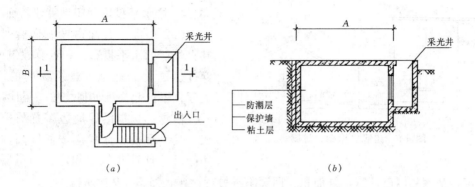

图 4-3 地下室建筑物示意图

(a) 地下室及采光井平面图;(b) 1-1 剖面图

(3) 屋面上部有围护结构的楼梯间、水箱间、电梯机房等,按围护结构外围水平面积计算。如图 4-5 所示。

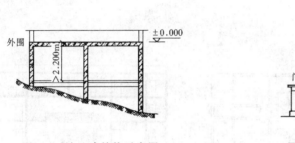

图 4-4 坡地建筑物示意图　　　　图 4-5 门斗、水箱

(4) 建筑物外有围护结构的门斗、眺望间、观望电梯间、阳台、橱窗、挑廊、走廊等,按其围护结构外围水平面积计算。如图 4-6 所示。

(5) 有柱(指两根或两排以上柱)的雨篷、车棚、货棚、站台等,按柱外围水平面积计算。如图 4-7 所示。

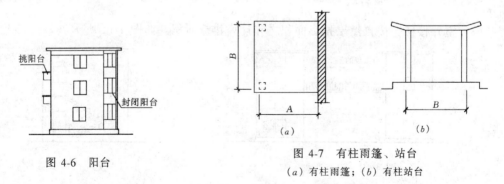

图 4-6 阳台　　　　　图 4-7 有柱雨篷、站台

(a) 有柱雨篷;(b) 有柱站台

雨篷建筑面积:　　　　　　　　$S = A \times B$

车棚、货棚、站台建筑面积:　　$S = L \times B$

式中　L——车棚、货棚、站台长度方向两端柱外围间的水平长度。

(5) 建筑物外有柱和顶盖走廊、檐廊,按柱外围水平面积计算。如图 4-8 所示。

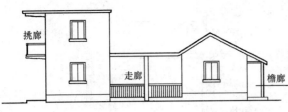

图 4-8　走廊、檐廊、挑廊

4．按水平投影面积计算建筑面积

（1）门厅、大厅内设有回廊时，按其自然层的水平投影面积计算建筑面积。穿过建筑物的通道，建筑物内的门厅、大厅，不论起高度如何均按一层计算。

回廊：是指沿厅周边布置的楼层走廊。其水平投影面积应按回廊结构层的边缘尺寸计算建筑面积。当回廊所在楼层按围护结构外围已计算建筑面积，回廊不再另行计算，如图 4-9 所示。

其建筑面积表达式可写为：

$$S = A \times B \times 3 - a \times b$$

式中　A——建筑物围护结构外围长度；

　　　B——建筑物围护结构外围宽度；

　　　a——大厅的净长；

　　　b——大厅的净宽；

　　　3——图示中的层数。

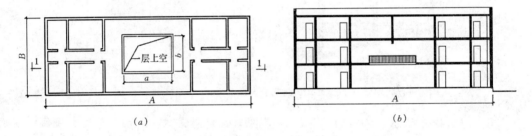

（a）　　　　　　　　　　　　　　　　（b）

图 4-9　设有回廊的建筑物

（a）二层平面；（b）1-1 剖面

（2）建筑物间有顶盖的架空走廊，按其顶盖水平投影面积计算建筑面积。如图 4-10 所示。

（3）室外楼梯，按自然层投影面积之和计算建筑面积。如图 4-11 所示。

图 4-10　架空通廊

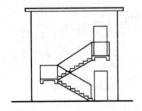

图 4-11　室外楼梯示意图

5．按水平投影面积一半计算建筑面积

（1）独立柱的雨篷、单排柱的车棚、货棚、站台等，按其顶盖水平投影面积的一半计算建筑面积。

（2）无围护结构的凹阳台（三面靠墙的阳台）、挑阳台按其水平投影面积的一半计算建筑面积。

（3）有盖无柱的走廊、檐廊挑出墙外宽度在 1.5m 以上时，按其顶盖投影面积的一半计算建筑面积。

6．其他

（1）书库、立体仓库设有结构层的，按结构层计算建筑面积，没有结构层的按承重书架层或货架层的实际水平投影面积计算建筑面积。

书架层（货架层）：指放一个完整大书架（货架）的承重层。

（2）室内楼梯间、电梯井、提物井、管道井等均按建筑物自然层计算建筑面积。

自然层：按楼板、地板结构分层的楼层数。

当各层建筑面积都是按围护结构外围水平面积计算，室内楼梯间、"井"建筑面积已包括在内，不再另行计算。

（3）建筑物内的技术层、储藏室其层高超过 2.2m 时，应计算建筑面积。

技术层：主要用来集中安置通讯电缆、空调通风、冷热管道等的楼层。

（4）建筑物内的变形缝、沉降缝等，凡缝宽在 300mm 以内者，均依其缝宽按自然层计算建筑面积，并入建筑面积之内计算。

（二）不计算建筑面积的范围

1．突出外墙的构件、配件、附墙柱、垛、勒脚、台阶、悬挑雨篷、墙面抹灰、镶贴块材、装饰面等。

2．用于检修、消防等室外爬梯。

3．层高 2.2m 以内技术层、储藏室、设计不利用的深基础架空层及吊脚架空层。

4．建筑物内操作平台、上料平台、安装箱或罐体平台；没有围护结构的屋顶水箱、花架、凉棚等。

5．单层建筑物内分隔单层房间，舞台及后台悬挂的幕布、布景天桥、挑台。

6．建筑物内宽度大于 300mm 的变形缝、沉降缝。

7．独立烟囱、烟道、地沟、油（水）罐、水塔、贮油（水）池、贮仓、栈桥、地下人防通道等构筑物。

说明：（1）建筑物与构筑物连成一体的，属建筑物部分按本节（一）规定计算。

（2）本规则适用于地上、地下建筑物的建筑面积计算，如遇有上述未尽事宜，可参照上述规则办理。

四、建筑面积计算实例

【例1】 某住宅标准层，如图 4-12 所示，墙厚均为 240mm，轴线为墙中心线，阳台不封闭，试计算标准层建筑面积。

【解】 1．外墙围护结构外围部分面积

$$S_1 = (3.0 + 3.6 + 3.6 + 0.12 \times 2) \times (4.8 + 4.8 + 0.12 \times 2) + (2.4 + 0.12 \times 2) \times 1.5$$

$$= 106.69 \text{m}^2$$

2．未封闭阳台面积 $S_2 = (3.6 + 3.6) \times 1.5 \times 0.5 = 5.40 \text{m}^2$

3．标准层建筑面积 $S = S_1 + S_2 = 106.69 + 5.40 = 112.09 \text{m}^2$

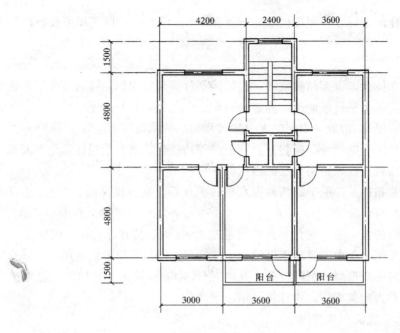

图 4-12　标准层平面

第二节　应用统筹法计算工程量

工程量是以物理计量单位或自然计量单位所表示的各个具体工程细目的数量。

物理计量单位一般有 m、m^2、m^3、kg、t 等。自然计量单位一般有个、套、组等。

一、统筹法计算工程量的基本原理

一般土建工程在计算工程量时，通常采用两种方法，一种是按一般方法计算工程量，即按施工顺序（或定额顺序）计算分项工程量；另一种是按统筹法计算工程量。在实际计算时，往往把两种方法结合起来加以应用。

按施工顺序计算工程量，是指计算项目按施工顺序先地下、后地上；先底层、后高层；先主要、后次要，同时结合预算定额上排列的分部分项工程顺序依次进行各分项工程量的计算。

所谓统筹法是指一个工程或一项工作有很多工序组成，其工序与工序之间又有什么样关系，如何统筹全局、合理安排工序间先后顺序的一种方法。比如日常生活中的烧饭，一种安排是洗菜→切菜→淘米→烧饭→炒菜。另一种安排是先淘米→烧饭，烧饭的同时，洗菜→切菜→炒菜，显然，后一种较前一种安排要节省时间。这就是合理安排工序提高工效的一个很有说服力的例子。

一个单位工程由几十个甚至上百个分项工程组成，运用统筹法计算工程量，就是要分析分项工程量之间的内在联系和相互依赖关系，来统筹安排工程量计算程序，达到简化计算手续，提高工效的目的。

二、统筹法计算工程量的基本要点

运用统筹法计算工程量，概括起来有四个要点：统筹程序、合理安排；利用基数、连续计算；一次计算、多次应用；联系实际、灵活机动。

（一）统筹程序、合理安排

工程量计算程序安排是否合理，关系着预算工作的效率高低、速度的快慢。由于分项工程量之间有一定的内在联系，因此，工程量计算存在着一定规律。若只按施工顺序或定额顺序逐项计算，会造成计算上的重复。

例如：某台阶的工程做法为：①素土夯实；②300厚3:7灰土；③60厚C15混凝土台阶面向外坡1%；④素水泥浆结合层一道；⑤20厚1:2.5水泥砂浆抹面压实赶光。

若按施工顺序计算工程量，其计算程序为：

$$① \xrightarrow{\dfrac{3:7灰土垫层}{长×宽×厚（300）}} ② \xrightarrow{\dfrac{C15混凝土垫层}{长×宽×厚（60）}} ③ \xrightarrow{\dfrac{1:2.5水泥砂浆面层}{长×宽}} ④$$

从以上计算顺序可以看出，"长×宽"这个共性因素未抓住，因而出现重复计算。按照统筹法原理，可以这样合理安排计算程序：

$$① \xrightarrow{\dfrac{1:2.5水泥砂浆面层}{长×宽}} ② \xrightarrow{\dfrac{C15混凝土垫层}{面层×厚（60）}} ③ \xrightarrow{\dfrac{3:7灰土垫层}{面层×厚（300）}} ④$$

这样，"长×宽"只计算一次就可以了，计算工作变的简单。

再例如：按照施工顺序和定额顺序，门窗、构造柱、圈、过梁工程量计算程序在墙体之后，依据后面讲的工程量计算规则：

墙体体积＝（墙体面积－门窗等洞口面积）×墙厚－墙体中预埋件体积

统筹安排计算程序，就应该是门窗、圈、过梁等（以表格或其他形式）先计算好，再计算墙体。

（二）利用基数、连续计算

所谓基数就是计算分项工程量时重复使用的数据。

基数包括"三线一面"。其中"三线"是指建筑设计平面图上所标示的外墙外边线，以 $L_{外}$ 表示；外墙中心线，以 $L_{中}$ 表示；内墙净长线，以 $L_{内}$ 表示。"一面"是建筑设计平面图上所标示的底层建筑面积，以 S_1 表示。

1. 外墙外边线

是指建筑物平面图上外墙外围尺寸的长度。见图4-13。

由图4-13所示知：

A、C轴　　　　　　$L_{外}=3.6+4.8+3.6+0.12×2=12.24m$

①、④轴：　　　　　$L_{外}=4.8+0.12×2=5.04m$

所有外墙外边线尺寸总和：$(12.24+5.04)×2=34.56m$

外墙外边线是计算勒脚、腰线、外墙抹灰（装饰）、散水等分项工程量所使用的数据。

2. 外墙中心线

是指外墙厚度中点之间连线的长度。

如图4-13所示：

A、C轴　　　　　　$L_{中}=3.6×2+4.8=12m$

①（④）轴：　　　　$L_{中}=4.8m$

所有外墙中心线尺寸总和＝外墙外边线总长－墙厚×4　　　　即：

$$34.56-0.24×4=33.6m \text{ 或 } (12+4.8)×2=33.6m$$

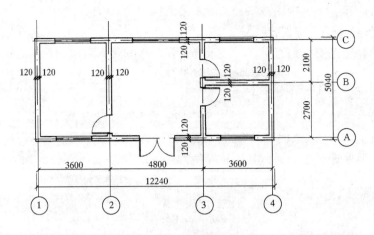

图 4-13　建筑平面图

外墙中心线是计算外墙基槽挖土、外墙基础、外墙砌体、外墙圈梁等分项工程量所使用的数据。

3．内墙净长线

是指内墙与外墙（或内墙）交点之间的连线，表示内墙的实际长度。

由图 4-13 所示知：

②（③）轴：　　　　　$L_内 = 4.8 - 0.12 \times 2 = 4.56m$

B 轴：　　　　　$L_内 = 3.6 - 0.12 \times 2 = 3.36m$

所有内墙净长线总和：　　$4.56 \times 2 + 3.36 = 12.48m$

内墙净长线与内墙基础、内墙砌筑、内墙圈梁内墙抹灰、踢脚等分项工程量的计算有密切关系。

4．底层建筑面积

是指建筑物底层勒脚以上结构外围的水平投影面积。

图 4-13 所示：　　　　　$S_1 = 12.24 \times 5.04 = 61.69m^2$

底层建筑面积与平整场地、地面、顶棚、屋面等分项工程工程量的计算有关系。

（三）一次计算、多次应用

对于那些不能用"线"和"面"基数进行连续计算的项目，如定型的常用的混凝土及钢筋混凝土构件、木、金属构件，应预先一次算出它们的单件工程量，汇编成册。另外，还要把那些规律性较明显的，如砖砌大放脚的断面积或折加高度、屋面坡度系数、土方放坡系数等预先一次算出，编成表格，纳入成册。

每次编制预算时，只要将算出的工程量基数或构件数量，乘上手册中有关数量或系数，就能得出所需的分项工程量。

目前，预制构件单件工程量，可从有关的标准图集中查出，土方放坡系数、屋面坡度系数等定额中有相应的规定及资料。在编制预算时，可按本地区的有关资料进行计算。

（四）联系实际、灵活机动

用"线"、"面"、"册"计算工程量，只是一般工程的基本计算方法。工程设计有其特殊和多样性，往往基础断面、墙体的厚度，各楼层面积等不同或同一楼层不同使用空间的

64

地面做法不同，不能只用一个"线"、"面"基数进行连续计算，而必须结合具体情况，灵活机动应用。

下面提出几种常用方法，供大家参考。

（1）分段计算法：应用于基础断面不同时。

（2）分层计算法：应用于多层建筑物，当各楼层建筑面积不同或平面布置不同时。

（3）分块法：应用于楼地面、顶棚、墙面抹灰等工程做法不同时。

（4）补加计算法：把主要的、比较方便的一次算出，在加上多出的部分，如带有墙垛的外墙。

（5）补减计算法：如某建筑物每层楼地面面积相同，地面做法除一楼门厅为花岗岩地面外，其余均为预制水磨石地面，计算工程量时，可先按每层都设有花岗岩地面计算和楼层的预制水磨石地面工程量，然后减门厅花岗岩地面面积。

统筹法计算工程量的具体应用见本章第十三节"实例"部分。以下各节所介绍的分部分项工程量计算顺序，就是按定额顺序（或施工顺序）同时结合统筹法的基本原理来安排的，并且，在工程量计算实例部分，统筹法计算工程量的基本要点也得到了体现。

各分部分项工程量计算方法，除脚手架工程中综合脚手以外，其余均按《全国统一建筑工程预算工程量计算规则》土建工程 GJD_{G_2}-101-95 编写的。

第三节　土石方与基础工程

一、土石方工程

土石方工程主要包括平整场地、挖槽（坑、土方）、运土、原土碾压（打夯）、回填土和降水。

（一）土石方工程计算前应确定的基本资料

1．土壤及岩石的类别和地下水位的标高

以此确定所挖土方是Ⅰ、Ⅱ类土，还是Ⅲ、Ⅳ类土，是挖干土还是挖湿土，这是关系到土方坡度的确定以及定额的套用问题。

2．土石方工程的施工方法

以此确定是人工挖土还是机械挖土方等。不同的施工方法，工程量计算规则就不同，定额项目的套用也不同。

3．弃土、回运土的运距

4．是否放坡、支挡板、增加工作面的确定

（1）放坡的确定

由于土质不同，挖土时对松散易坍塌的土，为保持基槽、地坑侧壁的稳定，常将上口放宽，侧壁成为一个斜坡，即为放坡。是否放坡或上口放多宽应视挖土深度和土的类别，结合施工组织设计来确定。

如图4-14所示，上口放坡宽度：$b = k \times h$

式中　k——放坡系数，按人工挖土或机械挖土确定，见表4-1。

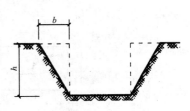

图 4-14　槽（坑）放坡示意图

土壤类别	放坡起点 （m）	人工挖土	机 械 挖 土	
			在坑内作业	在坑上作业
一、二类土	1.20	1:0.5	1:0.33	1:0.75
三类土	1.50	1:0.33	1:0.25	1:0.67
四类土	2.00	1:0.25	1:0.10	1:0.33

注：1. 放坡起点深度是指在挖槽、坑时，深度在一定范围内，可以不放坡，超过此范围就要放坡。如土类别为二类土时，挖土深度大于 1.2m，就要考虑放坡。

2. 原槽、坑作基础垫层时，放坡自垫层上表面开始计算。

（2）支挡土板

在土方工程中，虽然可以采取放坡的方法防止基槽侧壁坍塌，但为了避免因放坡而造成基槽（坑）上口太宽，或受到施工现场场地限制，可采用支护方法，支挡土板就是支护方式之一。挖槽、坑支挡土板时，其宽度按图示沟槽、基坑底宽，单面加 10cm、双面加 20cm 计算。挡土板工程量，按槽、坑垂直支撑面的面积计算。支挡土板后，不得再计算放坡。

（3）工作面的规定

工作面是指槽、坑内结构施工时，需要增加的工作面。所需增加的工作面，按施工组织设计规定计，如无规定，按表 4-2 规定计。

基础材料	每边各增加工作面宽度(mm)	基础材料	每边各增加工作面宽度(mm)
砖基础	200	混凝土基础支模板	300
浆砌毛石、条石基础	150	基础垂直面做防水层	800（防水层面）
混凝土基础垫层支模板	300		

（二）土石方工程量计算

1. 平整场地

是指施工前，对施工场地高低差 30cm 以内所进行的挖、填及找平。

工程量是按建筑物（构筑物）底面积的外边线每边各增加 2m，以平方米计算。如图 4-15 所示，其计算公式为：　　$S_{平整场地} = S_1 + 2 \times L_外 + 16$

式中　$S_{平整场地}$——平整场地的面积；

S_1——底层建筑面积；

$L_外$——外墙外边线总长。

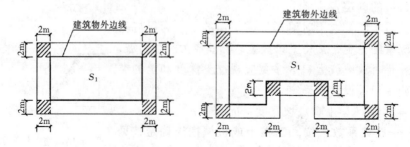

图 4-15　平整场地计算示意图

2. 挖地槽

挖地槽是指图示沟槽底宽在 3m 以内，且槽长大于槽宽 3 倍的挖土。

工程量按实挖土体积计算，即槽断面面积乘以槽长。外墙按图示中心线长($L_{中}$)计算；内墙按图示基础底面之间净长度计算，两槽交接处重复工程量不予扣除，内外突出部分(垛、附墙烟囱等)体积并入沟槽土方工程量内。具体挖槽工程量计算分为下面几种情况：

(1) 不放坡、不支挡板、不留工作面时，如图 4-16 (a) 所示。

计算公式：　　　　　　$V = a \times H \times L$　　　　　　(L 为基槽长度)

(2) 不放坡、不支挡板、留工作面时，如图 4-16 (b) 所示。

计算公式：　　　　　　$V = (a + 2c) \times H \times L$

(3) 支挡板、留工作面时，如图 4-16 (c) 所示。

计算公式：　$V = (a + 2c + 0.2) \times H \times L$　　(0.2 为双面挡板宽度)

(4) 放坡、留工作面时，如图 4-16 (d) 所示。

计算公式：　$V = (a + 2c + kH) \times H \times L$　　　　(k 为放坡系数)

(5) 从垫层 (垫层为灰土) 上表面开始放坡时，如图 4-16 (e) 所示。

计算公式：　$V = [a_1 \times H_1 + (a + 2c + kH_2) \times H_2] \times L$

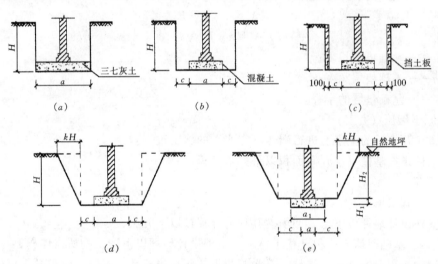

图 4-16　挖槽断面示意图

3. 挖地坑

挖地坑是指基坑底面积在 $20m^2$ 以内的挖土。

挖土方是指底宽在 3m 以上且坑底面积在 $20m^2$ 以上的挖土。

二者工程量都按实挖体积计算。

(1) 当所挖坑为方形或长方形且放坡的，如图 4-17 所示，其计算公式：

$$V = H \times (a + 2c + kH)(b + 2c + kH) + 1/3k^2H^3$$

式中　$1/3k^2H^3$——为地坑四角的一个角锥的体积。

当所挖坑为圆形：　　　　$V = H (R_1^2 + R_1 \times R_2 + R_2^2)$

式中　H——室外设计地坪至坑底深度；

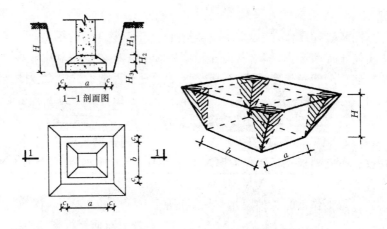

图 4-17　方形地坑平、剖、透视图

R_1——坑底半径；

R_2——地坑上口半径。

（2）当所挖坑不放坡、不支挡板、不留工作面时，其工程量计算式为：

矩形 $\qquad V = a \times b \times H$

圆形 $\qquad V = \pi \times R^2 \times H$

式中　a——基础垫层长度；

b——基础垫层宽度；

R——基础垫层的半径。

4. 原土碾压（夯实）

是指在开挖后的土层上进行碾压（夯实）的施工过程。

其工程量按基槽（坑）底面积以平方米计算。

5. 回填土

（1）基础回填土

指室外设计地坪以下土方回填。其程量计算按以下方法：

基础回填土体积 = 挖土体积 − 室外设计地坪以下埋设物所占体积

埋设物体积：指基础、垫层、管沟等所占体积；当有地下室时，还包括外墙以内所包围的空间体积。

（2）房心回填土

指房心内室内外地坪高度之间的土方回填。其工程量按以下方法计算：

房心回填土体积 = （底层建筑面积 − 内外墙体水平面积）

　　　　　　　　 × （室内外高差 − 室内地坪厚度）

6. 土方运输

其工程量按以下方法计算：

土方运输工程量 = 挖土体积 − 回填土体积

计算结果值为"＋"，说明余土外运；值为"−"，说明余土回运。

（三）注意事项

1. 挖土一律以室外设计标高为准。

2．土方体积，均以挖掘前的天然密实体积为准计算（有的省市的各别项目以压实方计算）。如遇有必须以天然密实体积折算时，可按表4-3进行换算。

土 方 体 积 折 算 表　　　　　　　　　　　　表4-3

虚方体积	天然密实度体积	夯实后体积	松填体积
1.00	0.77	0.67	0.83
1.30	1.00	0.87	1.08
1.50	1.15	1.00	1.25
1.20	0.92	0.80	1.00

二、基础工程

基础工程包括基础垫层和基础等。

（一）基础垫层工程量计算

基础垫层是指承受并传递基础荷载至地基上的构造层。建筑工程中一般常用的基础垫层有灰土、砂、碎砖、混凝土、钢筋混凝土等。

1．工程量计算

垫层工程量按面积乘以设计厚度以立方米计算。

（1）带形基础垫层的面积，外墙以外墙中心线长（$L_{中}$）乘宽度计算；内墙以垫层面的净长度乘宽度计算。

（2）独立基础及满堂基础等垫层面积，按图示垫层长度乘宽度计算。

（二）基础工程量计算

1．说明

基础按材料分有：砖基础、混凝土基础、钢筋混凝土基础。按形式分有：独立基础、杯形基础、带形基础、满堂基础、箱式基础及承台桩基础等。

2．基础工程量计算

（1）砖基础

砖基础是由基础墙及大放脚（阶梯形部分）组成，如图4-18所示。

1）砖基础与墙身的划分，见表4-4。

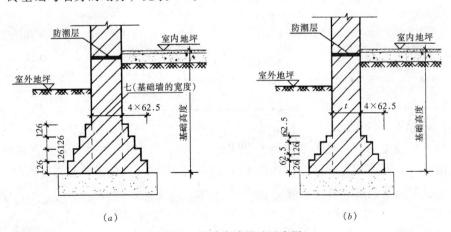

图 4-18　大放脚砖基础示意图
（a）等高式；（b）不等高式

基础与墙身的划分界限	表 4-4
基础与墙身使用用一种材料	以设计室内地面为界（有地下室者，以地下室室内地面为界），界线以下为基础，以上为墙身
基础与墙身使用不同材料	位于设计室内地面 ±300mm 以内时，以不同材料为分界线；超过 ±300mm 时，以设计室内地面为界
砖、石围墙	以设计室外地面为界，界线以下为基础，以上为墙身

2）基础工程量

其工程量以图示尺寸按立方米计算。计算公式可表示为：

砖基础体积＝基础断面面积（$S_断$）×基础长（L）

（A）基础长（L）：外墙墙基取外墙中心线长（$L_中$）；内墙墙基取内墙基净长（$L_内$）计算。

（B）基础断面面积（$S_断$）：

$$S_断 = 基础墙宽度 \times （基础高度＋折加高度）$$

或 $S_断 = 基础墙宽度 \times 基础高度＋大放脚增加断面积$

注：折加高度是指将大放脚折合为相当于基础墙宽的高度。可通过查表得数据，见表4-5。

等高、不等高砖墙基大放脚折加高度和大放脚增加断面积表　　表 4-5

放脚层数	折　加　高　度　（m）												增加断面（m²）	
	0.5 (0.115)		1 (0.24)		1.5 (0.365)		2 (0.49)		2.5 (0.615)		3 (0.74)			
	等高	不等高	等高	不等高	等高	不等高	等高	不等高	等高	不等高	等高	不等高	等高	不等高
1	0.137	0.137	0.066	0.066	0.043	0.043	0.032	0.032	0.026	0.026	0.021	0.021	0.016	0.016
2	0.411	0.342	0.197	0.164	0.129	0.108	0.096	0.08	0.077	0.064	0.064	0.053	0.047	0.039
3			0.394	0.328	0.259	0.216	0.193	0.161	0.154	0.128	0.128	0.106	0.095	0.079
4			0.656	0.525	0.432	0.345	0.321	0.253	0.256	0.205	0.213	0.17	0.158	0.126
5			0.984	0.788	0.647	0.518	0.482	0.38	0.384	0.307	0.319	0.255	0.236	0.189
6			1.378	1.083	0.906	0.712	0.672	0.53	0.538	0.419	0.447	0.351	0.331	0.26
7			1.838	1.444	1.208	0.949	0.90	0.707	0.717	0.563	0.596	0.468	0.441	0.347
8			2.363	1.838	1.553	1.208	1.157	0.90	0.922	0.717	0.766	0.596	0.567	0.441
9			2.959	2.297	1.942	1.51	1.447	1.125	1.153	0.896	0.958	0.745	0.709	0.551
10			3.61	2.789	2.372	1.834	1.768	0.366	1.409	1.088	1.171	0.905	0.866	0.669

（C）不扣不加的体积

基础大放脚 T 形接头处的重叠部分以及嵌入基础的钢筋、铁件、管道、基础防潮层及单个面积在 0.3m² 以内空洞所占体积不予扣除，但靠墙暖气沟的挑砖亦不增加。

（2）混凝土及钢筋混凝土基础

1）独立基础、杯形基础

独立基础是柱子基础的主要形式。杯形基础是一般单层和多层厂房常用的基础形式。如图 4-19、图 4-20 所示。

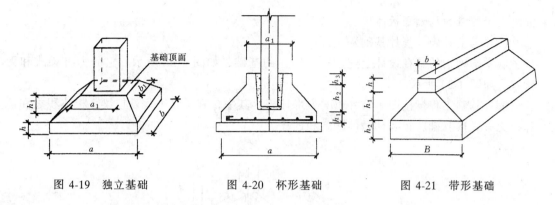

图 4-19　独立基础　　　　　图 4-20　杯形基础　　　　　图 4-21　带形基础

独立基础工程量按图示尺寸以立方米计算，其体积计算公式：

$$V = a \times b \times h + h_1/6[a \times b + (a + a_1)(b + b_1) + a_1 \times b_1]$$

杯形基础工程量计算方法同独立基础，但预留有连接装配式柱的杯口，计算工程量时要扣除杯口体积。

（2）带形基础（条形基础）

指基础长度大于高度与宽度的墙基。如图 4-21 所示。

其工程量按图示基础断面积乘以长度以立方米计算。

其中基础长度：外墙墙基取外墙中心线长（$L_{外}$）：内墙墙基取内墙基础底净长线（而不是内墙净长线），应另加 T 形接头搭接体积，如图 4-22 所示。

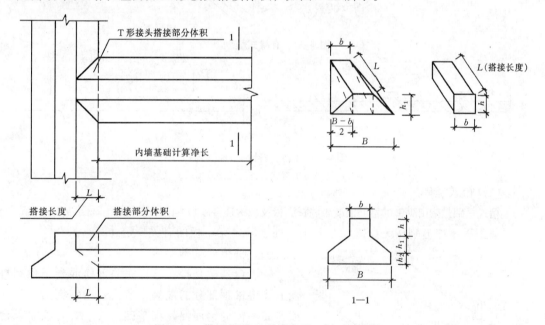

图 4-22　带形基础 T 形接头平、剖、透视图

T 形接头搭接部分的体积可用下式计算

有梁式：　　　　　　　　$V_D = L \times [bh + h_1(2b + B)/6]$

无梁式：　　　　　　　　$V_D = L \times h_1(2b + B)/6$

另外注意：当肋高与肋宽之比 $h:b \leqslant 4:1$ 时，其带形基础混凝土工程量为肋体积（图 4-21 中梁部分的体积）与基础底板体积之和。当 $h:b > 4:1$ 时，其肋按墙计算，带形基础

71

混凝土工程量为基础底板体积。

（3）满堂基础（筏片基础）

满堂基础指的是在设计上连成一个整体的基础，如图 4-23 所示。它分为有梁式和无梁式，如图 4-24 所示。

满堂基础工程量按图示尺寸以立方米计算。其中，有梁式工程量按梁、板体积之和计算；无梁式按基础底板和柱墩体积之和计算。

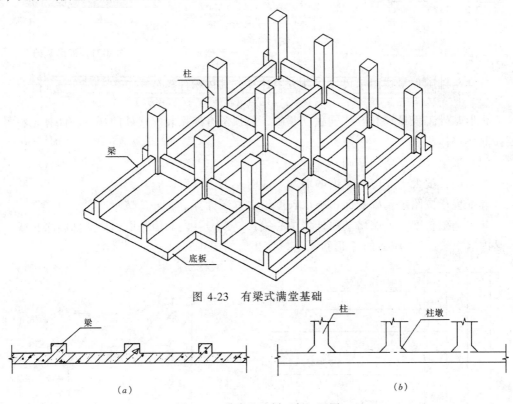

图 4-23　有梁式满堂基础

图 4-24　满堂基础剖（断）面图
（a）有梁式；（b）无梁式

（4）箱式基础

箱式基础是指由纵横的钢筋混凝土墙将底板及顶板连接成整体的钢筋混凝土基础，如图 4-25。其工程量应分别按无梁式满堂基础、柱、墙、梁、板的有关规定计算。

（5）桩承台基础

桩承台基础是指在已打完的钢筋混凝土预制桩顶上，将桩顶部分的混凝土凿去露出钢筋后，将桩顶连成一体的钢筋混凝土基础。其形式有独立承台和带形承台两种。其工程量计算同基础。

四、计算实例

【例 2】　某建筑物基础平面图、剖面图如图 4-26 所示，土壤类别为 II 类土。

试求：建筑物平整场地、挖槽、灰土垫层、砖

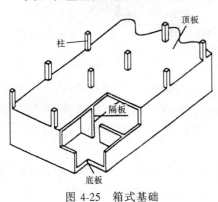

图 4-25　箱式基础

72

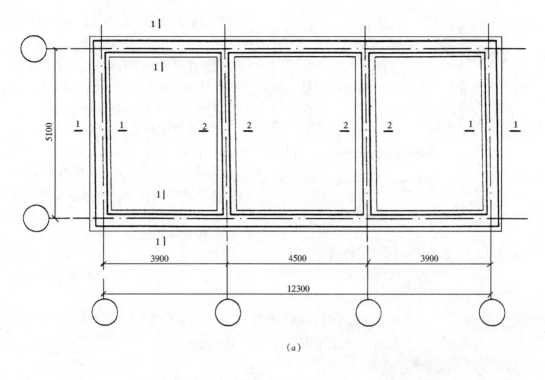

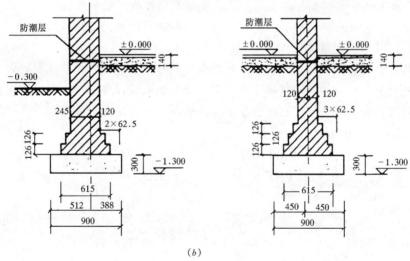

图 4-26　某基础平面、剖面图

（a）平面图；（b）剖面图

基础、基础回填土、房心回填土、土方运输工程量。

【解】

（1）求基数

外墙外边线　　　$L_外 = （12.3 + 0.245 \times 2 + 5.1 + 0.245 \times 2） \times 2 = 36.76\text{m}$

外墙中心线　　　$L_中 = （12.3 + 0.0625 \times 2 + 5.1 + 0.0625 \times 2） \times 2 = 35.30\text{m}$

内墙净长线　　　$L_内 = （5.1 - 0.24） \times 2 = 9.72\text{m}$

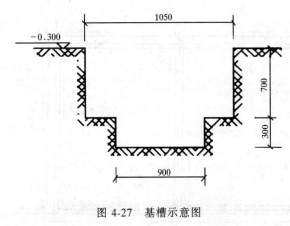

图 4-27 基槽示意图

底层建筑面积　$S_1 = 12.79 \times 5.59$
$$= 71.50 \text{m}^2$$

（2）平整场地工程量

平整场地面积　$S = S_1 + 2 \times L + 16$
$$= 71.50 + 2 \times 36.76 + 16 = 161.02 \text{m}^2$$

（3）挖槽工程量

分析：

a. 因从室外设计地坪至槽底深 1m ＜ 1.2m（Ⅱ类土）按表 4-1 规定，故不放坡。

b. 按表 4-2 规定，砖基础应增加工作面 200mm，基槽示意如图 4-27 所示。

c. 计算

挖槽工程量　$V =$ 槽断面面积 × 槽长
$$= (0.9 \times 0.3 + 1.015 \times 0.7) \times [35.3(L_\text{中}) + (5.1 - 0.388 \times 2) \times 2]$$
$$= 0.98 \times 43.95 = 43.07 \text{m}^2$$

（4）3:7 灰土垫层工程量

3:7 灰土垫层体积　$V =$ 垫层断面面积 × 垫层长度
$$= (0.9 \times 0.3) \times 43.95 = 11.87 \text{m}^3$$

（5）砖基础工程量

分析：回填土体积 = 挖土体积 − 室外设计地坪以下部分埋设物体积，为了便于回填土工程量的计算，所以计算砖基础工程量时，要分室外设计地坪以上和以下部分。

砖基础体积　$V =$ 基础墙厚 ×（基础高 + 折加高度）$\times L$

1-1 剖面：−0.30m 以下部分　$V_{1\text{-}1} = 0.365 \times (0.7 + 0.129) \times 35.3(L_\text{中}) = 10.68 \text{m}^3$

−0.30 ～ ±0.00 部分　$V_{1\text{-}1} = 0.365 \times 0.3 \times 35.3 = 3.87 \text{m}^3$

2-2 剖面　−0.30m 以下部分　$V_{2\text{-}2} = 0.24 \times (0.7 + 0.394) \times 9.72(L_\text{内})$
$$= 2.55 \text{m}^3$$

−0.30 ～ ±0.00 部分　$V_{2\text{-}2} = 0.24 \times 0.3 \times 9.72 = 0.70 \text{m}^3$

砖基础工程量　$V = 10.68 + 3.87 + 2.55 + 0.70 = 17.80 \text{m}^3$

其中　−0.30m 以下部分　$V = 10.68 + 2.55 = 13.23 \text{m}^3$

−0.30 ～ ±0.00 部分　$V = 3.87 + 0.70 = 4.57 \text{m}^3$

上式中 0.129，0.394 分别为外墙砖基础及内墙砖基础的放脚折加高度

（6）基础回填土工程量

基础回填土体积　$V = V_\text{挖} - V_\text{垫} - V_\text{砖}$（−0.30m 以下部分）
$$= 43.07 - 11.87 - 13.23 = 17.97 \text{m}^3$$

（7）房心回填土工程量

房心回填土体积　$V = (S_1 - S_\text{墙体水平平面面积}) \times (H_\text{室内外高差} - H_\text{室内地坪厚度})$
$$= [71.5 - (0.365 \times 35.3 + 0.24 \times 9.72)] \times [0.3 - 0.14]$$

$$= 9.00 \text{m}^3$$

（8）土方运输工程量

土方运输体积　$V = V_{挖} - V_{回填土} \times 1.15$（夯实体积与天然密实体积之间折算系数）

$$= 43.07 - （17.97 + 9）\times 1.15 = 12.05 \text{m}^3$$

第四节　脚手架工程

脚手架是指为施工作业需要搭设的架子。目前,脚手架工程量的计算,各省市人都采用综合脚手结合单项脚手,即综合脚手未包含的因素再执行单项脚手。但各地区综合脚手综合的因素不同,因而计算方法有所不同,具体如何计算,应按本地区预算定额规定执行。

一、综合脚手架（以某省建筑工程预算定额为例）

（一）有关说明

综合脚手架是指将施工过程中各分部分项工程应搭设脚手架及各项安全设施的绝大部分因素综合起来考虑的脚手。

1. 综合脚手综合内容包括

单双排脚手架及依附斜道、上料平台；里脚手架（分结构、装饰）；满堂脚手架；外墙装饰用的提升式吊篮脚手架；独立柱用外脚手架；2.2m 以内技术层使用架以及施工各个工程需要搭设的防护架、安全网。

2. 综合脚手架未包含的因素

综合脚手架未包含建筑物内施工的钢筋混凝土基础、球节点钢网架、电梯井以及构筑物所需搭设的脚手,发生时另按单项脚手架计算。

3. 综合脚手架适用范围

（1）使用于新建、扩建的工业建筑、民用建筑及公共建筑。

（2）凡能按《建筑面积计算规则》计算建筑面积的工程（滑模施工除外）,均执行综合脚手架。

4. 综合脚手架的檐口高度是指设计室外地坪至檐口或女儿墙上平的高度。

（二）工程量计算

工程量按建筑物的总面积以平方米计算。建筑面积的计算,按建筑面积计算规则执行。

地下室只计算建筑面积,不计算高度；2.2m 以内的技术层不计算建筑面积,但需要计算高度。具体有关规定,执行当地预算定额。

二、单项脚手架

单项脚手架是指相对综合脚手而言,为区别不同使用对象而设置的脚手架。

（一）单项脚手架的分类

单项脚手架按搭设位置及适用范围分为：外脚手架、里脚手架、满堂脚手架、悬空脚手架、挑脚手架等。

1. 外脚手架

外脚手架是指在操作对象外围搭设的脚手架,其搭设形式有单、双排。单、双排脚手架的执行按以下规则：

（1）建筑物外墙用的脚手架,凡设计室外地坪至檐口（或女儿墙上表面）的砌筑高度在 15m 以下的按单排脚手架计算；砌筑高度在 15m 以上的或砌筑高度虽不足 15m，但外墙门窗及装饰面积超过外墙表面积 60%以上时，均按双排脚手架计算。

（2）石砌墙体，凡砌筑高度超过 1.0m 以上时，按外脚手架计算。

（3）现浇钢筋混凝土框架柱、梁、墙按双排脚手架计算。

2．里脚手架

里脚手架是指用于民用建筑的内墙砌筑和内墙粉刷而搭设的工具式内脚手架。里脚手架的执行按以下规则：

（1）建筑物内墙用的脚手架，凡设计室内地坪至顶板下表面（或山墙高度的 1/2 处）的砌筑高度在 3.6m 以下时，按里脚手架计算（砌筑高度超过 3.6m 以上时，按单排脚手架计算）。

（2）围墙脚手架，凡室外自然地坪至围墙顶面的砌筑高度在 3.6m 以下时，按里脚手架计算（砌筑高度超过 3.6m 以上的，按单排脚手架计算）。

3．满堂脚手架

满堂脚手架是指室内水平面满设的，纵、横向各超过 3 排立杆的整块形落地式脚手架。凡室内顶棚装饰面距设计室内地坪在 3.6m 以上时，应计算满堂脚手架（计算满堂脚手架后，墙面装饰不再计算脚手架）。

4．挑脚手架

挑脚手架是指从结构上采用悬挑形式搭设的脚手架。

5．悬空脚手架

悬空脚手架是指通过特设的支承点，使用吊索悬吊吊架或吊篮，进行装饰工程操作的一种脚手架。

（二）工程量计算

1．砌筑脚手架

（1）外脚手架

工程量按外墙外边线长度（$L_{外}$），乘以外墙砌筑高度以平方米计算。不扣除门、窗洞口、空圈洞口等所占面积；突出墙外宽度在 24cm 以内的墙垛、附墙烟囱等不计算脚手架；宽度超过 24cm 以外（如图 4-28 所示，$b>24cm$）按图示尺寸展开计算，并入外脚手架工程量之内，即在原外边线长度基础上再增加 2 个 b 的尺寸。

（2）里脚手架

工程量按墙面垂直投影面积计算，不扣除门、窗洞口、空圈洞口等所占面积。

（3）独立柱脚手架

工程量按图示结构外围周长另加 3.6m，乘以柱高以平方米计算，套用相应外脚手架定额。如图 4-29 所示，计算公式可表示为：

$$S = [2 \times (a+b) + 3.6] \times h \qquad (h 为柱高)$$

2．现浇钢筋混凝土框架脚手架

（1）现浇钢筋混凝土柱脚手工程量的计算同独立柱脚手。

（2）现浇钢筋混凝土梁、墙，按设计室外地坪或楼板上表面至楼板底之间的高度，乘以梁、墙净长以平方米计算。

3．装饰工程脚手架

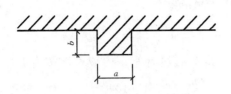
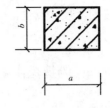

图 4-28　突出墙外的墙垛　　　图 4-29　柱断面

（1）满堂脚手架

工程量按室内净面积计算。满堂脚手架高度在 5.2m 以内为基本层，超过 5.2m 时，再计算增加层。每增加 1.2m 按增加一层计算，不足 0.6m 的舍去不计算。计算式表示如下：

$$满堂脚手架增加层 = \frac{室内净高度 - 5.2m}{1.2m}$$

（2）挑脚手架

工程量按搭设长度和层数以延长米计算。

（3）悬空脚手架

工程量按搭设的水平投影面积以平方米计算。

4．其他脚手架

（1）水平防护架，工程量按实际铺板的水平投影面积以平方米计算。

（2）垂直防护架，工程量按自然地坪至最上一层横杆之间的搭设高度，乘以实际搭设长度，以平方米计算。

水平防护架和垂直防护架：指脚手架以外单独搭设的，用于车辆通道、人行通道、临街防护和施工与其他物体隔离等的防护。

（3）烟囱、水塔脚手架，区别不同高度，以座计算。

（4）电梯井脚手架　按单孔以座计算。

（5）依附斜道（依附外墙），区别不同高度以座计算。

5．安全网工程量

（1）立挂式安全网按架网部分的实挂长度乘以实挂高度计算。

（2）挑出式安全网按挑出的水平投影面积计算。

（3）建筑物垂直封闭工程量按封闭面的垂直投影面积计算。

第五节　砌　筑　工　程

砌筑工程包括砌砖、砌石两部分。砌砖包括砖基础、砖墙、砖柱、砖烟囱、水塔和其他砖砌体等。砌石包括基础、墙身、护坡等。

一、砌筑工程量计算

（一）砖墙工程量

砖墙是用砂浆和烧结普通砖（标准砖规格为 240mm×115mm×53mm）砌筑而成，是具有承重和围护双重作用的砌体。

工程量按图示尺寸以立方米计算。计算式可表示为：

$$V = 墙长 \times 墙厚 \times 墙高$$

1．墙长确定：外墙按外墙中心线（$L_{中}$）长度计算，内墙长度按内墙净长线（$L_{内}$）计算。

2．墙厚：按表4-6规定计算。

标准砖砌体计算厚度表 表 4-6

砖数（厚度）	1/4	1/2	3/4	1	1.5	2	2.5	3
计算厚度（mm）	53	115	180	240	365	490	615	740

3．墙高确定：砖墙计算起点从砖墙与砖基础划分界线处算起，计算顶点见表4-7。

墙高计算顶点规定 表 4-7

外墙	平屋面	算至钢筋混凝土板底
	坡屋面	无檐口顶棚者算至屋面板底
		有屋架，且室内外均有顶棚者，算至屋架下弦底另加200mm
		无顶棚者算至屋架下弦底另加300mm
		出檐宽度超过600mm，按实砌高度计算
	有女儿墙	自外墙顶点至图示女儿墙顶面高度（分不同墙厚并入外墙计算）
内墙	位于屋架下弦者	算至屋架底
	有钢筋混凝土楼隔层者	算至板底
	有框架梁	算至梁底面

注：1．在计算墙体高度时，外墙不扣楼板厚度，但内墙要扣除。

2．内外山墙按平均高度计算。如图4-30所示，平均高度：

$$H = H_1 + H_2/2$$

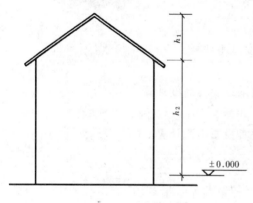

图 4-30 山墙高度示意图

4．应并入或扣除或不扣不加的体积

（1）应扣的体积：门窗洞口、过人洞、空圈、嵌入墙身的钢筋混凝土柱、梁（包括过梁、圈梁、挑梁）、砖平碹、钢筋砖过梁、暖气包壁龛等所占的体积。

（2）不扣的体积：梁头、檩头、垫木、木楞头、沿椽木、木砖、门窗走头、砖墙内的加固钢筋、木筋、铁件、钢管及每个面积在0.3m^{2}以下的孔洞等所占的体积。

（3）应并入的体积：附墙砖垛、三皮砖以上的腰线和挑檐，附墙烟囱(附墙通风道、垃圾道，不扣除每一个孔洞截面积在0.1m^{2}以下体积，但孔洞内的抹灰工程量亦不增加)所占体积。

（4）不加的体积：窗台虎头砖、压顶线、山墙泛水、烟囱根、门窗套、三皮砖以下的腰线、挑檐等所占的体积。如图4-31所示。

考虑以上加、扣体积，砖墙工程量计算式最后可表示为：

$V =$（墙长×墙高－门窗洞口等面积）×墙厚－墙体埋件及壁龛等所占体积＋附墙砖

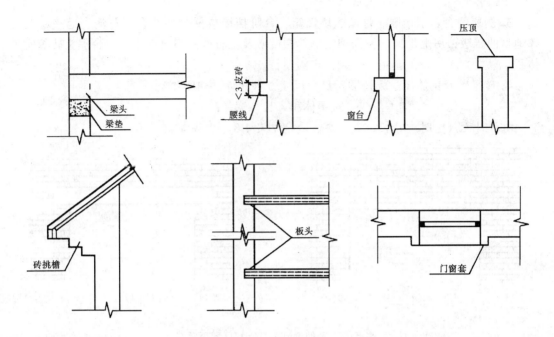

图 4-31　腰线、窗台、压顶等示意图

垛等体积

（二）其他墙体工程量

1. 框架间砌体工程量

框架间砌体一般采用空心砖、硅酸盐砌块、加气混凝土砌块等用砂浆砌筑而成，起围护、保温、隔断等作用。

工程量以框架间（即梁、柱间）的净面积乘以墙厚计算，框架外表镶贴砖部分亦并入框架间砌体工程量内。

（1）多孔砖、空心砖的孔、空心部分体积不扣除；

（2）按设计规定需要镶嵌砖砌体部分以包括在定额内，不另计算。

2. 空花墙工程量

空花墙按空花部分外形体积以立方米计算，空花部分不予扣除，其中实体部分以立方米另行计算。

3. 空斗墙工程量

空斗墙按外形尺寸以立方米计算。墙角、内外墙交接处、门窗洞口立边、窗台砖及屋檐处的石砌部分已包括在定额内，不另行计算，但窗间墙、窗台下、楼板下、梁头下等实砌部分，应另行计算，套零星砌体定额。

4. 填充墙工程量

填充墙按外形尺寸以立方米计算。其中实砌部分已包括在定额内，不另计算。

（三）其他砖砌体工程量

1. 砖砌锅台、炉灶、不分大小，均按图示外形尺寸以立方米计算，不扣除各种空洞的体积。

2. 砖砌台阶（不包括梯带），按水平投影面积以平方米计算。

3．厕所蹲台、水槽腿、灯箱、垃圾箱、台阶挡墙或梯带、花台、花池、地垄墙及支撑地塄的砖墩，房上烟囱、屋面架空隔热层砖墩及毛石墙的门窗立边、窗台虎头砖等实砌体积，以立方米计算，套用零星砌体定额项目。

4．砖平碹及钢筋砖过梁按图示尺寸以立方米计算，如图4-32所示。

$$过梁体积＝长×宽×高$$

如设计无规定时，其长、宽、高、取定见表4-8。

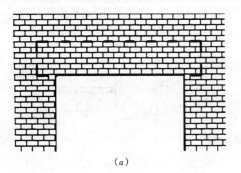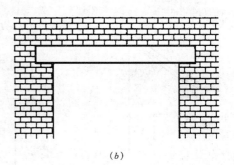

（a）　　　　　　　　　　　　　　（b）

图 4-32　钢筋混凝土（砖）过梁示意图
（a）钢筋砖过梁；（b）钢筋混凝土过梁

砖平碹、钢筋砖过梁尺寸取定表　　　　　　表 4-8

过梁尺寸 \ 过梁名称	砖 平 碹	钢筋砖过梁
长	洞口宽＋100mm	洞口宽＋500mm
宽	同墙厚	同墙厚
高	240mm（门窗洞口宽小于1500mm）	440mm
	365mm（门窗洞口宽大于1500mm）	

5．砌体内的加固钢筋，如图4-33所示，根据设计规定以吨计算，执行钢筋混凝土章节的相应项目。如设计上没有明确规定，应按《建筑抗震结构详图》GJBT—465，97G329（三）标准图集上的规定计算。

二、工程量计算实例

【例3】　某单层建筑物平面如图4-34所示，层高3.6m，净高3.48m，计算高度3.48m，门窗表及内外墙体埋件体积分别见表4-9、表4-10。

要求：计算内外墙身工程量。

门 窗 表　　　　　　表 4-9

门窗编号	洞口尺寸（mm）		数 量	备 注
	宽	高		
C-1	2400	1800	1	铝合金窗
C-2	1800	1800	1	铝合金窗
MC-1	3000	2700	1	铝合金窗
MC-2	2400	2700	1	铝合金门连窗
M-1	1000	2700	3	铝合金门

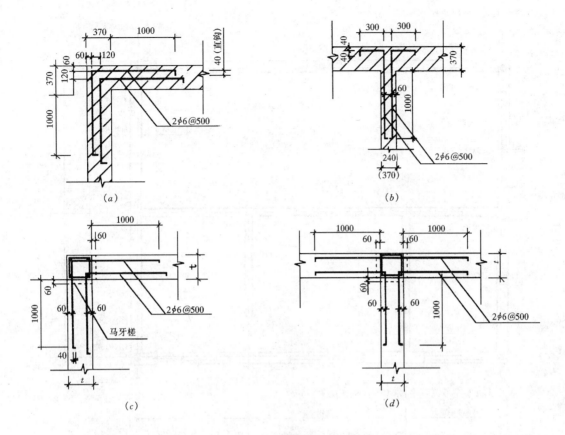

注：(a)、(b) 适用于 7 度砖房的高大房间，及 8、9 度砖房的未设置构造柱的外（内）墙转角和内、外墙交接处；(c)、(d) 适用于 6～9 度设置构造柱的外（内）墙转角和内、外墙交接处

图 4-33　砌体内的加固钢筋示意图

(a) 墙转角处；(b) 墙 T 形接头处；(c) 有构造柱的墙转角外；(d) 无构造柱的墙 T 形接头处

墙 体 埋 件 体 积 表　　　　　　表 4-10

墙 身 名 称	埋 件 体 积 （mm）		
	构造柱体积	过梁体积	圈梁体积
365 外墙	1.98	0.587	2.74
240 内墙		0.032	0.86

【解】　(1) 基数计算

$$L_{外} = [(3.0 + 5.1 + 3.6 + 0.0625 \times 2) + (4.5 + 4.5 + 0.0625 \times 2)] \times 2 = 41.9\text{m}$$

$$L_{内} = (3.0 + 5.1 + 3.6 - 0.12 \times 2) + (4.5 - 0.12 \times 2) \times 2 = 19.98\text{m}$$

(2) 墙身门窗面积计算

由图 4-34、表 4-9 可得：

外墙身门窗总面积

$$S_{外} = 2.4 \times 1.8 \ (\text{C1}) + 1.8 \times 1.8 \ (\text{C2}) + 1 \times 2.7 \times 2 \ (\text{M1})$$
$$+ (1.8 \times 1.8 + 1.2 \times 2.7) \ (\text{MC1}) + (1.5 \times 1.8 + 0.9 \times 2.7) \ (\text{MC2})$$
$$= 24.57\text{m}^2$$

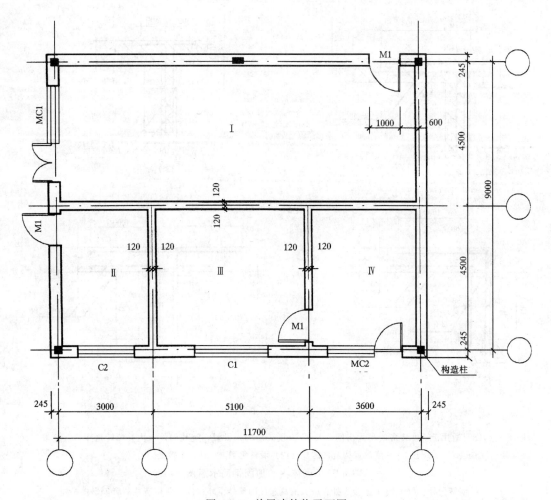

图 4-34　单层建筑物平面图

内墙身门窗总面积　　　$S_内 = 1 \times 2.7（M1）= 2.7m^2$

（3）内外墙工程量计算

墙体工程量 ＝ （墙长×墙高－门窗洞口面积）×墙厚－墙体埋件体积

外墙工程量　$V_外 = （41.9 \times 3.48 - 24.57）\times 0.365 - （1.98 + 0.587 + 2.74）$

　　　　　　　$= 38.95m^3$

内墙工程量　$V_内 = （19.98 \times 3.48 - 2.7）\times 0.24 - （0.032 + 0.86）= 15.15m^3$

第六节　混凝土及钢筋混凝土工程

混凝土及钢筋混凝土工程包括：名种现浇混凝土的基础（已在第三节中介绍）、柱、梁、板、挑檐、楼梯、阳台、雨篷和一些零星构件等；预制的柱、梁、板、屋架、天窗架、挑檐、楼梯以及其他零星构件和预应力梁、板、屋架等分项工程。各种钢筋混凝土现浇构件、预制构件以及预应力构件的工程量，都是按"模板工程"、"钢筋混凝土工程"、"钢筋工程"三部分内容分别列项计算。

一、模板工程量计算

（一）现浇混凝土及钢筋混凝土构件模板工程量

1. 现浇混凝土及钢筋混凝土模板工程量，除另有规定者外，均应区别模板的不同材质，按混凝土与模板接触面的面积，以平方米计算。

2. 现浇钢筋混凝土柱、梁、板、墙的支模高度（即室外地坪至板底或板面至板底之间的高度）以 3.6m 以内为准，超过 3.6m 以上部分，另按超过部分计算增加支撑工程量。

3. 现浇钢筋混凝土墙、板上单孔面积在 $0.3m^2$ 以内的孔洞，不予扣除，洞侧壁模板亦不增加；单孔面具在 $0.3m^2$ 以外时，应予扣除，洞侧壁模板面积并入墙、板模板工程量之内计算。

4. 现浇钢筋混凝土框架分别按梁、板、柱、墙有关规定计算，附墙柱，并入墙内工程量计算。

5. 柱与梁、柱与墙、梁与梁等连接的重叠部分以及伸入墙内的梁头、板头部分，均不计算模板面积。

6. 构造柱外露面均应按图示外露部分计算模板面积。构造柱与墙接触面不计算模板面积。

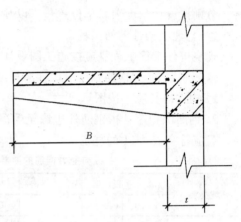

图 4-35 悬挑板示意图

7. 现浇钢筋混凝土悬挑板（雨篷、阳台）按图示外挑部分尺寸的水平投影面积计算。挑出墙外的牛腿梁及板边模板不另计算。如图 4-35 所示，其工程量计算式可表示为 $S_{水平投影} = L \times B$

8. 现浇钢筋混凝土楼梯，以图示露明面尺寸的水平投影面积计算，不扣除小于500mm 楼梯井所占面积。楼梯的踏步、踏步板、平台梁等侧面模板，不另计算。如图 4-36 所示，工程量计算可用下式表示：

每层水平投影面积 $S = L \times B -$ 宽度大于 500mm 楼梯井面积

9. 混凝土台阶，不包括梯带，按图示台阶尺寸的水平投影面积计算，台阶端头两侧不应另计算。如图 4-37 所示，工程量计算可用下式表示：

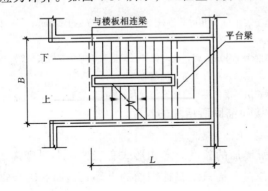
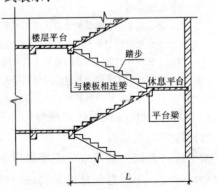

图 4-36 钢筋混凝土整体楼梯

（a）楼梯平面图；（b）楼梯剖面图

$$S_{水平投影} = B \times (b + 300\text{mm})$$

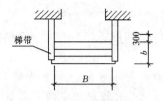

图 4-37 台阶平面示意图

10．现浇钢筋混凝土小型池槽按构件外围体积计算，池槽内、外侧及底部的模板不应另计算。

（二）预制钢筋混凝土构件模板工程量

1．预制钢筋混凝土模板工程量，除另有规定者外均按混凝土实体体积以立方米计算。

2．小型池槽按外形体积以立方米计算。

二、钢筋工程量计算

钢筋工程量应区别现浇、预制构件，按不同钢种和规格，分别按设计长度乘以单位重量，以吨计算。

（一）现浇构件钢筋工程量

现浇构件钢筋工程量应按施工图设计的长度来计算，其长度计算可按下式：

钢筋长度＝构件净长度－钢筋保护层＋钢筋增加长

1．构件净长度：按图示尺寸。

2．钢筋保护层：指钢筋外边缘至混凝土表面的距离。其厚度不应小于钢筋的公称直径，且应符合表 4-11 的规定。

纵向受力钢筋的混凝土保护层的最小厚度（mm） 表 4-11

环境类别		板、墙、壳			梁			柱		
		≤C20	C25～C45	≥C50	≤C20	C25～C45	≥C50	≤C20	C25～C45	≥C50
一		20	15	15	30	25	25	30	30	30
二	a	—	20	20	—	30	30	—	30	30
	b	—	25	20	—	35	30	—	35	30
三		30	25		40	35		40	35	

注：1．基础中纵向受力钢筋的混凝土保护层厚度不应小于 400mm；当无垫层时不应小于 70mm。

2．处于一类环境且由工厂生产的预制构件，当混凝土强度等级不低于 C20 时，其保护层厚度可按本规范表 4-11 中规定减少 5mm，但预应力钢筋的保护层厚度不应小于 15mm；处于二类环境且由工厂生产的预制构件，当表面采取有效保护措施时，保护层厚度可按 4-11 中一类环境数值取用。

预制钢筋混凝土受弯构件钢筋端头的保护层厚度不应小于 10mm，预制肋形板主肋钢筋的保护层厚度应按梁的数值取用。

3．板、墙、壳中分布钢筋的保护层厚度不应小于表 4-11 中相应数值减 10mm，且不应小于 10mm；梁、柱中箍筋和构造钢筋的保护层厚度不应小于 15mm。

4．当梁、柱中纵向受力钢筋的混凝土保护层厚度大于 40mm 时，应对保护层采取有效的防裂构造措施。

5．有防火要求的建筑物，其保护层厚度尚应符合国家现行有关防火规范的规定。

对于四、五类环境中的建筑物，其混凝土保护层厚度尚应符合国家现行有关标准的要求。

3．钢筋增加长度：指因钢筋弯钩、搭接和锚固所增加的长度。

（1）弯钩增加长度

指Ⅰ级（光圆）钢筋末端需要做弯钩所增加的长度。弯钩形式有三种：半圆弯钩、直弯钩和斜弯钩。半圆弯钩是最常用的一种，直弯钩只用在柱钢筋的下部、箍筋和附加钢筋中，斜弯钩只用在直径较小的钢筋中。

钢筋弯钩长度，半圆弯钩为 $6.25d$，直弯钩为 $3.5d$，斜弯钩 $4.9d$，d 表示钢筋的直径。

（2）搭接增加长度

指墙、柱构件中的纵向钢筋在层间需要连接或构件长度大于钢筋的定尺长而需要连接时，因接头搭接所增加的长度。

1）钢筋接头为绑扎连接时

按《混凝土结构工程施工质量验收规范》GB50204—2002规定：

当纵向受拉钢筋的绑扎搭接接头面积百分率不大于25％时，其最小搭接长度应符合表4-12规定（纵向受拉钢筋的绑扎搭接接头面积百分率，梁、板、墙类构件，不宜大于25％；柱类构件不宜大于50％），在任何情况下，受拉钢筋的搭接长度不应小于300mm。

纵向受压钢筋搭接时，其最小搭接长度按表4-12及"注释"规定确定后，乘以系数0.7取用，在任何情况下，受压钢筋的搭接长度不应小于200mm。

纵向受拉钢筋最小搭接长度表　　　　　　　　　　　　　表 4-12

钢筋类型		混凝土强度等级			
		C15	C20～C25	C30～C35	≥C40
光圆钢筋	HPB235 级	45d	35d	30d	25d
带肋钢筋	HRB335 级	55d	45d	35d	30d
	HRB400 级　　RRB400 级	—	55d	40d	35d

注：1．当纵向受拉钢筋的绑扎搭接接头面积百分率大于25％时，但不大于50％时，其最小搭接长度应按表4-12中的数值乘以系数1.2取用；当接头面积百分率大于50％时，应按表4-12中的数值乘以系数1.35取用。

2．当符合下列条件时，纵向受拉钢筋的最小搭接长度应根据表4-12及"注释"中第一条确定后，按下列规定进行修正：

①当带肋钢筋的直径大于25mm时，其最小搭接长度应按相应数值乘以系数1.1取用；

②当环氧树脂涂层的带肋钢筋，其最小搭接长度应按相应数值乘以系数1.25取用；

③当在混凝土凝固过程中受力钢筋易受扰动时（如滑模施工时），其最小搭接长度应按相应数值乘以系数1.1取用；

④对末端采用机械锚固措施的带肋钢筋，其最小搭接长度可按相应数值乘以系数0.7取用；

⑤当带肋钢筋的保护层厚度大于搭接钢筋直径的3倍且配有箍筋时，其最小搭接长度可按相应数值乘以系数0.8取用；

⑥对有抗震设防要求的结构构件，其受力钢筋的最小搭接长度对一、二级抗震等级应按相应数值乘以系数1.15采用；对三级抗震等级应按相应数值乘以系数1.05采用。

2．钢筋接头为焊接连接时

当采用电渣压力焊，其接头按个计算，采用其他焊接形式，不计算搭接长度。

3．钢筋接头为机械连接时

机械连接的接头常用有套筒挤压接头和锥螺纹接头，其接头按个计算。

（2）钢筋锚固增加长度

钢筋的锚固长，是指不同构件交接处，彼此的钢筋应相互锚入的长度。如图4-38所示。

设计图上对钢筋的锚固长度一般都有较明确的确定，应按图计算。如表示不明确的，按《混凝土结构设计规范》GB50010—2002规定执行。规范规定：

1．受拉钢筋的锚固长度应按下列公式计算：

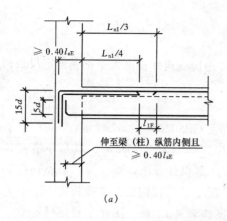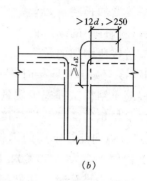

图 4-38 钢筋锚固示意图

（a）梁内的纵筋在柱内的锚固；（b）柱内的纵筋在板内的锚固

普通钢筋 $\qquad\qquad l_a = a \, (f_y / f_t) \, d$

预应力钢筋 $\qquad\qquad l_a = a \, (f_{py} / f_t) \, d$

式中 $f_y f_{py}$——普通钢筋、预应力钢筋的抗拉强度设计值，按表 4-13 采用；

$\qquad f_t$——混凝土轴心抗拉强度设计值，按表 4-14 采用；当混凝土强度等级高于 C40 时，按 C40 取值；

$\qquad d$——钢筋的公称直径；

$\qquad a$——钢筋的外形系数（光面钢筋 a 取 0.16，带肋钢筋 a 取 0.14）。

普通钢筋强度设计值（N/mm²）   表 4-13

种 类		符号	f_y
热轧钢筋	HPB 235（Q235）	φ	210
	HRB 335（20MnSi）	Φ	300
	HRB 400（20MnSiV、20MnSiNb、20MnTi）	Φ	360
	RRB 400（K20MnSi）	Φ^R	360

注：HPB235 系指光面钢筋，HRB335 级、HRB400 级钢筋及 RRB400 级余热处理钢筋系指带肋钢筋。

混凝土强度设计值（N/mm²）   表 4-14

强度种类	混凝土强度等级													
	C15	C20	C25	C30	C35	C40	C45	C50	C55	C60	C65	C70	C75	C80
f_t	0.91	1.10	1.27	1.43	1.57	1.71	1.80	1.89	1.96	2.04	2.09	2.14	2.18	2.22

注：当符合下列条件时，计算的锚固长度应进行修正：

①当 HRB335、HRB400、RRB400 级钢筋的直径大于 25mm 时，其锚固长度应乘以修正系数 1.1；

②当 HRB335、HRB400、RRB400 级的环氧树脂涂层钢筋，其锚固长度应乘以修正系数 1.25；

③当 HRB335、HRB400、RRB400 级钢筋在锚固区的混凝土保护层厚度大于钢筋直径的 3 倍且配有箍筋时，其锚固长度可乘以修正系数 0.8；

④经上述修正后的锚固长度不应小于按公式计算锚固长度的 0.7 倍，且不应小于 250mm；

⑤纵向受压钢筋的锚固长度不应小于受拉钢筋锚固长度的 0.7 倍。

2．纵向受拉钢筋的抗震锚固长度 l_{aE} 应按下列公式计算：

一、二级抗震等级　　　　　　$l_{aE} = 1.15 l_a$

三级抗震等级　　　　　　　　$l_{aE} = 1.05 l_a$

四级抗震等级　　　　　　　　$l_{aE} = l_a$

3．对于钢筋混凝土圈梁、构造柱等，图纸上一般不表示其锚固长度，应按《建筑抗震结构详图》GJBT—465，97G329（三）、（四）有关规定执行，如图4-39所示。

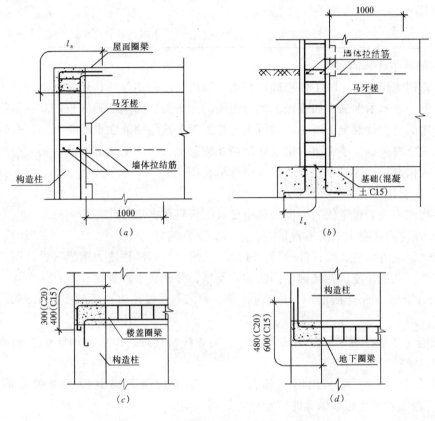

图 4-39　构造柱竖筋和圈梁纵筋的锚固

（a）柱内纵筋在柱顶锚固；（b）柱内纵筋在基础内锚固；

（c）屋盖、楼盖处圈梁纵筋在构造柱内的锚固；（d）地下圈梁纵筋在构造柱内锚固

关于图 4-39 中 l_a 及 l_d 的规定　　　　　　　　　　　　　表 4-15

竖向钢筋	Φ 12		Φ 14	
混凝土强度等级	C15	C20	C15	C20
l_a	600	480	700	560
l_d	720	580	840	670

4．双肢箍筋的长度计算

双肢箍筋的长度 $= 2(a + b) - 8d_0 +$ 箍筋弯曲及弯钩增加长

式中　a、b——构件外形尺寸；

　　　d_0——主筋混凝土的保护层。

87

"规范"规定：箍筋"弯钩平直部分的长度，对一般结构，不宜小于箍筋直径的 5 倍；对有抗震要求的结构，不应小于箍筋的 10 倍"，将以上要求纳入箍筋长度计算公式，可得到表 4-16 所示的结果。

箍筋长度简化计算表 表 4-16

弯钩形式（双钩相同）	抗震结构箍筋长度（平直 $10d$）	非抗震结构箍筋长度（平直 $5d$）
180°	$2(a+b)-8d_0+29.3d$	$2(a+b)-8d_0+19.3d$
135°	$2(a+b)-8d_0+26.5d$	$2(a+b)-8d_0+16.5d$
90°	$2(a+b)-8d_0+23.8d$	$2(a+b)-8d_0+13.8d$

5. 钢筋其他计算问题

在计算钢筋用量时，除了要准确计算出图纸所表示的钢筋外，还要注意设计图纸未画出以及未明确表示的钢筋，如楼板上负弯矩筋的分布筋、满堂基础底板的双层钢筋在施工时支撑所用的马凳及混凝土墙施工时所用的拉筋等。这些钢筋在设计图纸上，有时只有文字说明，或有时没有文字说明，但这些钢筋在构造上及施工上是必要的，则应按施工验收规范、抗震构造规范等要求补齐，并入钢筋用量中。

（二）预制构件钢筋工程量

预制构件钢筋工程量依据标准图集中已有的资料数据进行计算。

（三）预应力混凝土钢筋工程量

先张法预应力钢筋，按构件外形尺寸计算长度，后张法预应力钢筋按设计图规定的预应力钢筋预留孔道长度，并区别不同的锚具类型，分别按下列规定计算：

1. 低合金钢筋两端采用螺杆锚具时，预应力的钢筋按预留孔道长度减 0.35mm，螺杆另行计算。

2. 低合金钢筋一端采用墩头插片，另一端螺杆锚具时，预应力钢筋长度按预留孔道长度计算，螺杆另行计算。

3. 低合金钢筋一端采用墩头插片，另一端采用帮条锚具时，预应力钢筋增加 0.15mm，两端均采用帮条锚具时，预应力钢筋共增加 0.3mm。

4. 低合金钢筋采用后张混凝土自锚时，预应力钢筋长度增加 0.35mm 计算。

5. 低合金钢筋或钢绞线采用 JM、XM、QM 型锚具，孔道长度在 20m 以内时，预应力钢筋长度增加 1m；孔道长度 20m 以上时预应力钢筋长度增加 1.8m 计算。

6. 碳素钢丝采用锥形锚具，孔道长在 20m 以内时，预应力钢筋长度增加 1m；孔道长度 20m 以上时预应力钢筋长度增加 1.8m 计算。

7. 碳素钢丝两端采用镦粗头时，预应力钢丝长度增加 0.35mm 计算。

三、混凝土工程量计算

（一）现浇混凝土工程量

混凝土工程量除了另有规定者外，均按图示尺寸实体体积以立方米计算。不扣除构件内钢筋、预埋铁件及墙、板中 $0.3m^2$ 内的孔洞所占体积。

1. 柱工程量

按图示断面面积乘以柱高以立方米计算。

柱高按下列规定确定：

（1）有梁板的柱高，应自柱基上表面（或楼板上表面）至上一层楼板上表面之间的高度计算。

（2）无梁板的柱高，应自柱基上表面（或楼板上表面）至柱帽下表面之间的高度计算。

（3）框架柱的柱高应自柱基上表面至柱顶高度计算。

（4）构造柱按全高计算，与砖墙嵌接部分的体积并入柱身体积内计算。

有梁板柱和框架柱的区别在于楼板层荷载的传递方式：有梁板柱是板层荷载由板传递给梁，再由梁传到墙或柱上；框架柱是板层荷载出板传递给梁，再由梁传到柱上。

2．梁工程量

按图示断面面积乘以梁长计算。

梁长按下列规定确定：

（1）梁与柱连接时，梁长算至柱侧面；如图 4-40（a）所示。

（2）主梁与次梁连接时，次梁长算至主梁侧面；如图 4-40（b）所示。

（3）伸入墙内的梁头，梁垫体积并入梁体积内计算。如图 4-40（c）。

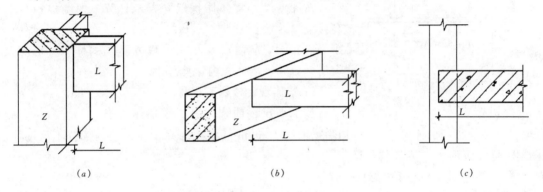

图 4-40　梁长计算示意图

（a）主梁与柱交接；（b）次梁与主梁交接；（c）伸入墙内的梁

（4）圈梁长：外墙圈梁长按外墙中心线（$L_{外}$）长计算，内墙圈梁长按内墙净长线（$L_{内}$）长度计算。

注意：圈梁代过梁者，圈梁与过梁应分别计算，其过梁长度按门窗洞口宽两端共加50cm 计算。

3．板工程量

按图示板面积乘以板厚以立方米计算。其中

（1）有梁板：是指带梁的楼板（包括主次梁或井子梁），其体积按梁、板体积之和计算。如图 4-41 所示。

（2）无梁板：是指不带梁，直接用柱头（帽）支撑的板，其体积按板与柱帽体积之和计算。如图 4-42 所示。

（3）平板：是指无柱无梁，四边直接搁置在承重墙（或圈梁上的板），其工程量按板实体体积计算。

（4）预制板补现浇板缝时，按平板计算。

（5）各类伸入墙内的板头并入板体积内计算。

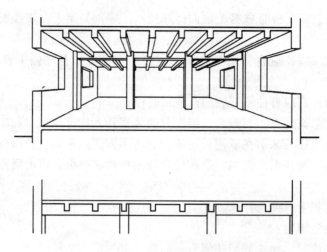

图 4-41　有梁板示意图

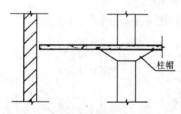

图 4-42　无梁板示意图

4．墙工程量

按图示尺寸实体体积以立方米计算，即墙体积＝墙高×墙厚×墙长。

应扣除门窗洞口及 $0.3m^2$ 以外孔洞的体积，墙垛及突出部分并入墙体积内计算。

5．整体现浇楼梯工程量

按水平投影面积计算（包括休息平台、平台梁、斜梁及楼梯与板间的连接梁）。不扣除宽度小于 500mm 的楼梯井，伸入墙内部分不另增加。如图 4-36 所示。

6．阳台、雨篷（悬挑板）工程量

按伸出外墙的水平投影面积计算，伸出外墙的牛腿不另计算。带反挑檐的雨篷按展开面积并入雨篷内计算。

7．挑檐天沟工程量

按图示尺寸实体体积计算。挑檐天沟与板、外墙等分界线规定如下：

现浇挑檐天沟与板（包括屋面板、楼板）连接时，以外墙为分界线，与圈梁（包括其他梁）连接时，以梁外边线为分界线。外墙边线以外或梁外边线以外为挑檐天沟。

8．栏板、栏杆工程量

栏板工程量按立方米计算，伸入墙内的栏板，合并计算。

栏杆工程量以延长米计算，伸入墙内的长度已综合在定额内，不再计算。

（三）预制混凝土工程量

1．混凝土工程量均按图示尺寸实体体积以立方米计算，不扣除构件内钢筋，铁件及小于 300mm×300mm 以内孔洞面积。

2．预制桩按桩全长（包括桩尖）乘以桩断面（空心桩应扣除孔洞体积）以立方米计算。

3．混凝土与钢杆件组合的构件，混凝土部分按构件实体积以立方米计算，钢构件部分按吨计算，分别套相应的定额项目。

（四）预制钢筋混凝土构件接头灌缝工程量

1. 钢筋混凝土构件接头灌缝：包括构件坐浆、灌缝、堵板缝、塞梁板缝等，均按预制钢筋混凝土构件实体积以立方米计算。

2. 柱与柱基的灌缝，按首层柱体积计算；首层以上柱灌缝按各层柱体积计算。

3. 空心板堵孔的人工材料，已包括在定额内。如不堵孔时每 $10m^3$ 空心板体积应扣除 $0.23m^3$ 预制混凝土块和 2.2 工日。

四、计算实例

【例 4】 现有   建筑物，一层层高为 4.8m，板厚 200mm，有 10 个矩形柱，柱断面为 800mm×800mm，采用钢模板、钢支撑，试计算柱模板工程量。

【解】 （1）柱模板工程量＝柱周长×柱支模高
即 $S = (0.8+0.8) \times 2 \times (4.8-0.2) \times 10 = 147.2m^2$

（2）因层高 4.8m＞3.6m，超过高度 4.8－3.6＝1.2m，需计算超过部分所增加支撑工程量。超过部分所增加支撑工程量
$$S = (0.8+0.8) \times 2 \times 1.2 \times 10 = 38.4m^2$$

【例 5】 试计算如图 4-43 所示钢筋混凝土构造柱模板工程量。已知：构造柱计算高度为 3.0m，截面尺寸为 370mm×370mm，与砖墙咬槎为 60mm。

【解】 如图 4-43 所示构造柱 $A = 370mm$，$B = 370mm$，$b = 60mm$

其模板工程量 $= (B+2b) \times 2 \times$ 构造柱计算高度
$= (0.37+0.06 \times 2) \times 2 \times 3$
$= 2.94m^2$

【例 6】 某钢筋混凝土连续梁如图 4-44 所示，混凝土强度等级为 C20，钢筋连接采用焊接连接。要求计算其钢筋用量。

【解】 ①号筋 $\varPhi20$
$L_1 = [(4.9 \times 2 - 0.12 \times 2)($净长$) + 12 \times 0.02 \times 2$（伸入端支座内的锚固长）]×3（根数）＝30.12m

②号筋 $\varPhi20$
$L_2 = [(4.9 \times 2 - 0.12 \times 2) + 38 \times 0.02 \times 2$（伸入端支座内的锚固长）]×2（根数）＝22.16m（其中 $38 = 0.14 \times 300/1.1$）

③号筋 $\varPhi20$ $L_3 = (1.4+0.5) \times 1 = 1.9m$

④号筋 $\varPhi8$
箍筋根数 ｛[（850－50）/100］＋1｝×4＋（2830/200）×2＝36＋28＝64（根）
每根长 $2 \times (0.25+0.5) - 8 \times 0.025 + 26.5 \times 0.008 = 1.512m$
合计 $\varPhi20$ 30.12＋22.16＋1.9＝54.18m
$\varPhi8$ 96.77m
连续梁中钢筋重量 $\varPhi20$ 54.18×2.47（每米重）＝133.82kg
$\varPhi8$ 96.77×0.395（每米重）＝38.22kg

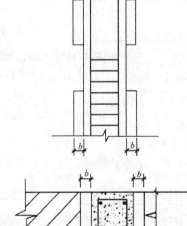

图 4-43 构造柱与墙咬槎示意图

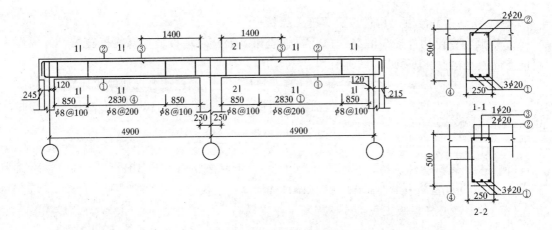

图 4-44　连续梁结构图

【例 7】　某建筑物设计的预制混凝土过梁编号为 GLA4182，要求计算 10 根过梁中的钢筋用量。

【解】　查 G322《钢筋混凝土过梁》标准图集，其中钢筋用量（Ⅰ级钢筋）：

每根 8.1kg，10 根共重　　8.1×10＝81kg

【例 8】　求如图 4-44 所示钢筋混凝土构造柱混凝土的工程量。

【解】　构造柱断面面积　　　$S＝[0.37＋0.06（咬槎）]×0.37＝0.16m^2$

构造柱高　　　　　　　　　$h＝3.0m$

构造柱混凝土工程量　　　　$V＝0.16×3.0＝0.48m$

【例 9】　求如图 4-44 所示的钢筋混凝土连续梁混凝土工程量。

【解】　分析：如图 4-44 所示的钢筋混凝土连续梁在支座处均与钢筋混凝土柱连接，故连续梁取净长。

混凝土工程量 $V＝$ 梁长×梁高×梁宽＝（4.9×2－0.12×2－0.5）×0.5×0.25＝1.13m³

【例 10】　某建筑物外墙结构外围长 30m，宽 10m，其挑檐挑出外墙宽 600mm，如图 4-45 所示，计算其挑檐混凝土工程量。

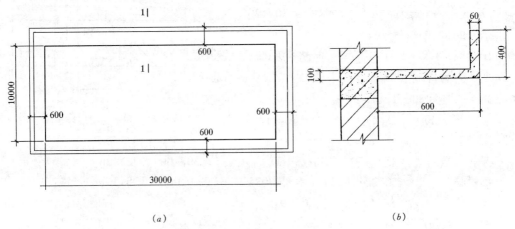

(a)　　　　　　　　　　　　　　　(b)

图 4-45　挑檐计算示意图

(a) 建筑物屋面示意图；(b) 挑檐剖面图

挑檐中心线长 $\quad L_1 = (30 + 0.3 \times 2 + 10 + 0.3 \times 2) \times 2 = 82.4\text{m}$

反檐中心线长 $\quad L_2 = (30 + 0.57 \times 2 + 10 + 0.57 \times 2) \times 2 = 84.56\text{m}$

挑檐混凝土工程量 $\quad V = 0.6 \times 0.1 \times 82.4 + 0.06 \times 0.3 \times 84.56 = 6.47\text{m}^3$

第七节　构件运输及安装工程

构件运输及安装工程包括预制混凝土构件的运输、安装，金属构件的运输、安装及木门窗的运输。

一、构件运输工程量

1．说明

构件运输定额适用于由构件堆放场地或构件加工厂至施工现场的运输。安装时是按机械起吊点中心回转半径 15m 以内的距离计算的，如从现场堆放点到机械起吊点中心超出 15m，应另按构件 1km 运输定额项目执行。

2．工程量计算

(1) 预制混凝土构件工程量

按构件图示尺寸，以实体体积另加损耗计算。

(2) 金属构件运输工程量

按构件设计图示尺寸，以吨计算。所需螺栓、电焊条等重量不另计算。

(3) 木门窗运输工程量

按框和扇单体面积之和计算。框和扇单体面积均按外框面积计算。

二、构件安装工程量

1．预制混凝土构件工程量

(1) 其工程量计算按构件图示尺寸，以实体体积另加损耗计算，其损耗率见表 4-17。其中预制混凝土屋架、桁架、托架及长度在 9m 以上的梁、板、柱不计算损耗率。

预制钢筋混凝土构件制作、运输、安装损耗率表　　　　　　　　　　表 4-17

名　　称	制作废品率	运输堆放损耗	安装（打桩）损耗
名类预制构件	0.2%	0.8%	0.5%
预制钢筋混凝土桩	0.1%	0.4%	1.5%

(2) 焊接形成的预制钢筋混凝土框架结构，其柱安装按框架柱计算，梁安装按框架梁计算；节点浇注成形的框架，按连体框架梁、柱计算。

(3) 预制钢筋混凝土工字形柱、矩形柱、空腹柱、双肢柱、空心柱、管道支架等安装，均按柱安装计算。

(4) 组合屋架安装，以混凝土部分实体体积计算，钢杆件部分不另计算。

(5) 预制钢筋混凝土多层柱安装，首层柱按柱安装计算，二层及二层以上按柱接柱计算。

2．金属构件安装工程量

(1) 金属构件安装工程量同金属构件运输工程量。

(2) 依附于钢柱上的牛腿及悬臂梁等，并入柱身主材重量计算。

（3）金属结构中所用钢板，设计为多边形者，按矩形计算，矩形的边长以设计尺寸中互相垂直的最大尺寸为准。

三、计算实例

【例 11】 计算 10 块预应力空心板，构件编号为 YKB459-2zdc 的制作、运输、安装、接头灌缝工程量。

【解】 查晋 92G402 标准图集，每块混凝土构件实体体积 $= 0.355\text{m}^3$

10 块预应力空心板制作工程量 $0.355 \times 1.015 \times 10 = 3.603\text{m}^3$

10 块预应力空心板运输工程量 $0.355 \times 1.013 \times 10 = 3.596\text{m}^3$

10 块预应力空心板安装工程量 $0.355 \times 1.005 \times 10 = 3.568\text{m}^3$

10 块预应力空心板接头灌缝工程量 $0.355 \times 10 = 3.55\text{m}^3$

第八节　门窗及木结构工程

门窗工程中的门窗，按材料分有木、铝合金、不锈钢、塑料、彩板组角钢等；按开启方式分有平开式、推拉式、中转式、上中下悬式等；按用途分有普通、特种等。

木结构工程量包括木屋架、屋面木基层、木楼梯、木栏杆、木扶手、间壁墙等。

一、门窗工程量计算

1. 各种类型木门区分标准

（1）镶板门是指门扇的骨架由冒头和边梃组成，在边框内安装门心板的门。

（2）将边框内上部门心板改为玻璃，就称为半截玻璃门。

（3）将边框内的门心板改为纱或百页，就称为纱门或百页门。

（4）胶合板门是指门扇的骨架，由格形纵横肋条组成，然后在其上两面贴胶合板的门。

（5）拼板门是指门扇用上下冒头或带一根中冒头，直接装板，板面起三角槽的门。

图 4-46 所示为各类型木门示意图。

2. 门窗工程量计算

（1）各类门窗制作、安装工程量均按门、窗洞口面积计算。

（2）普通窗上部带有半圆窗的工程量应分别按半圆窗和普通窗计算。其分界线以普通窗和半圆窗之间的横框上裁口线为分界线。如图 4-47 所示。

（3）门、窗盖口条、贴脸、披水条，按图示尺寸以延长米计算，执行木装修项目。

盖口条：两扇门窗接缝处为防止透风雨，常在其上加钉的盖缝条。见图 4-48（a）所示。

贴脸：门窗框与墙连接处，所加设的一块板。如图 4-48（b）所示。

披水条：用于防止雨水沿门中坎或窗扇下冒处渗入门窗内，而在门窗中坎或窗扇下冒处钉的木板条。见图 4-48（c）所示。

（4）门窗扇包镀锌铁皮，按门、窗洞口面积以平方米计算；门窗框包镀锌铁皮，钉橡皮条、钉毛毡按图示门窗洞口尺寸以延长米计算。

（5）卷闸门安装按洞口高度增加 600mm 乘以门实际宽度以平方米计算。电动装置安装以套计算，小门安装以个计算。

（6）不锈钢片包门框按框外表面面积以平方米计算；彩板组角钢门窗附框安装按延长米计算。

图 4-46 各种类型木门示意图

(a) 镶板门；(b) 百页门；(c) 半截玻璃门；(d) 全玻璃门；(e) 胶合板门；(f) 拼板门

二、木结构工程量计算

(一) 木屋架工程量

1. 木屋架的组成

木屋架一般用来建造坡屋顶建筑，分为圆木屋架、方木屋架、圆木钢屋架、方木钢屋架。如图 4-49 所示。

2. 木屋架工程量

(1) 木屋架制作安装均按设计断面竣工木料以立方米计算，其后备长度及配制损耗均不另外计算。

(2) 方木屋架一面刨光时增加 3mm，两面刨光时增加 5mm，圆木屋架按屋架刨光时

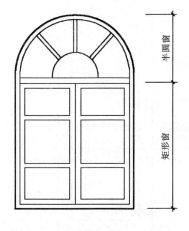

图 4-47　带半圆窗示意图

木材体积每立方米增加 $0.05m^3$ 计算。附属于屋架的夹板、垫木等已并入相应的屋架制作项目中，不另计算；与屋架连接的挑檐木、支撑等，其工程量并入屋架竣工木料体积内计算。

（3）屋架的制作安装应区别不同跨度，其跨度应以屋架上下弦杆的中心线交点之间的长度为准。带气楼的屋架并入所依附屋架的体积内计算。

（4）屋架的马尾、折角和正交部分半屋架，应并入相连接屋架的体积内计算。如图 4-50 所示。

（5）钢木屋架区分圆、方木，按竣工木料以立方米计算。

（6）圆木屋架连接的挑檐木、支撑等如为方木时，其方木部分应乘以系数 1.7 折合成圆木并入屋架竣工木料内，单独的方木挑檐，按矩形檩木计算。

（二）屋面木基层

1. 屋面木基层的组成

屋面木基层一般包括檩木和木基层两部分。木基层是指檩木以上，屋面瓦以下的中间部分的椽条、屋面板、挂瓦条等，如图 4-51 所示。

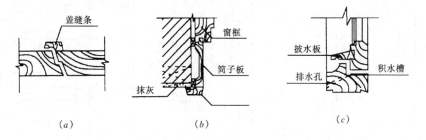

（a）　　　　　　　　（b）　　　　　　　　（c）

图 4-48　所示、盖口条、贴脸、披水条

（a）盖口条；（b）贴脸；（c）披水条

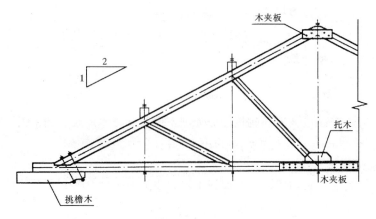

图 4-49　木屋架示意图

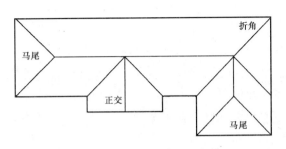

图 4-50　屋架的马尾、折角　正交部分示意图

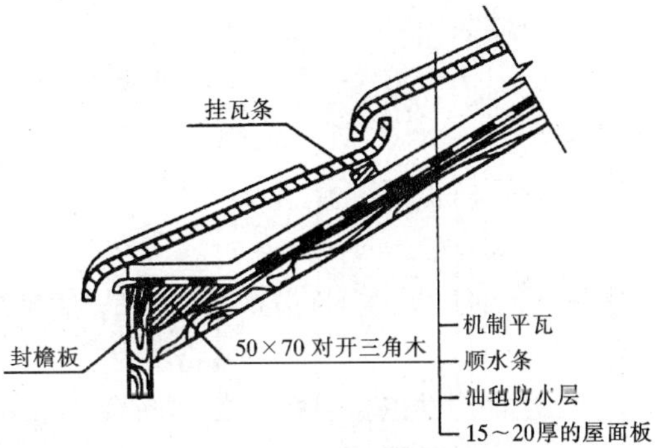

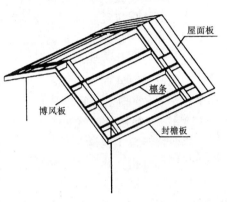

图 4-51　屋面木基层示意图

2．屋面木基层工程量

（1）檩木按竣工木料以立方米计算。简支檩长度按设计规定计算，如设计无规定者，按屋架或山墙中距增加 200mm 计算，如两端出山，檩条长度算至博风板；连续檩条的长度按设计长度计算，其接头长度按全部连续檩木总体积的 5% 计算。檩条托木已计入相应的檩木制作安装项目中，不另计算。

（2）屋面木基层，按屋面的斜面积计算。天窗挑檐重叠部分按设计规定计算，屋面烟囱及斜沟部分所占面积不扣除。

图 4-52　封檐板、博风板示意图

（三）檐板工程量

封檐板按图示檐口外围长度计算，博风板按斜长度计算，每个大刀头增加长度 500mm。如图 4-52 所示。

（四）其他

1．木搁板

按图示板面尺寸以平方米计算。

2．间壁墙

以图示尺寸按垂直投影面积计算，其高度按图示尺寸，长度按净长计算。扣除门窗洞口面积，但不扣除每个面积在 $0.3m^2$ 以内的孔洞。

3．木地板

按图示尺寸实铺面积以平方米计算。

4．木楼梯

按水平投影面积计算，不扣除宽度小于 300mm 的楼梯井，其踢脚板、平台和伸入墙内部分，不另计算。

三、计算实例

【例 12】　计算图 4-34 所示及表 4-9 中铝合金门窗的工程量。

【解】　C—1　　　　　　　　 $S_1 = 2.4 \times 1.8 = 4.32m^2$

　　　　　C—2　　　　　　　　 $S_2 = 1.8 \times 1.8 = 3.24m^2$

M1 $S_3 = 1 \times 2.7 \times 3 = 8.1 \text{m}^2$

MC—1 $S_4 = 1.8 \times 1.8 + 1.2 \times 2.7 = 6.48 \text{m}^2$

MC—2 $S_5 = 1.5 \times 1.8 + 0.9 \times 2.7 = 5.13 \text{m}^2$

铝合金门窗工程量 $S = S_1 + S_2 + S_3 + S_4 + S_5 = 27.27 \text{m}^2$

第九节　楼 地 面 工 程

楼地面工程主要包括垫层、结合层、找平层、防潮层、面层等。

一、垫层工程量

楼地面垫层是指承受并传递楼地面荷载至楼面结构层（或地基上）的构造层。

楼地面垫层工程量按室内主墙间净空面积乘以设计厚度以立方米计算。

（1）扣除凸出地面构筑物、设备基础、室内铁道、地沟等所占体积；

（2）不扣除柱、垛、间壁墙、附墙烟囱及面积在 0.3m^2 以内孔洞所占体积。

工程量计算式可表示为： $V = S \times d$

式中 S——室内主墙间净空面积；

         d——垫层设计厚度。

二、找平层工程量

找平层是指在垫层上、楼板上或轻质、松散材料（隔声隔热）层上起找平、找坡或加固作用的构造层。

其工程量按主墙间净空面积以平方米计算。

（1）扣除凸出地面构筑物、设备基础、室内管道、地沟等所占面积；

（2）不扣除柱、垛、间壁墙、附墙烟囱及面积在 0.3m^2 以内孔洞所占面积；

（3）门洞、空圈、暖气包槽、壁龛的开口部分亦不增加。

工程量计算式可表示为： $S = A \times B$

式中 A——室内主墙间的净长；

         B——室内主墙间的净宽。

三、面层工程量

面层是指直接接受各种荷载、摩擦、冲击的表面层。按构造和施工方式不同可以分为整体面层、块料面层和木地面（前面已叙述）。

1. 楼地面整体面层工程量

其工程量计算同找平层。

2. 楼地面块料面层工程量

其工程量按图示尺寸实铺面积以平方米计算。

门洞、空圈、暖气包槽、壁龛的开口部分的工程量并入相应的面层内计算。

3. 楼梯面层工程量

其工程量（包括踏步、平台、以及小于 500mm 宽的楼梯井）按水平投影面积计算。

水平投影面积内不包括踢脚板、侧面及板底抹灰，应另列项计算。

4. 台阶工程量

其工程量（包括踏步及最上一层踏步沿 300mm）按水平投影面积计算。

（1）最上一层踏步沿 300mm 以外部分按地面计算；

（2）台阶水平投影内不包括牵边、侧面装饰，发生时另列项目计算。

四、其他

1．踢脚板按延长米计算，洞口、空圈长度不予扣除，洞口、空圈、垛、附墙烟囱等侧壁长度亦不增加。

2．散水、防滑坡道按图示尺寸以平方米计算。

散水：为保护墙基不受雨水侵蚀，常在外墙四周地面做成向外倾斜的坡道，以便将屋面雨水排至远处，这一坡道称为散水。

3．栏杆、扶手包括弯头长度按延长米计算。

注意：扶手不包括弯头制安，另按弯头单项定额计算。

4．防滑条按楼梯踏步两端距离减 300mm 以延长米计算。

5．明沟按图示尺寸以延长米计算。

五、计算实例

【例 13】　计算图 4-34 所示的地面工程量，其地面工程做法如下：

1．铺 25 厚预制水磨石地面，稀水泥浆擦缝；

2．撒素水泥面（撒适量清水）；

3．30 厚 1:4 干硬性水泥砂浆结合层；

4．60 厚 C15 混凝土；

5．150 厚 3:7 灰土垫层。

【解】　（1）关于工程预算列项问题

a．因灰土及混凝土垫层，定额项目都单独存在，故分别列项计算。

b．以某省预算定额为例，其楼地面预制水磨石面层定额的工作内容及材料消耗量见表 4-18 所示。

预制水磨石面层定额　　　　　　　　　　　　　　　表 4-18

工作内容：清理基层、锯板磨边、调制水泥砂浆、贴预制水磨石板、擦缝、清理净面、表面打蜡、磨光养护。

单位：100m²

定额编号	项目名称	人工	材　　料				
		综合工日	水磨石板 (300×300)	素水泥浆	水泥砂浆 1:4	工程用水	其他材料 (略)
		工日	m²	m³	m³	m³	
8—63	预制水磨石	28.4	101.50	0.13	3.03	2.6	

表 4-18 中，材料消耗量栏内，素水泥浆为 0.13m³，即工序 2 的施工用量；水泥砂浆 1:4 为 3.03m³，考虑 300mm 厚，100m² 面积，其体积为 $0.03 \times 100 = 3$m³，加上损耗即为 3.03m³，即工序 3 的施工用量。

故工序 1、2、3 应合并为预制水磨石面层项目来列项计算。

（2）工程量计算

a．预制水磨石面层工程量

S = 主墙间净空面积 + 开口部分面积

主墙间净空面积 = S_1（该层建筑面积）－ 墙体水平平面面积

$$= \left[(3+5.1+3.6+0.245\times2) \times (4.5+4.5+0.245\times2) \right]$$
$$- \left[41.9\times0.365+19.98\times0.4 \right]$$
$$= 115.68-23.29 = 92.39 \text{m}^2$$

式中 41.9，19.98 分别代表 $L_{中}$、$L_{内}$，其数据来源见第五节砌筑工程计算实例。

开口部分面积 $=(1.2+1.0+0.9+1.0)\times0.365+1.0\times0.24=1.497+0.24=1.74\text{m}^2$

预制水磨石面层工程量　　$S=92.39+1.74=94.13\text{m}^2$

b.60 厚 C15 混凝土垫层工程量

$V=$ 主墙间净空面积 $\times$ 垫层厚 $=92.39\times0.06=5.54\text{m}^3$

c.150 厚 3:7 灰土垫层工程量

$$V=92.39\times0.15=13.86\text{m}^3$$

【例14】　当例 1 中预制水磨石板规格为 500mm × 500mm，灰缝为 1mm，求铺 93.22m² 共需预制水磨石板多少块（其损耗率 1.5%）？

【解】　（1）当铺贴 100m²，需块料的块数为

$$n=\left[100/ (块料长+灰缝)(块料宽+灰缝) \right] \times (1+损耗率)$$

（2）铺 94.13m²，规格为 500mm × 500mm 的预制水磨石板所需块数

$$n=\left[94.13/ (0.5+0.001) \times (0.5+0.001) \right] \times (1+0.015) = 381 \text{ 块}$$

第十节　屋面及防水工程

屋面工程一般由保温层、找坡层、找平层、防水层、屋面排水等项目组成。

防水工程包括楼地面、墙基、墙身、构筑物、水池、水塔、室内厕所、浴室等防水，及建筑物 ±0.00 以下的防水、防潮工程。

一、屋面工程量

（一）屋面防水工程量

1. 瓦屋面、金属压型板（包括挑檐部分即伸出外墙部分）

均按图示尺寸的水平投影面积乘以屋面坡度系数（见表 4-19）以平方米计算。

（1）不扣除房上烟囱、风帽底座、风道、屋面小气窗、斜沟等所占面积。

（2）屋面小气窗的出檐部分亦不增加。

屋面坡度系数表

表 4-19

坡　　　度			延尺系数	隅延尺系数
B $(A=1)$	$B/2A$	角度 (α)	$(A=1)$	$(A=1)$
1	1/2	45°	1.4142	1.7321
0.75		36°52	1.2500	1.6008
0.70		35°	1.2207	1.5779
0.666	1/3	33°40	1.2015	1.5620
0.65		33°01	1.1926	1.5564
0.60		30°58	1.1662	1.5362
0.577		30°	1.1547	1.5270
0.55		28°49	1.1413	1.5170
0.50	1/4	26°34	1.1180	1.5000
0.45		24°14	1.0966	1.4839

坡		度	延尺系数	隅延尺系数
B（A=1）	B/2A	角度（α）	（A=1）	（A=1）
0.40	1/5	21°18	1.0770	1.4697
0.35		19°17	1.0594	1.4569
0.30		16°42	1.0440	1.4457
0.25		14°02	1.0308	1.436
0.20	1/10	11°19	1.0198	1.4283
0.15		8°32	1.0112	1.4221
0.125		7°8	1.0078	1.4191
0.100	1/20	5°42	1.0050	1.4177
0.083		4°45	1.0035	1.4166
0.066	1/30	3°49	1.0022	1.4157

坡度系数表中各字母含义如图 4-53 所示。

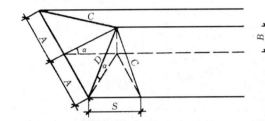

注：1. 两坡排水屋面面积为屋面水平投影面积乘以延尺系数 C；

2. 四坡排水屋面斜脊长度＝A×D（当 S＝A 时）；

3. 沿山墙泛水长度＝A×C。

图 4-53　屋面坡度示意图

2．卷材屋面

按图示尺寸的水平投影面积乘以规定的坡度系数以平方米计算。

（1）不扣除房上烟囱、风帽底座、风道、屋面小气窗、斜沟等所占面积；

（2）屋面的女儿墙、伸缩缝和天窗等处的弯起部分，按图示尺寸并入屋面工程量计算。如图纸无规定时女儿墙、伸缩缝的弯起部分可按 250mm 计算，天窗弯起部分可按 500mm 计算。如图 4-54 所示。

（3）卷材屋面的附加层、接缝、收头、找平层的嵌缝、冷底子洞已计入定额内，不另计算。

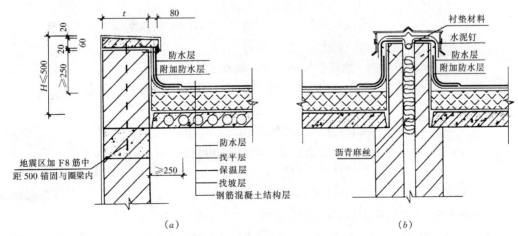

图 4-54　屋面卷材在女儿墙、伸缩缝处弯起部分

（a）在女儿墙处；（b）在伸缩缝处

3．涂膜屋面

涂膜屋面工程量计算同卷材屋面。

涂膜屋面的油膏嵌缝、玻璃布盖缝、屋面分格缝以延长米计算。

（二）屋面排水工程量

1．铁皮排水

按图示尺寸以展开面积计算，如图纸没有注明尺寸时，可按表 4-20 计算。咬口和搭接等已计入定额项目中，不另计算。

铁皮排水单体零件折算表　　　　表 4-20

名称		单位	水落管 （m）	檐沟 （m）	水斗 （个）	漏斗 （个）	下水口 （个）	
铁皮排水	水落管、檐沟、水斗、漏斗、下水口	m^2	0.32	0.30	0.40	0.16	0.45	
	天沟、斜沟、天窗窗台泛水、天窗侧面泛水、烟囱泛水、通气管泛水、滴水檐头泛水、滴水	m^2	天沟 （m）	斜沟天窗窗台泛水 （m）	天窗侧面泛水 （m）	烟囱泛水 （m）	通气管泛水 （m）	滴水檐头泛水 （m）	滴水 （m）
			1.30	0.50	0.70	0.80	0.22	0.24	0.11

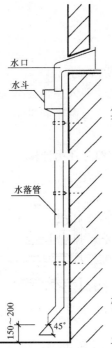

图 4-55　排水构件组合示意图

2．铸铁、玻璃钢、PVC

水落管区别不同直接按图示尺寸以延长米计算。

雨水口、水斗、弯头、短管以个计算，如图 4-55 所示。

（三）屋面找平层工程量

按设计图示尺寸的水平投影面积乘以屋面延尺系数以平方米计算。其加扣规定同卷材屋面。

（四）屋面找坡层工程量

按设计图示尺寸的平面面积乘以平均厚度以平方米计算。

（五）屋面保温层工程量

按设计图示尺寸的平面面积乘以实铺厚度以立方米计算。

二、防水工程量

1．建筑物地面防水、防潮层

按主墙间净空面积计算，即主墙间净长乘以净宽。

（1）扣除凸出地面的构筑物、设备基础等所占的面积；不扣除柱、垛、间壁墙、烟囱及 0.3m^2 以内孔洞所占面积。

（2）与墙面连接处高度在 500mm 以内者按展开面积计算，并入平面工程量内，超过 500mm 时，按立面防水层计算。

如某卫生间净长为 a，净宽为 b，地面防水层在墙面垂直处卷起高 150mm，则卫生间的防水工程量为：

$$S = a \times b + (a+b) \times 2 \times 0.15$$

2．建筑物墙基防水、防潮层

外墙长度按外墙中心线（$L_中$），内墙长度按内墙净长线（$L_内$）乘以墙基宽度以平方米计算。

3. 构筑物及建筑物地下室防水层，按实铺面积计算，但不扣除 0.3m² 以内的孔洞面积。平面与立面交接处的防水层，其上卷高超过 500mm 时，按立面防水层计算。

4. 防水卷材的附加层、接缝、收头、冷底子油等人工材料均已计入定额内，不另计算。

5. 变形缝工程量

区别不同材料，分别按延长米计算。

三、计算实例

【例 15】 某平屋面工程做法如下：

1. 4 厚高聚物改性沥青卷材防水层（带砂保护层）；

2. 20 厚 1:3 水泥砂浆找平层；

3. 1:6 水泥焦渣找 2% 坡，最薄处 30 厚；

4. 60 厚聚苯乙烯泡沫塑料板保温厚；

5. 混凝土基层。

按图所示 4-56 所示，计算屋面工程量。

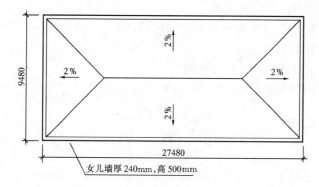

女儿墙厚240mm,高500mm

图 4-56 屋顶平面示意图

【解】 （1）女儿墙内屋面面积

$$S = (9.48 - 0.24 \times 2) \times (27.48 - 0.24 \times 2) = 243 m^2$$

（2）屋面保温层工程量（执行保温工程项目）

$$V = 屋面面积 \times 保温层厚度$$
$$= 243 \times 0.06 = 14.58 m^3$$

（3）屋面找坡层工程量（执行楼地面垫层项目）

$V = 屋面面积 \times 找坡层平均厚度(见图 4-57)$

$= 243 \times [(0.03 + 4.5 \times 2\% \times 0.5)]$

$= 18.23 m^3$

（4）屋面防水层工程量

$S = 屋面面积 + 在女儿墙处弯起部分面积$

$= 243 + (9 + 27) \times 2 \times 0.25(弯起高)$

$= 261 m^2$

（5）屋面找平层工程量

$S = 同屋面防水工程量$

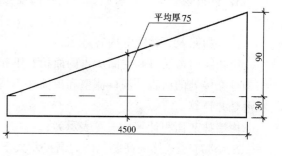

平均厚75

图 4-57 找平层平均厚

【例 16】　　四坡型屋面示意图如图 4-58 所示，其屋面坡度为 30°，试计算四坡型屋面的斜面积及斜脊长度。

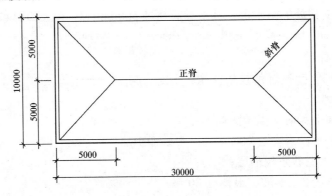

图 4-58　四坡型屋面示意图

【解】　　（1）四坡型屋面的斜面面积

S = 水平投影面积 × 延尺系数

　　= 30 × 10 × 1.1547（见表 4-19）= 346.41m²

（2）四坡型屋面的斜脊长度

L = 1/2 屋面水平宽度 × 隅延尺系数

　　= 0.5 × 10 × 1.5362（见表 4-19）= 7.68m

第十一节　装　饰　工　程

装饰工程主要包括墙柱面装饰、顶棚装饰以及木材面、金属面、抹灰面油漆等工程。

一、墙柱面装饰工程量

（一）内墙抹灰工程量

1．内墙抹灰面积

以主墙间图示净长乘以高度按平方米计算。

（1）其高度确定如下：

1）无墙裙的，其高度按室内地面或楼面至顶棚底面之间距离计算；

2）有墙裙的，其高度按墙裙顶至顶棚地面之间距离计算；

3）钉板条顶棚的内墙面抹灰，其高度按室内地面或楼面至顶棚底面另加 100mm 计算。

（2）扣除及不扣除等内容规定：

应扣除门窗洞口和空圈所占的面积；不扣除踢脚板、挂镜线、0.3m² 以内的孔洞和墙与构件交接处的面积，洞口侧壁和顶面亦不增加。墙垛和附墙烟囱侧壁面积与内墙抹灰工程量合并计算。

内墙抹灰面积计算公式可表示为：

S = 墙净长 × 抹灰高度 − 门窗洞口及大于 0.3m² 的洞口 + 垛等侧壁面积

2．内墙裙抹灰面积

按内墙净长乘以墙裙高度以平方米计算。

应扣除门窗洞口和空圈所占的面积，门窗洞口和空圈的侧壁面积不另增加，墙垛和附墙烟囱侧壁面积并入墙裙抹灰面积内计算。

（二）外墙抹灰工程量

1. 外墙抹灰面积

按外墙面的垂直投影面积以平方米计算。即外墙抹灰长度乘以抹灰高度以平方米计算。

（1）抹灰长度确定：

1）外墙全部抹灰且做法相同、抹灰厚度、砂浆种类亦相同时，其长度按外墙外边线计算；

2）外墙全部抹灰但做法、抹灰厚度、砂浆种类不同时，应分别计算其长度；

3）外墙局部抹灰，其长度应根据图纸设计要求，区别做法、砂浆种类、厚度分别计算。

（2）外墙抹灰高度确定：

1）有挑檐天沟的，无外墙裙的由室外设计地坪、有外墙裙的由外墙裙顶算至混凝土挑檐天沟底面；

2）无挑檐天沟有女儿墙的，无外墙裙的由室外设计地坪、有外墙裙的由外墙裙顶算至女儿墙压顶底面；

3）坡屋顶带檐口顶棚的，无外墙裙的由室外设计地坪、有外墙裙的由外墙裙顶算至檐口顶棚下皮。

（3）扣除及不扣除等内容规定：

1）应扣除门窗洞口、外墙裙和大于 $0.3m^2$ 孔洞所占面积，洞口侧壁面积不另增加，附墙垛、梁、柱侧面抹灰面积并入外墙抹灰工程量内计算。

2）栏杆、栏板、窗台线、门窗套、扶手、压顶、挑檐、遮阳板、突出墙外的腰线等，另按相应规定计算。

外墙抹灰面积计算公式可表示为：

S = 外墙抹灰长度 × 外墙抹灰高度 − 门窗洞口及大于 $0.3m^2$ 洞口等 + 垛等侧壁面积

2. 外墙裙抹灰面积

按其长度乘以高度计算。

应扣除门窗洞口和大于 $0.3m^2$ 孔洞所占的面积，门窗洞口及孔洞的侧壁不增加。

3. 窗台线、门窗套、挑檐、腰线、遮阳板等工程量

（1）其展开宽度在 300mm 以内者，按装饰线以延长米计算；如图 4-59（a）所示的展开宽为：$2a + b$，（b）所示的展开宽为：$a_1 + a_2 + b_1 + b_2 + c$

（2）其展开宽度超过 300mm 以上时，按图示尺寸以展开面积计算，套零星抹灰定额项目。

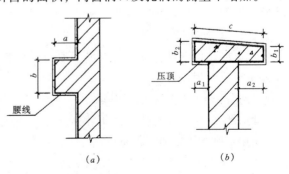

图 4-59　腰线、压顶抹灰计算示意

4．栏板、栏杆、（包括立柱、扶手或压顶等）抹灰

按立面垂直投影面积乘以系数 2.2 以平方米计算。

5．阳台底面抹灰

其工程量按水平投影面积以平方米计算，并入相应顶棚抹灰面积内。

阳台如带悬臂梁者，其工程量乘以系数 1.30。

6．雨篷底面或顶面抹灰

其工程量分别按水平投影面积以平方米计算，并入相应顶棚抹灰面积内。

（1）雨篷顶面带反沿或反梁者，其工程量乘系数 1.20，底面带悬臂梁者，其工程量乘系数 1.20。

（2）雨篷外边线按相应装饰或零星项目执行。

7．墙面勾缝

其工程量按垂直投影面积计算。

（1）应扣除墙裙和墙面抹灰的面积，不扣除门窗洞口、门窗套、腰线等零星抹灰所占的面积，附墙柱和门窗洞口侧面的勾缝面积亦不增加。

（2）独立柱、房上烟囱勾缝、按图示尺寸以平方米计算。

（三）外墙装饰抹灰工程量

外墙各种装饰抹灰均按图示尺寸以实抹面积计算。应扣除门窗洞口、空圈的面积，其侧壁面积不另增加。

（四）墙面贴块料及其他装饰项目的工程量

1．块料面层

（1）墙面贴块料面层均按图示尺寸以实贴面积计算。

（2）墙裙以高度在 1500mm 以内为准，超过 1500mm 时按墙面计算，高度低于 300mm 以内时，按踢脚板计算

2．木隔墙、墙裙、护壁板

其工程量均按图示尺寸长度乘以高度按实铺面积以平方米计算。

木墙裙：是指沿墙面的高度局部（一般约在高度的三分之一至三分之二之间）做的木装修墙壁。

护壁板：是指沿墙面的整个高度满做的木装修墙壁。

3．玻璃隔墙

按上横档顶面至下横档底面之间高度乘以宽度（两边立挺外边线之间）以平方米计算。

4．浴厕木隔断

其工程量按下横档顶面至上横档顶面之间高度乘以图示长度以平方米计算，门扇面积并入隔断面积内计算。

5．铝合金、轻钢隔墙、幕墙

其工程量按四周框外围面积计算。

（五）独立柱装饰工程量

1．一般抹灰、装饰抹灰、镶贴块料

其工程量均按结构断面周长乘以柱的高度以平方米计算。

2．柱面装饰

其工程量按柱外围饰面尺寸（即外围饰面周长）乘以柱的高度以平方米计算。

（六）零星项目

1．各种"零星项目"均按图示尺寸以展开面积计算。

2．各种"零星项目"的适用情况

（1）块料镶贴和装饰抹灰的"零星项目"适用于挑檐、天沟、腰线、窗台线、门窗套、压顶、栏板、扶手、遮阳板、雨篷周边等。

（2）一般抹灰的"零星项目"适用于各种壁柜、碗柜、过人洞、暖气壁龛、池槽、花台以及 $1m^2$ 以内的抹灰。

（3）一般抹灰的"装饰线条"适用于门窗套、挑檐、腰线、压顶、遮阳板、楼梯边梁、宣传栏边框等凸出墙面或展开宽度小于以内的竖、横线条抹灰。超过的线条抹灰按"零星项目"执行。

二、顶棚装饰工程量

（一）顶棚抹灰工程量

1．顶棚抹灰

其工程量按主墙间的净面积计算。

（1）不扣除间壁墙、垛、柱、附墙烟囱、检查口和管道所占的面积。

（2）带梁顶棚、梁两侧抹灰面积，并入顶棚抹灰工程量内计算。

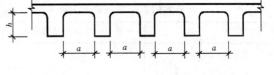

图 4-60　密肋梁、井字梁顶棚剖面示意图

2．密肋梁、井字梁顶棚抹灰

其工程量按展开面积计算，即将每个梁格内的侧面面积并入顶棚抹面内。如图 4-60 所示，其梁格侧面面积为：

$$S = (a + b) \times 2 \times h$$

（a 为梁格的长度，b 为梁格的宽度）

3．顶棚抹灰的装饰线

其工程量应区别三道线以内或五道线以内按延长米计算，线角的道数以一个突出的棱角为一道线，如图 4-61 所示。

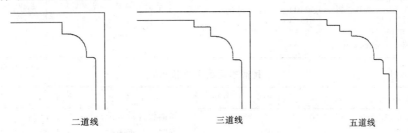

二道线　　　　　三道线　　　　　五道线

图 4-61　顶棚抹灰装饰线示意图

4．檐口顶棚的抹灰面积，并入相同的顶棚抹灰工程量内计算。

5．顶棚中的折线、灯槽线、圆弧形线、拱形线等艺术形式的抹灰，按展开面积计算。

（二）顶棚吊顶龙骨工程量

各种吊顶顶棚龙骨工程量按主墙间净空面积计算

（1）不扣除间壁墙、检查口、附墙烟囱、柱、垛和管道所占面积。

（2）顶棚中的折线、迭落等圆弧形，高低吊灯槽管面积也不展开计算。

（三）顶棚面装饰工程量

1．顶棚装饰面层

按主墙间实铺面积以平方米计算。

（1）不扣除间壁墙、检查口、附墙烟囱、附墙垛和管道所占面积，应扣除独立柱及与顶棚相连的窗帘盒所占的面积。

（2）顶棚中的折线，迭落等圆弧形、拱形、高低灯槽及其他艺术形式顶棚面层均按展开面积计算。

三、喷涂、油漆、裱糊工程量

1．楼地面、顶棚面、墙、柱、梁面的喷（刷）涂料、抹灰面、油漆及裱湖工程，均按楼地面，顶棚面、墙、柱、梁面装饰工程相应的工程量计算规则规定计算。

2．木材面、金属面油漆的工程量分别按表 4-21 至表 4-29 规定计算，并乘以表列系数以平方米计算。

（1）木材面油漆

单层木门工程量系数表　表 4-21

项目名称	系数	工程量计算方法
单层木门	1.00	
双层（一玻一纱）木门	1.36	
双层（单裁口）木门	2.00	按单面洞口面积
单层全玻门	0.83	
木百叶门	1.25	
厂库大门	1.10	

单层木窗工程量系数表　表 4-22

项目名称	系数	工程量计算方法
单层木窗	1.00	
双层（一玻一纱）木窗	1.36	
双层（单裁口）木窗	2.00	按单面洞口面积
单层组合窗	2.60	
双层组合窗	1.13	
木百叶窗	1.50	

木扶手(不带托板)工程量系数表　表 4-23

项目名称	系数	工程量计算方法
木扶手（不带托板）	1.00	
木扶手（带托板）	2.60	
窗帘盒	2.04	按延长米
封檐板、顺水板	1.74	
挂衣板、黑板框	0.52	
生活园地框、挂镜线、窗帘棍	0.35	

木地板工程量系数表　表 4-24

项目名称	系数	工程量计算方法
木地板、木踢脚线	1.00	长×宽
木楼梯（不包括底面）	2.30	水平投影面积

其他木材面工程量系数表　表 4-25

项目名称	系数	工程量计算方法	项目名称	系数	工程量计算方法
木板、纤维板、胶合板顶棚檐口	1.00		屋面板（带檩条）	1.11	斜长×宽
清水板条顶棚、檐口	1.07		木间壁、木隔断	1.90	
木方格吊顶顶棚	1.20		玻璃间壁露明墙筋	1.65	单面外围面积
吸音板、墙面、顶棚面	0.87	长×宽	木栅栏、木栏杆（带扶手）	1.82	
鱼鳞板墙	2.48		木屋架	1.79	跨度(长)×中高×1/2
木护墙、墙裙	0.91		衣柜、壁柜	0.91	投影面积（不展开）
窗台板、筒子板、盖板	0.82		零星木装修	0.87	展开面积
暖气罩	1.28				

(2) 金属面油漆

(3) 抹灰面油漆、涂料

单层钢门窗工程量系数表 表 4-26

项 目 名 称	系数	工程量计算方法
单层钢门窗 又层（一玻一纱）钢门窗 钢百叶钢门 半截百叶钢门 满钢门或包铁皮门 钢折叠门	1.00 1.48 2.74 2.22 1.63 2.30	洞口面积
射线防护门 厂库房平开、推拉门 铁丝网大门	2.96 1.70 0.81	框（扇） 外围面积
间壁	1.85	长×宽
平板屋面	0.74	斜长×宽
瓦垄板屋面	0.89	斜长×宽
排水、伸缩缩盖板	0.78	展开面积
吸气罩	1.63	水平投影面积

平板屋面涂刷磷化、锌黄底漆工程量系数表
表 4-27

项 目 名 称	系数	工程量 计算方法
平板屋面	1.00	斜长×宽
瓦垄板屋面	1.20	
排水伸缩缝盖板	1.05	展开面积
吸气罩	2.20	水平投影面积
包镀锌铁皮门	2.20	洞口面积

其他金属面工程量系数表 表 4-28

项 目 名 称	系数	工程量计算方法
钢屋架、天窗架、档风架、屋架 梁、支撑、檩条	1.00	
墙架（空腹式）	0.50	
墙架（格板式）	0.82	
钢柱、吊车梁、花式梁 柱、空花构件	0.63	重量（t）
操作台、走台、制动梁 钢梁车档	0.71	
钢栅栏门、栏杆、窗栅	1.71	
钢爬梯	1.18	
轻型屋架	1.42	
踏步式钢扶梯	1.05	
零星铁件	1.32	

抹灰面工程量系数表 表 4-29

项 目 名 称	系数	工程量计算方法
槽形板、混凝土折板	1.30	
有梁板底	1.10	长×宽
密肋、井字梁底板	1.50	
混凝土平板式楼梯底	1.30	水平投影面积

四、计算实例

【例 17】 按本章第五节例题的已知条件,计算其内墙面、顶棚抹灰工程量(内墙面无墙裙)。

【解】 由第五节例题的已知条件及解中得到的数据知:

①建筑物净高为: $h = 3.48 \text{m}$

②Ⅰ室墙身净长 $L_{\text{Ⅰ}} = (11.7 - 0.24) \times 2 + (4.5 - 0.24) \times 2$
$= 22.92 + 8.52 = 31.44 \text{m}$

Ⅱ室墙身净长 $L_{\text{Ⅱ}} = (4.5 - 0.24) \times 2 + (3.0 - 0.24) \times 2$
$= 8.52 + 5.52 = 14.04 \text{m}$

Ⅲ室墙身净长 $L_{\text{Ⅲ}} = (5.1 - 0.24) \times 2 + (4.5 - 0.24) \times 2$
$= 9.72 + 8.52 = 18.24 \text{m}$

Ⅳ室墙身净长 $L_{\text{Ⅳ}} = (4.5 - 0.24) \times 2 + (3.6 - 0.24) \times 2$
$= 8.52 + 6.72 = 15.24 \text{m}$

③墙身上门窗洞口面积合计为 24.57（外墙身）$+ 2.7$（内墙身）$\times 2 = 29.97 \text{m}^2$

(1) 内墙抹灰工程量

$$S_Q = S_{\text{Ⅰ}Q} + S_{\text{Ⅱ}Q} + S_{\text{Ⅲ}Q} + S_{\text{Ⅳ}Q} - S_{\text{洞口}}$$

$$= (31.44 + 14.04 + 18.24 + 15.24) \times 3.48 - 29.97 = 244.81 \text{m}^2$$

（2）顶棚抹灰工程量

$$S_T = S_{IT} + S_{IIT} + S_{IIIT} + S_{IVT}$$

$$= 22.92/2 \times 8.52/2 + 8.52/2 \times 5.52/2 + 9.72/2 \times 8.52/2 + 8.52/2 \times 6.72/2 = 95.60 \text{m}^2$$

第十二节　金属结构制作工程

金属结构制作工程包括工业与民用建筑结构中需要的钢柱、钢梁、钢屋架、钢托架、钢檩条、钢天窗架、球节点网球架等的制作。

一、工程量计算

1．金属结构制作工程量按图示钢材尺寸以吨计算。

（1）不扣除孔眼、切边的重量，焊条、铆钉、螺栓等重量，已包括在定额内不另计算。

（2）在计算不规则或多边形钢板重量时均按其几何图形的外接矩形面积计算。

2．实腹柱、吊车梁、H形钢按图示尺寸计算，其中腹板及翼板宽度按每边增加25mm计算。

3．制动梁的制作工程量包括制动梁、制动桁架、制动板重量；墙架的制作工程量包括墙架柱、墙架梁及连接柱杆重量；钢柱制作工程量包括依附于柱上的牛腿及悬臂梁重量。

4．轨道制作工程量，只计算轨道本身重量，不包括轨道垫板、压板、斜垫、夹板及连接角钢等重量。

5．铁栏杆制作，仅适用于工业厂房中平台、操作台的钢栏杆。民用建筑中铁栏杆等按本定额其他章节有关项目计算。

6．钢漏斗制作工程量，矩形按图示分片，圆形按图示展开尺寸，并依钢板宽度分段计算，每段均以其上口长度（圆形以分段展开上口长度）与钢板宽度，按矩形计算，依附漏斗的型钢并入漏斗重量内计算。

二、计算实例

【例18】　计算如图4-62所示10根钢柱工程量。

【解】　（1）方形钢板（$\delta = 8$）

每平方米重量 $= 7.85 \times 8 = 62.8 \text{kg/m}^2$

钢板面积 $= 0.3 \times 0.3 = 0.09 \text{m}^2$

重量小计 $= 62.8 \times 0.09 \times 2$（2块）$= 1.13 \text{kg}$

（2）不规则钢板（$\delta = 6$）

每平方米重量 $= 7.85 \times 6 = 47.1 \text{kg/m}^2$

钢板面积 $= 0.18 \times 0.08 = 0.014 \text{m}^2$

重量小计 $= 47.1 \times 0.014 \times 8$（8块）$= 5.28 \text{kg}$

（3）钢管重量

3.184（长度）$\times 10.26$（每米重量）$= 32.67 \text{kg}$

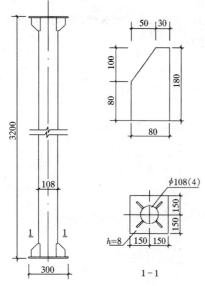

图 4-62　钢柱结构图

(4) 10 根钢柱重量

$(1.13 + 5.28 + 32.67) \times 10 = 390.80$kg

第十三节　垂直运输工程

垂直运输工程包括建筑物的垂直运输及构筑物的垂直运输。

一、建筑物垂直运输

建筑物垂直运输机械台班用量，区分不同建筑物的结构类型及高度按建筑面积以平方米计算。建筑面积按本章第一节规定计算。

二、构筑物垂直运输

构筑物垂直运输机械台班以座计算。超过规定高度时再按每增高 1m 定额项目计算其高度不足 1m 时，亦按 1m 计算。

第十四节　土建工程量计算实例

本例为一幢二层框架结构的办公营业楼工程。

一、工程施工图

见附图建施 1～8，结施 1～7。

二、工程量计算

见表 4-30～表 4-34。

墙体门窗洞口面积（米²）计算表　　　　　　　　　　　　表 4-30

门窗名称	洞口尺寸	数量	洞口所在部位				
			一层			二层	
			250 外墙	200 内墙	120 内墙	250 外墙	200 内墙
C1	2100×900	4	7.56				
C2	1500×1800	4	5.4 (2)			5.4 (2)	
C3	1200×1200	4	5.76				
C5	2100×1800	9	3.78 (1)			30.24 (8)	
C6	1200×1500	2				3.6	
M2	1000×2100	7		6.3 (3)			8.4 (4)
M3	750×2000	2			3		
M4	1500×2400	1	3.6				
M5	1500×2100	2					3.15 (2)
小计			26.1	6.3	3	39.24	11.55

注：表中括号内的数字为门窗个数。

墙体中过梁、构造柱体积计算表（m³）　　　　　　　　　　表 4-31

构件名称	构件所在部位				
	一层		二层		女儿墙
	250 外墙	200 内墙	250 外墙	200 内墙	
预制 GL	0.92	0.11	1.24	0.23	
GZ	1.44	0.25	1.48	0.65	1.65
TZ	0.34	0.82			
小计	2.7	1.18	2.72	0.88	1.65

注：表中数据来自工程量计算表中混凝土及钢筋混凝土部分。

工程做法表

序号	施工做法名称	工程做法	施工部位
1	铺地砖楼面	1．10厚地砖楼面，干水泥擦缝 2．撒素水泥面（洒适量清水） 3．20厚C20细石混凝土向地漏找坡，最薄处不小于30厚 4．60厚C20细石混凝土向地漏找坡，最薄处不小于30厚 5．聚氨酯三遍涂膜防水层 1.8，防水层周边起高150 6．20厚1:3水泥砂浆找平层，四周抹小八字角	2.27m标高处卫生间地面做法
2	铺花岗石地面	1．20厚磨光花岗石铺面，灌稀水泥浆擦缝 2．撒素水泥面（洒适量清水） 3．30厚1:4干硬性水泥砂浆找平层 4．刷素水泥浆一道 5．60厚C15混凝土 6．150厚3:7灰土垫层 7．素土夯实	一层地面
3	现浇水磨石楼面	1．20厚1:2.5水泥磨石楼面磨光打蜡 2．素水泥结合层一道 3．20厚1:3水泥砂浆找平层，上卧铜条分格条	二层地面
4	预制水磨石楼面	1．25厚预制水磨石铺面 2．撒素水泥面（洒适量清水） 3．30厚1:4干硬性水泥砂浆结合层	楼梯面层
5	水泥台阶	1．20厚1:2.5水泥砂浆结合层压实赶光 2．素水泥浆结合层一道 3．60厚C15混凝土台阶（厚度不包括踏步三角部分）台阶面向外坡1% 4．150厚3:7灰土垫层 5．素土夯实	背立面台阶
6	散水	1．40厚C20细石混凝土撒1:1水泥砂子，压实赶光 2．150厚3:7灰土垫层 3．素土夯实，向外坡4%	背立面
7	花岗石踢脚	1．稀水泥浆擦缝 2．安装10~20厚花岗石板 3．20厚1:2水泥砂浆灌贴 4．刷界面处理剂一道	卫生间以外的房间
8	外墙涂料	1．喷（刷）外墙涂料 2．6厚1:2.5水泥砂浆找平 3．6厚1:1.6水泥石青砂浆刮平扫毛 4．6厚1:0.5:4水泥石灰青砂浆打底扫毛 5．刷加气混凝土界面处理剂一遍	背立面
9	花岗岩外墙面		勒脚
10	铝塑板外墙面		侧立面、正立面
11	釉面砖内墙面	1．白水泥擦缝 2．贴5厚釉面砖 3．8厚1:0.1:2.5水泥石膏砂浆结合层 4．10厚1:3水泥石灰青砂浆打底扫毛或划出纹道 5．刷加气混凝土界面处理剂一道	卫生间墙面
12	麻刀灰内墙面	1．2厚麻刀灰抹面 2．9厚1:3石灰青砂浆 3．5厚1:3:9水泥石灰青砂浆打底划出纹理 4．刷加气混凝土界面处理剂一道	卫生间以外的其他房间墙面
13	水泥砂浆顶棚	1．5厚1:2.5水泥砂浆抹面 2．5厚1:2.5水泥砂浆打底 3．素水泥浆结合层一道（内掺建筑胶）	卫生间顶棚
14	混合砂浆顶棚	刷加气混凝土界面处理剂一道（内掺建筑灰）	卫生间以外的其他房间顶棚
15	屋面	1．SBS改性沥青卷材防水层（带砂小片石保护层） 2．20厚1:3水泥砂浆找平层 3．1:6水泥焦渣找2%坡，最薄处30厚 4．60厚聚苯乙烯泡沫塑料保温层	
16	油漆	1．调合漆二度 2．底油一度 3．满刮腻子	木门扇油漆

注：序号1中±0.00标高处卫生间地面做法同一层地面做法1.2.3，后四项做法同4.5.6.7

工程做法表

建施1

建筑设计说明

1. 图中所注尺寸除标高以米计外，其余尺寸均以毫米计；
2. 本工程为地上二层建筑物，室内外高差为1.2m；室外地坪标高为10.8m；
3. 本工程内外墙为加气混凝土，外墙250，内墙200，隔墙120；
4. 过道、门窗阳角体处均做1:2.5水泥砂护角，高2.0m；
5. 设备管道穿墙应予留洞口，管道安装后应用1:2.5水泥砂浆填实；
6. 本工程中所有楼梯的栏杆扶手及护窗栏杆均选用不锈钢栏杆，楼梯栏杆高1000；
7. 木构件，铁件预埋应做防腐处理；
8. 钢筋混凝土顶板抹灰，须先用1:10水碱洗净后再抹；
9. 本图设计深度仅涉及土建工程，及简单的装修，部位做了建议性装修标注；
10. 施工时应遵守国家的有关规定、规程、规范，相互配合，确保工程质量，各专业图纸应互相参照，规范及注意事项；
11. 凡图中未注明者均按照国家标准《建筑工程施工质量验收统一标准》的要求进行施工。

门 窗 一 览 表

编号	名 称	洞口尺寸 宽度×高度	数量	备 注
M1	钢化全玻推拉门	8200×4000	1	厂家自理
M2	夹板门	1000×2100	7	
M3	夹板门	750×2000	2	
M4	全玻平开门	1500×2400	1	
M5	夹板门	1500×2100	2	
C1	铝合金固定窗	2100×900	4	立面见立面图
C2	铝合金推拉窗	1500×1800	4	立面见立面图
C3	铝合金推拉窗	1200×1200	4	立面见立面图
C4	钢化全玻窗	7325×3700	2	不锈钢包边
C5	铝合金推拉窗	2100×1800	9	立面见立面图
C6	铝合金推拉窗	1200×1500	2	
C7	钢化全玻窗	3560×2900	4	不锈钢包边
C8	钢化全玻窗	8500×2900	1	不锈钢包边

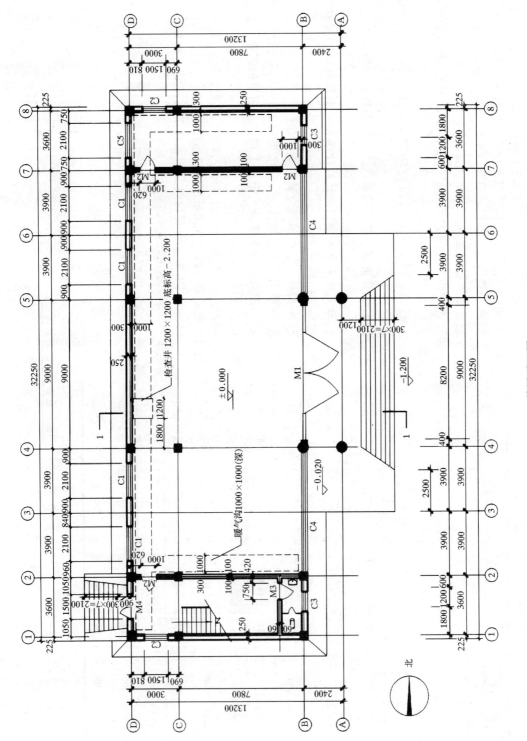

首层平面图
建施 3

114

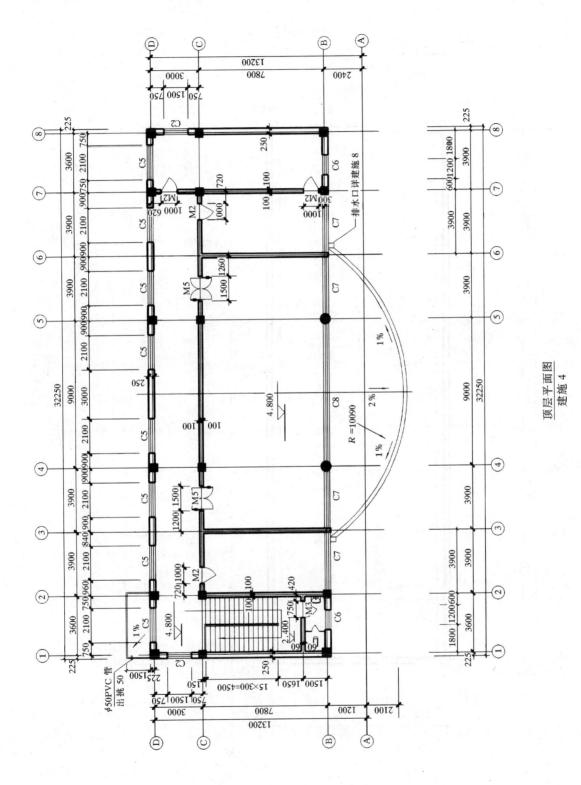

顶层平面图
建施 4

115

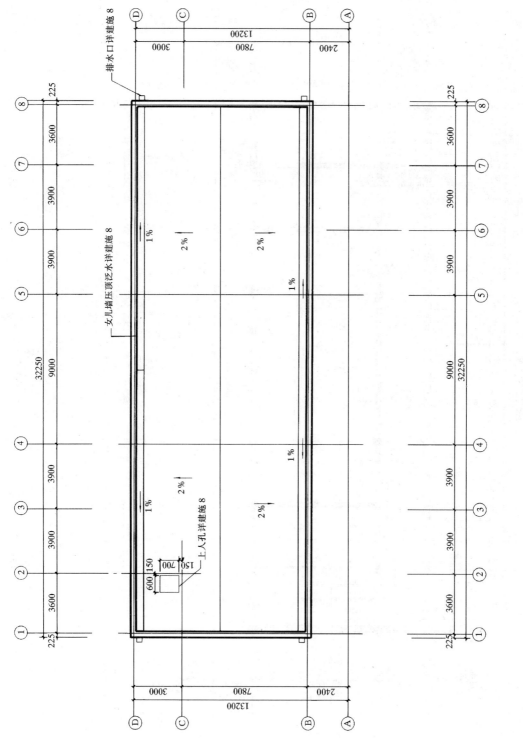

屋顶排水平面图
建施 5

116

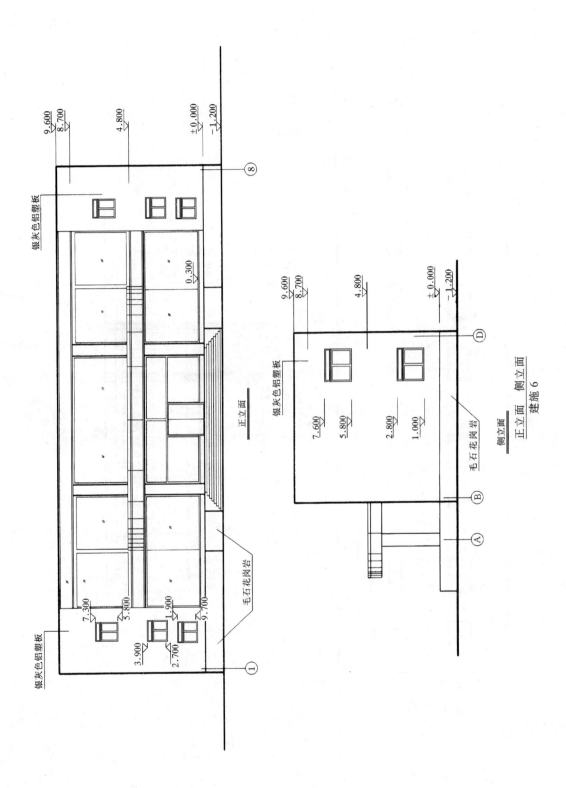

正立面　侧立面
建施 6

117

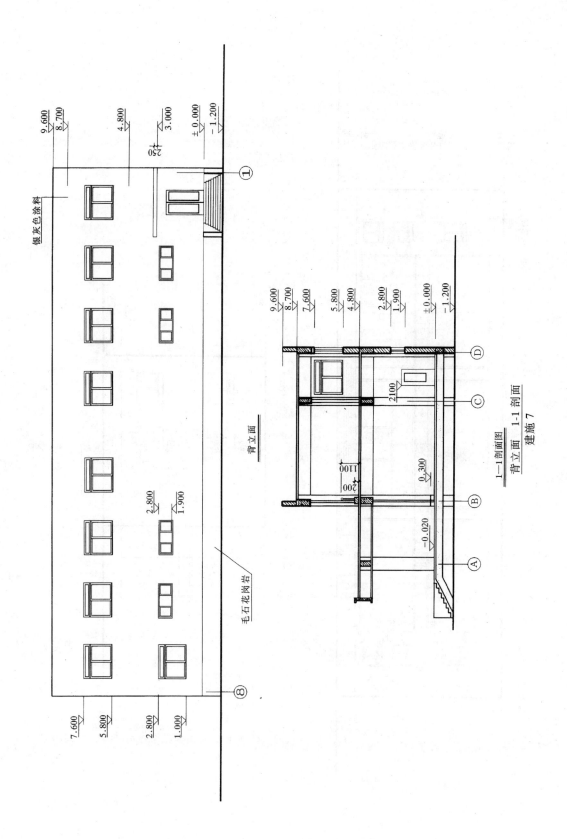

背立面

9.600
8.700

4.800

±0.50

3.000

±0.000
−1.200

银灰色涂料

2.800
1.900

毛石花岗岩

7.600
5.800

2.800
1.000

1—1剖面图
背立面　1-1 剖面
建施 7

9.600
8.700

7.600

5.800
4.800

2.800
1.900

±0.000
−1.200

2100

1100
200

0.300

−0.020

Ⓐ　Ⓑ　Ⓒ　Ⓓ

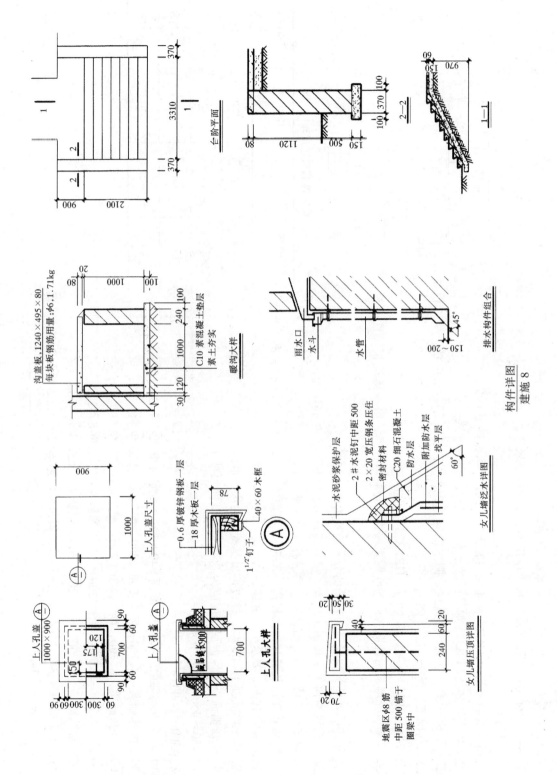

台阶平面

2—2

1—1

暖沟大样

沟盖板,1240×495×80
每块板钢筋用量:φ6,1.71kg

C10素混凝土垫层
素土夯实

排水构件组合

雨水口

水斗

水管

45°

150~200

构件详图
建施 8

女儿墙泛水详图

水泥砂浆保护层
2#水泥钉中距500
2×20宽压钢条压住
密封材料
C20细石混凝土
防水层
附加防水层
找平层
60°

女儿墙压顶详图

地震区φ8筋
中距500 锚子
圈梁中

上人孔盖尺寸

0.6厚镀锌钢板一层
18厚木板一层
40×60木框
1¹/²钉子

上人孔盖(A)

上人孔盖(A)
1000×900

或铸铁900

上人孔大样

结构设计说明：

1. 图中所标注尺寸除标高以米计外其余尺寸均以毫米计；

2. 材料：
地面以下墙体使用 MU10 普通烧结黏土砖，M7.5 水泥砂浆砌筑；
地面以上墙体使用 A3.5 加气混凝土砌块，M7.5 混合砂浆砌筑；
基础、基础梁、过梁、构造柱、圈梁混凝土强度等级为 C20，框架柱、梁、板为 C25，基础素混凝土垫层为 C10；
钢筋为 HPB235（Ⅰ）级（Φ），HRB335（即Ⅱ）级（Φ）；

3. 框架填充墙应沿柱高每隔 500 配置两根 Φ6 墙体拉筋，沿墙体通长设置或至洞边；

4. 除注明者外，楼板受力钢筋的分布筋均为 Φ6@200；

5. 填充墙洞顶过梁按图1设置，填充墙过梁③筋统一为 Φ6@200；

6. 钢筋保护层厚：基础：35，梁、柱：25，板：1.5；

7. 地基处理：基槽开挖至标高 -3.5m，将原土夯实，每边扩出基础外边缘100，上打 1.0m 厚 3:7 灰土，每边宽出基础1000，要求分层夯实；

8. 基底素混凝土100厚，要求分层夯实；

9. 柱在地面以下保护层厚度改为75，即柱的截面尺寸由
Z1 450×450→550×550
Z2 Φ500→Φ600；

10. TZ1 由基础梁~4.760；TZ2 由基础梁~4.760，断面 240×200，配筋 4Φ12，Φ8@200；
GZ1 由基础梁~8.700，断面 240×240，配筋 4Φ12，Φ8@200；
GZ2 自 4.760~8.700，断面 200×200，配筋 4Φ12，Φ8@200；
GZ3 自基础梁~8.700，断面 200×200，配筋 4Φ12，Φ8@200；

11. 女儿墙构造参见 97G329（三）③，构造柱间距不大于 3m。断面 240×240，配筋 4Φ12，Φ8@200。

结构设计说明
结施 1

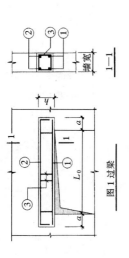

图1 过梁

1—1
墙宽

填充墙洞顶过梁表

洞口净跨 L_0	$L_0 \leq 1000$	$1000 < L_0$ ≤ 1500	$2000 < L_0$ ≤ 2500
梁高 h	120	120	180
支座长度 a	240	240	370
②	2φ10	2φ10	2φ12
①	2φ10	2φ12	2φ14

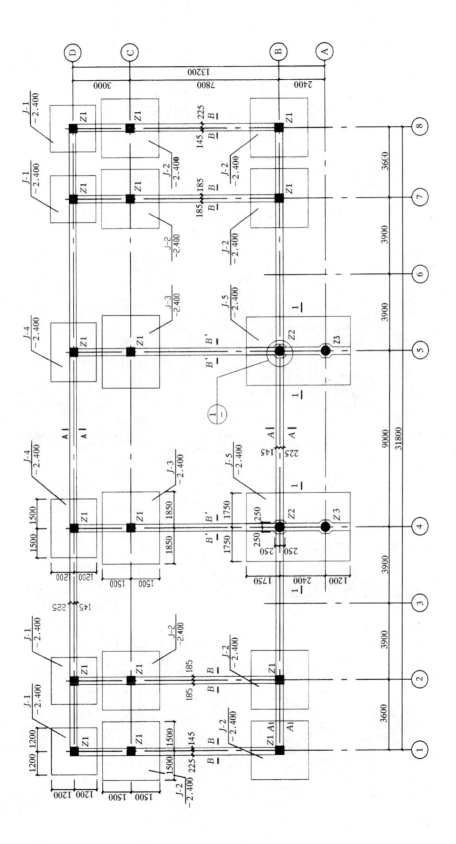

基础平面布置图
结施 2

121

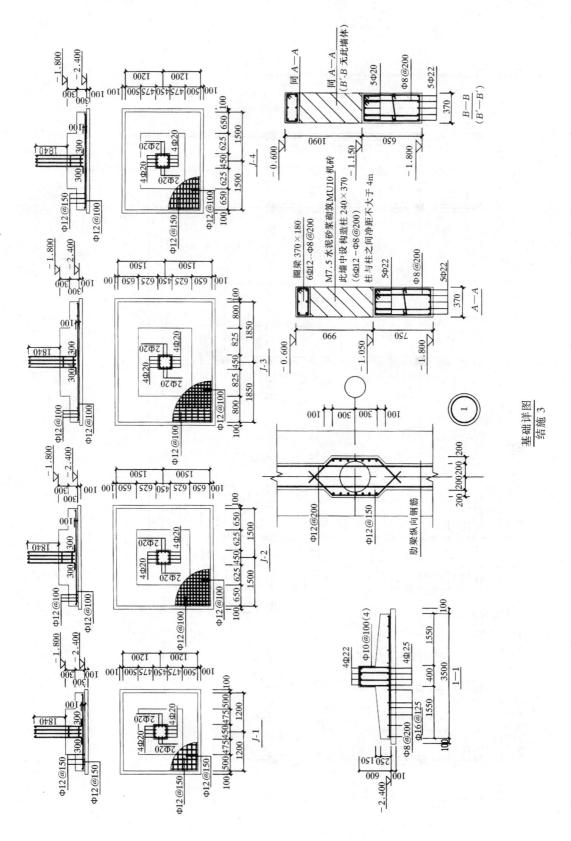

基础详图
结施 3

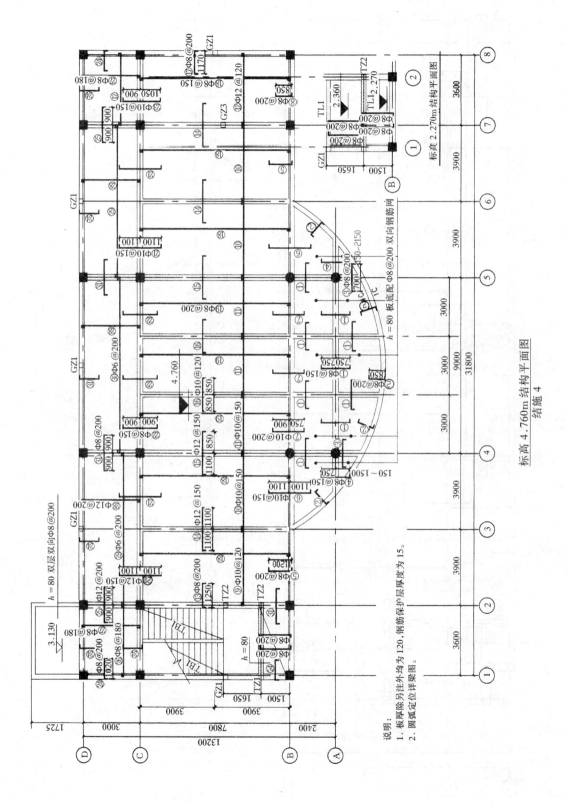

标高 4.760m 结构平面图

结施 4

说明:
1. 板厚除另注外均为120,钢筋保护层厚度为15。
2. 圆弧定位详梁图。

123

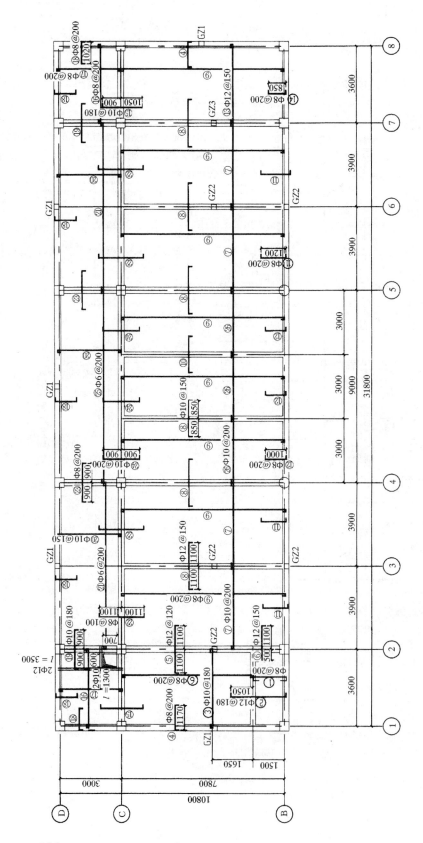

标高 8.700m 结构平面图
结施 5

说明:
1. 板厚除另注外均为 120;
2. 钢筋遇洞口应截断,正筋弯钩,负筋弯直钩。

124

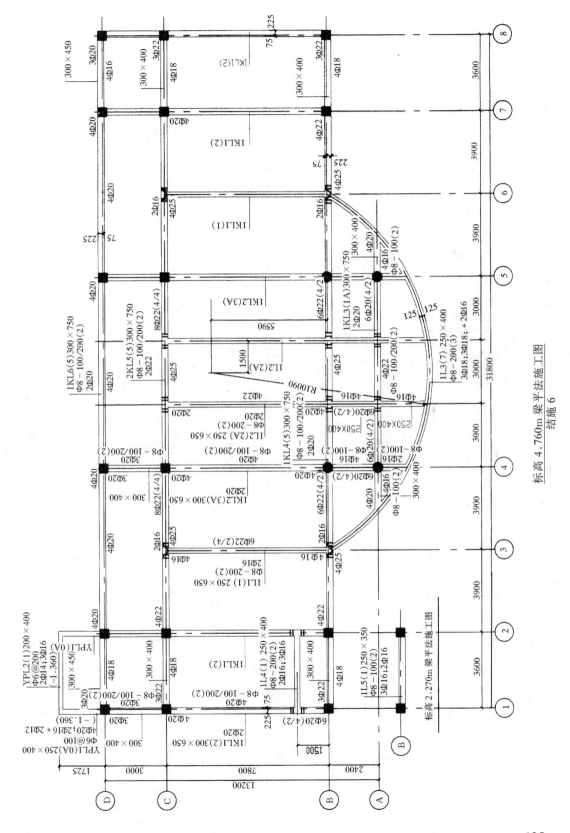

标高 4.760m 梁平法施工图

结施 6

125

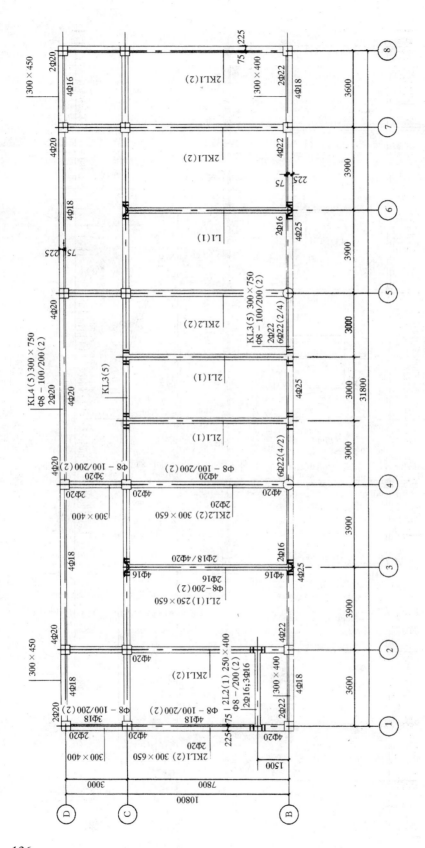

标高 8.700m 梁平法施工图

结施 7

126

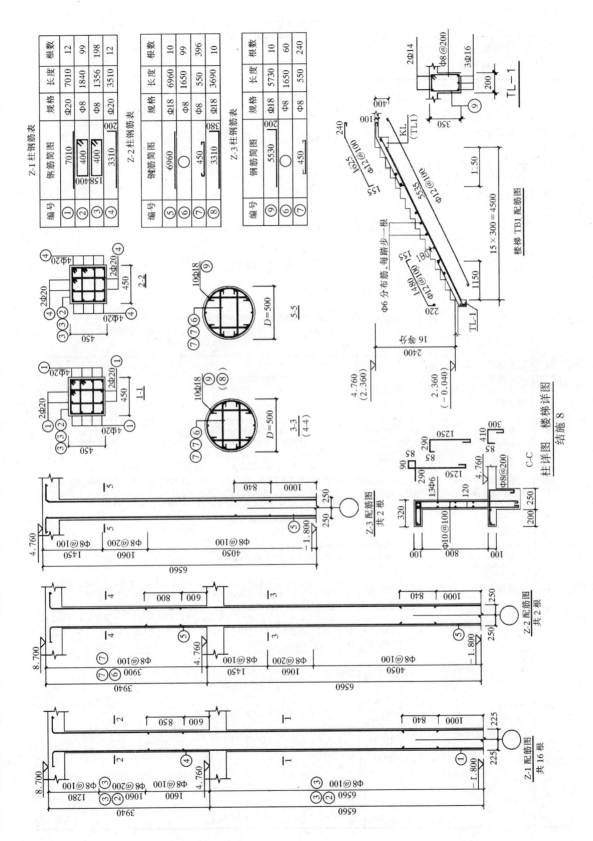

Z-1柱钢筋表

编号	钢筋简图	规格	长度	根数
①	7010	Φ20	7010	12
②	158⌐400⌐400	Φ8	1840	99
③	200	Φ8	1356	198
④	3310	Φ20	3510	12

Z-2柱钢筋表

编号	钢筋简图	规格	长度	根数
⑤	6960	Φ18	6960	10
⑥	○	Φ8	1650	99
⑦	450	Φ8	550	396
⑧	380⌐3310	Φ18	3690	10

Z-3柱钢筋表

编号	钢筋简图	规格	长度	根数
⑨	5530	Φ18	5730	10
⑥	○	Φ8	1650	60
⑦	450	Φ8	550	240

2-2

1-1

3-3
(4-4)

5-5

楼梯 TB1 配筋图

TL-1

柱详图　楼梯详图

结施 8

Z-3 配筋图
共 2 根

Z-2 配筋图
共 2 根

Z-1 配筋图
共 16 根

C-C

127

序号	分项分部 工程名称	计量 单位		计 算 公 式
	一、基数计算			
1	底层建筑面积 建筑物建筑总面积	m² m²		$S_1 = 32.25 \times 11.25 = 362.81$ $S = 362.81 \times 2 + 2.425 \times (9 + 0.5)$（雨篷）$= 748.66$
2	外墙外边线	m		①、⑧轴线 $L_外 = 11.25$ B、D轴线 $L_外 = 32.25$
3	内墙净长线	m		②、⑦轴线 $10.8 - 0.025 \times 2 = 10.75$ ③、⑥轴线 $7.8 - 0.1 = 7.7$ C轴线 $31.8 - 3.6 \times 2 - 0.1 \times 2 = 24.4$ （$31.8 - 3.6 \times 2 - 0.45 \times 3 = 23.35$ 计算墙体时的净长线）
4	外墙中心线	m		$[(31.8 + 0.1 \times 2) + (10.8 + 0.1 \times 2)] \times 2 = 86.0$
	二、土石方与基础工程			
1	平整场地	m²	556.63	$(32.5 + 4)(11.25 + 4) = 556.63$
2	反铲挖掘机挖土 自卸汽车运土 （1km）	m³	1446.2	挖土深 $3.5 - 1.2 = 2.3 > 1.2$，故放坡。 $[31.8 + 1.5 \times 2 + 1.0 \times 2 + 0.75$（放坡系数）$\times 2.3](10.8 + 1.2 + 1.5 + 1.0 \times 2 + 0.75 \times 2.3) \times 2.3 + 2.1 \times (9 + 1.75 \times 2 + 1.0 \times 2 + 0.75 \times 2.3) \times 2.3 + 1/3 \times 0.7 \times 5^2 \times 2.3^3 = 1606.91$ $1606.91 \times 0.9 = 1446.22$
3	人工挖土方	m³	160.69	$1606.91 \times 0.1 = 160.69$
4	地基钎探	m²	600.85	$(31.8 + 1.5 \times 2 + 1.0 \times 2)(10.8 + 1.2 + 1.5 + 1.0 \times 2) + 2.1 \times (9 + 1.75 \times 2 + 1.0 \times 2) = 600.85$
5	3:7灰土填料碾压	m³	642.40	$(31.8 + 1.5 \times 2 + 1.0 \times 2 + 0.75 \times 1)(10.8 + 1.2 + 1.5 + 1.0 \times 2 + 0.75 \times 1) \times 1 + 2.1 \times (9 + 1.75 \times 2 + 1.0 \times 2 + 0.75 \times 1) \times 1 + 1/3 \times 0.75^2 \times 1^3 = 642.40$
6	C10素混凝土垫层	m³	19.16	J—1 $2.6 \times 2.6 \times 0.1 \times 4 = 2.704$ J—2 $3.2 \times 3.2 \times 0.1 \times 8 = 8.192$ J—3 $3.9 \times 3.2 \times 0.1 \times 2 = 2.496$ J—4 $3.2 \times 2.6 \times 0.1 \times 2 = 1.664$ J—5 $3.70 \times 5.55 \times 0.1 \times 2 = 4.107$ 小计：19.16

序号	分项分部 工程名称	计量 单位		计 算 公 式
7	独立基础混凝土 （C20）	m³	64.82	J—1 （2.4×2.4×0.3＋1.4×1.4×0.3）×4＝9.264 J—2 （3×3×0.3＋1.7×1.7×0.3）×8＝28.536 J—3 （3.70×3×0.3＋2.1×1.7×0.3）×2＝8.802 J—4 （3×2.4×0.3＋1.7×1.4×0.3）×2＝5.748 J—5 （3.5×5.35×0.25＋1.55×5.35×0.15＋0.4×5.35×0.15）×2＝ 12.492 小计：64.82
8	基础梁混凝土 （C20）	m³	28.76	B、D 轴线 ［（31.8－0.53×5）＋（31.8－0.53×3－0.58×2）］×0.37×0.75 ＝16.15 　其中　　0.53＝（0.55×0.6＋0.45×0.15）/0.75 　　　　　0.58＝（0.6×0.6＋0.5×0.15）/0.75 （室外设计地坪以下部分 12.92m³） ①、⑧轴线 （10.8－0.54×2）×0.37×0.65×2＝4.68 　其中　　0.54＝（0.55×0.6＋0.45×0.05）/0.65 （室外设计地坪以下部分 4.32） ②、⑦轴线同①、⑧轴线　　4.68 （其中室外设计地坪以下部分 4.32） ④、⑤轴线 0.3×0.4×0.6×2＋（0.5＋0.65×2）×0.4×0.3×2＋（7.8－ 1.5－1.75）×0.4×0.6×2＋（5.35－0.6×2）×0.4×0.15×2＝ 3.25 小计：28.76
9	±0.00 以下构造 柱混凝土（C20）	m³	0.67	构造柱与墙成一字行 A—A 处：（0.24＋0.06）×0.37×（0.99－0.18）×3＝0.27 B—B 处：（0.24＋0.06）×0.37×（1.09－0.18）×4＝0.40 小计：0.67
10	M7.5 水泥砂浆砌 砖基础	m³	30.35	B、D 轴线 ［（31.8－0.45×5）＋（31.8－0.45×3－0.5×2）］×0.37×0.81 ＝17.68 ①、⑧轴线 （10.8－0.45×2）×0.37×0.91×2＝6.67 ②、⑦轴线 同①、⑧轴线　　6.67 小计：31.02－0.67（构造柱）＝30.35
12	圈梁混凝土 （C20）	m³	6.57	［（31.8－0.45×5）＋（31.8－0.45×3－0.5×2）＋（10.8－0.45 ×2）×4］×0.37×0.18＝6.57
13	地沟素混凝土垫 层（C10）	m³	8.42	［（31.8－0.075×2）＋（10.8－1.49－0.075）＋7.5×2］×1.49 ×0.1＝8.42
14	砖地沟	m³	19.80	［（31.8－0.075×2）＋（10.8－1.49－0.075）＋7.8＋（7.8＋ 1.49）］×0.12×1.0＋［（31.8－0.075×2－1×3）＋（10.8－1.49 －0.075）＋7.8×2］×0.24×1.0＝19.80
15	预制钢筋混凝土 地沟盖板	m³	5.67	每块沟盖板截面尺寸：1240×495×80mm 每块体积：0.049m³ 共：［（31.8－0.075×2）＋（10.8－1.49－0.075）＋7.8×2］÷ 0.495＝114 块 体积合计：0.049×114＝5.59 考虑废品、损耗则盖板体积为　　5.59×1.015＝5.67

序号	分项分部工程名称	计量单位		计 算 公 式
16	基础回填土	m³	851.51	1606.91－642.4（3：7 灰土）－19.16（C10 混凝土垫层）－64.82（C20 基础）－24.81（室外地坪下基梁）－4.21（暖沟垫层）＝851.51
18	房心回填土	m³	233.78	室内地面做法厚：260mm 回填土厚度：1.2－0.26＝0.94m [32.25×11.25－（86×0.37＋21.5×0.37）（墙身面积）]×0.94－[（31.8－0.075×2）＋（10.8－0.075－1.49）＋7.8×2]×1.39×0.89（地沟所占）－4.21（地沟垫层所占）＝233.78
	三、脚手架工程			
19	综合脚手架	m²	748.66	一层层高 4.2m，二层层高 3.9m $S_1 + S_2 + S_雨 = 362.815 + 362.815 + 23.03 = 748.66$
	四、混凝土与钢筋混凝土工程			
	（一）模板工程			
20	混凝土垫层模板	m²	17.58	J—1（D 轴线处） [（2.4＋0.2）×0.1＋（2.4＋0.2＋0.1）×2×0.1]×4＝3.2 J—2（C 轴线处） [（3＋0.2）×0.1×2＋（3.6＋1.5×2＋0.2）×0.1＋0.3×0.1×2]×2＝2.76 J—2（B 轴线处） [（3＋0.2）×0.1×2＋（3.6＋1.5×2＋0.2）×0.1×2]×2＝4 J—3（C 轴线处） [（3＋0.2）×0.1×2＋（3.7＋0.2）×0.1＋0.35×0.1×2]×2＝2.2 J—4（D 轴线处） [（2.4＋0.2＋0.1）×0.1×2＋（3＋0.2）×0.1]×2＝1.72 J—5（A、B 轴线处） [（5.35＋0.2）×0.1×2＋（3.5＋0.2）×0.1×2]×2＝3.7 小计：17.58
21	独立基础模板	m²	95.01	J—1 [（2.4＋2.4）×2×0.3＋（1.4＋1.4）×2×0.3]×4＝18.24 J—2 [（3.0＋3.0）×2×0.3＋（1.7＋1.7）×2×0.3]×8＝45.12 J—3 [（3.70＋3）×2×0.3＋（2.1＋1.7）×2×0.3]×2＝12.6 J—4 [（3.0＋2.4）×2×0.3＋（1.7＋1.4）×2×0.3]×2＝10.2 J—5 （3.5＋5.35）×2×0.25×2＝8.85 小计：95.01
22	基础梁模板	m²	178.81	①、⑧、B、D 轴线上基础梁模板 侧模：[（31.8－0.53×5）＋（31.8－0.53×3－0.58×2）]×0.75×2＋（10.8－0.54×2）×0.65×2×2＝112.62 底模：[（3.6－0.7×2）×2＋（7.8－0.7－0.85）×2＋（9－0.85×2）＋（3.6－0.85×2）×2＋（7.8－0.85－0.35）×2＋（9－0.35×2）]×0.37＝18.32 ②、⑦轴线上基础梁模板 底模：[（3－0.7－0.85）＋（7.8－0.85×2）]×0.37×2＝5.59 侧模：（10.8－0.54×2）×0.65×2×2＝25.27 ④、⑤轴线上基础梁模板 侧模：（3－1.2－1.5）×0.6×2×2＋（0.5＋0.65）×0.3×2×2＋（7.8－1.5－1.75）×0.6×2×2＋0.65×0.3×2×2＋5.35×0.15×2×2＝17.01 小计：178.81

序号	分项分部工程名称	计量单位		计 算 公 式
23	圈梁模板	m²	35.50	$[(31.8-0.45\times5)+(31.8-0.45\times3-0.5\times2)+(10.8-0.45\times2)\times4]\times0.18\times2=35.5$
24	矩形框架柱（Z1）模板	m²	21.12（0.6高）163.12（5.84高）104.41（3.82高）	（长＋宽）×2×高×根数－柱梁连接面 室外地坪以下：支模高 $h=0.6m$ $(0.55+0.55)\times2\times0.6\times16=21.12$ 一层（标高4.76m处）支模高 $h=1.2+4.76-0.12=5.84m$ $(0.45+0.45)\times2\times(1.2+4.76)\times16-(0.2\times0.4\times2+0.3\times0.75\times14+0.3\times0.45\times2+0.3\times0.4\times12+0.3\times0.65\times18)=163.12$ 二层（标高8.70m处）支模高 $h=8.7-4.76-0.12=3.82m$ $(0.45+0.45)\times2\times3.94\times16-(0.3\times0.45\times4+0.3\times0.4\times8+0.3\times0.75\times18+0.3\times0.65\times18)=104.41$
25	圆形柱（Z2）模板	m²	4.52（0.6高）41.55（5.84高）13.56（3.82高）	室外设计地坪以下：支模高 $h=0.6m$ $3.14\times0.6\times0.6\times4=4.52m$ 一层（标高4.76m处）支模高 $h=5.84m$ $3.14\times0.6\times(1.2+4.76)\times4-(0.3\times0.75\times8+0.3\times0.65\times8)=41.55$ 二层（标高8.70m处）支模高 $h=3.82m$ $3.14\times0.6\times3.94\times2-(0.3\times0.75\times4+0.3\times0.65\times2)=13.56$
26	矩形 TZ 模板	m²	13.89	TZ1（高由基础梁－1.15～4.76处）：断面240×240 TZ2（高由基础梁－1.15～4.76处）：断面200×200 TZ1、TZ2：支模高 $h=5.91m$ $(0.24+0.24)\times2\times(4.76+1.15)+(0.2+0.2)\times2\times(4.76+1.15)\times2-(0.2\times0.3\times5\times3+0.25\times0.4\times2+0.24\times0.65\times2+0.2\times0.65\times4)$（扣梁柱交接面）$=13.89$
27	构造柱模板	m²	17.02（5.84高）24.84（3.82高）4.37（±0.00下）	自基础梁顶至±0.00以下 GZ：断面240×370 A—A处：$(0.24+0.06\times2)\times2\times(0.99-0.18)\times3=1.75$ B—B处：$(0.24+0.06\times2)\times2\times(1.09-0.18)\times4=2.62$ 小计：4.37 ±0.00以上 GZ1：断面240×240 $(0.24+0.06\times2)\times2\times[8.7-0.75\times2（梁高）]\times3+(0.24+0.06\times2)\times2\times[8.7-0.65\times2（梁高）]\times2=26.21$ GZ2：断面200×200 ⑦轴 $(0.2+0.06\times2)\times2\times[8.7-0.65\times2（梁高）]=4.736$ B轴 $[(0.2+0.06)\times2+0.2]\times(8.7-4.76-0.75)\times2=4.59$ ②、③、⑥轴 $(0.2+0.06\times2)\times2\times[8.7-4.76-0.65（梁高）]\times3=6.32$ 其中 4.76标高处（支模高度5.84m）：17.02 8.7标高处（支模高度3.82m）：24.84

序号	分项分部 工程名称	计量 单位	计 算 公 式
28	单梁连续梁模板	m²	底模面积 $S_底$＝梁净长×梁宽 侧模面积 $S_侧$＝梁净长×梁高(扣去板厚)－梁与梁交接面 标高2.27m处:支模高 h＝2.27＋1.2－0.08＝3.39m 底模(3.6－0.45)×0.25＝0.79 侧模(3.6－0.45)×(0.35＋0.35－0.08)＝1.95 小计 2.74 一层(标高4.76m处):支模高 h＝5.84m KL1(300×650,300×400) 底模(10.8－0.45×2)×0.3×4＝11.88 侧模: ①轴:[(3－0.45)×(0.4＋0.4－0.12)＋(7.8－0.225－1.5－0.125)×0.65×2＋(1.5＋0.125－0.225)(0.65＋0.65－0.12)]－0.25×(0.4－0.12)(KL1与1L交接面)＝11.05 ②轴:(3－0.45)×(0.4－0.12)×2＋(7.8－0.225－1.5－0.125)×(0.65＋0.65－0.12)＋(1.5－0.125－0.225)×(0.65－0.12)×2－0.25×(0.4－0.12)＝9.6 ⑦轴:[(3－0.45)×(0.4－0.12)＋(7.8－0.45)×(0.65－0.12)]×2＝9.22 ⑧轴:[(3＋0.45)×(0.4＋0.4－0.12)＋(7.8－0.45)×(0.65＋0.65－0.12)]＝10.41　侧模小计:40.28 KL2(300×650,300×400) 底模(10.8＋2.4＋1.1－0.45－0.225－0.5×2)×0.3×2＝7.58 侧模:[(3－0.45)×(0.4－0.12)×2＋(7.8－0.225－0.25)×(0.65－0.12)×2＋(2.4＋1.1－0.75)×(0.65－0.08)×2]×2＝24.66 KL3(300×750,300×400) 底模(9＋3.9－0.5×2)×0.3＝3.57 侧模(3.9－0.5)×(0.4－0.08)×2＋(9－0.5)×(0.75－0.08)×2－0.25×(0.4－0.08)×4(KL3与L2交接面)＝13.25 KL4(300×750,300×400) 底模(31.8－0.45×3－0.5×2)×0.3＝8.84 侧模:[(3.6－0.45)×(0.4＋0.4－0.12)×2＋(3.9－0.225)×(0.75＋0.75－0.12)×2＋(16.8－0.5×2)×(0.75－0.08＋0.75－0.12)]－0.25×(0.65－0.12)×6(KL4与L1、L2交接面)＝34.17 KL5(300×750,300×400) 底模(31.8－0.45×5)×0.3＝8.87 侧模(3.6－0.45)×[0.4＋(0.4－0.12)×3]＋(24.6－0.45×3)×(0.75－0.12)×2－0.25×(0.65－0.12)(KL5与L1、L2交接面)＝33.07 KL6(300×750,300×450) 底模(31.8－0.45×5)×0.3＝8.87 侧模(3.6－0.45)×(0.45＋0.45－0.12)×2＋(24.6－0.45×3)×(0.75＋0.75－0.12)＝37 L1、L2(250×600,250×400) 底模(7.8－0.15－0.075)×0.25×2＋(7.8＋2.4＋2－0.15－0.3×2)×0.25×2＝9.51 侧模(7.8－0.15－0.075)×(0.65－0.12)×2×4＋(2.4＋2－0.225－0.3)×(0.4－0.08)×2×2－0.3×(0.4－0.08)×4(KL3与L2交接面)＝36.7 L3弧梁 弧梁长:0.0175×10.09×56.36×2(扇形圆心角)＝19.84m 底模:19.84×0.25＝4.96 侧模19.84×(0.4－0.09)×2－[0.3×(0.65－0.08)×2＋0.25×(0.4－0.08)×2](弧梁与L1、L2交接面)＝11.8　底侧模小计:16.76 L4(250×400) 底模(3.6－0.075－0.15)×0.25＝0.84 侧模(3.6－0.075－0.15)×(0.4＋0.4－0.12)＝2.3 小计:矩形底模:59.96　侧模:221.43 矩形底侧模共计:281.39 弧形底模:4.96　侧模:11.8 弧形底侧模共计:16.76 二层(标高8.70m处):支模高 h＝3.82m 计算方法同一层 底模(31.8－0.45×5)×0.3×2＋(31.8－0.45×3－0.5×2)×0.3＋(10.8－0.45×2)×0.3×6＋(3.6－0.075－0.15)×0.25＋(7.8－0.15－0.075)×0.25×4＝52.8 侧模:[[(7.8－0.45)×(0.65＋0.65－0.12)＋(3－0.45)×(0.4＋0.4－0.12)]＋[(7.8－0.45)×(0.65－0.12)×2＋(3－0.45)×(0.4－0.12)×2]×4＋(7.8－0.15－0.075)×(0.65－0.12)×2×4＋(3.6－0.45)×(0.45＋0.45－0.12)×2＋(24.6－0.45×3)×(0.75＋0.75－0.12)×2＋(3.6－0.45)×(0.4＋0.4－0.12)×2×2＋(24.6－0.45×3)×(0.75－0.12)×2＋(3.6－0.075－0.15)×(0.4－0.12)×2]－[0.25×(0.4－0.12)×2＋0.25×(0.6－0.12)×8](扣梁与梁交接面)＝196.79 底侧模共计:249.59

其中 2.74(3.39高) 298.15(5.84高) 249.59(3.82高) 弧形:16.76 列于计量单位栏。

序号	分项分部工程名称	计量单位		计 算 公 式
29	平板模板	m²	4.47 (3.39 高) 341.64 (5.84 高) 306.76 (3.82 高)	S＝板面面积－梁柱板连接面面积 标高 2.27m 处：支模高 h＝2.27＋1.2－0.08＝3.39m （3.6－0.075－0.15）×（1.5－0.1－0.075）＝4.47 一层（标高 4.76m 处）：支模高 h＝5.84m 32.5×11.25＋［0.008727×10.092×112.72（弧形圆心角）－16.8×5.59×1/2］（弧形面积）－（59.96＋4.96）扣梁）－（0.45×0.45×16＋3.14×0.25²×4）（扣柱）－（3.6＋0.225－0.15）×（7.8－1.5－0.15－0.125）（扣楼梯间）＝341.64 二层（标高 8.70m 处）：支模高 h＝3.82m 32.25×11.25－52.8（扣梁）－（0.45×0.45×16＋3.14×0.25²×2）（扣柱）－0.7×0.6（上人孔）＋［（0.7＋0.6）×2×（0.12＋0.11＋0.25）＋（0.82＋0.72）×（0.11＋0.25）］（上人孔侧壁部分）＝306.76
30	雨篷模板	m²	6.43	（3.6＋0.125）×1.725＝6.43
31	挑檐模板	m²	45.63	［（0.2＋0.1）×2＋0.8×2＋0.1］×19.84（弧长）＝45.63
31	现浇整体楼梯模板	m²	20.42	（3.6－0.75－0.15）×（7.8－1.5－0.15－0.1）＝20.42
32	女儿墙压顶模板	m²	15.48	（0.07＋0.05＋0.06）×86＝15.48
33	混凝土台阶模板	m²	7.94	3.31×（2.1＋0.3）＝7.94
34	预制过梁模板	m³	2.54	C1 过梁：（2.1＋0.37×2）×0.18×0.25×4＝0.51 C2 过梁：（1.5＋0.24×2）×0.12×0.25×4＝0.24 C3 过梁（2.7m 标高处）：（1.2＋0.24×2）×0.12×0.25×2＝0.10 C5 过梁：（2.1＋0.37×2）×0.18×0.25×9＝1.15 C6 过梁：（1.2＋0.24×2）×0.12×0.25×2＝0.10 M2 过梁：（1.0＋0.24×2）×0.12×0.2×7＝0.25 M4 过梁：（1.5＋0.24×2）×0.12×0.25×1＝0.06 M5 过梁：（1.5＋0.24×2）×0.12×0.2×2＝0.09 小计：2.5 2.5×1.015（制作、安装损耗系数）＝2.54
35	预制沟盖板模板	m³	5.67	5.59（见沟盖板混凝土计算式）×1.015＝5.67
	（二）混凝土工程			
36	C25 矩形混凝土柱	m³	34.98	0.55×0.55×0.6×16＋0.45×0.45×（8.7＋1.2）×16＝34.98
37	C25 圆形混凝土柱	m³	6.91	3.14×0.3²×0.6×4×3.14×0.25²×（4.76＋1.2）×4＋3.14×0.25²×（8.7－0.46）×2＝6.91
38	C25 矩形混凝土 TZ	m³	0.82	0.24×0.24×（4.76＋1.15）＋0.2×0.2×（4.76＋1.15）×2＝0.82

序号	分项分部工程名称	计量单位		计 算 公 式
39	C20 混凝土构造柱	m³	5.47	±0.00 以上： GZ1：(0.24+0.06)×0.24×(8.7-0.75×2)×3+(0.24+0.06)×0.24×(8.7-0.65×2)×2=2.62 （其中一层1.44m³，二层1.18m³） GZ2：外墙上(0.2+0.03)×0.2×(8.7-4.76-0.75)×2=0.30 内墙上(0.2+0.06)×0.2×(8.7-4.76-0.65)×3+(0.2+0.06)×0.2×(8.7-0.65×2)=0.90 （其中一层0.25m³，二层0.65m³） 女儿墙上GZ：0.24×0.24×(0.9-0.06)×34=1.65 小计：5.47
40	C25 混凝土单梁连续梁	m³	57.68（矩形） 1.98（弧形）	V＝梁长×梁宽×梁高（扣去与梁连接的板的厚度） 标高2.27m处： (3.6-0.45)×0.25×(0.35-0.08)=0.21 一层（标高4.76m处）： KL1： ①轴(3-0.45)×0.3×(0.4-0.12)+(7.8-0.225-0.125)×0.3×0.65+(1.5+0.125-0.225)×0.3×(0.65-0.12)=1.89 ②、⑦、⑧轴： [(3-0.45)×0.3×(0.4-0.12)+(7.8-0.45)×0.3×(0.65-0.12)]×3=4.15 KL2：(3-0.45)×0.3×(0.4-0.12)+(7.8-0.225-0.25)×0.3×(0.65-0.12)+(2.4+1.1-0.25×3)×0.3×(0.65-0.08)]×2=3.70 KL3：(3.9-0.5)×0.3×(0.4-0.08)+(9-0.5)×0.3×(0.75-0.08)=2.03 KL4、KL5： (3.6-0.45)×0.3×(0.4-0.12)×4+(24.6-0.45×3)×0.3×(0.75-0.12)×2=9.85 KL6：(3.6-0.45)×0.3×(0.45-0.12)×2+(24.6-0.45×3)×0.3×(0.75-0.12)=5.02 L1：(7.8-0.15-0.075)×0.25×(0.65-0.12)×2=2.0 L2：(7.8-0.15-0.075)×0.25×(0.65-0.12)×2+(2.4+2-0.225-0.3)×0.25×(0.4-0.08)×2=2.63 L3（弧梁）：19.84×0.25×0.4=1.984 L4：(3.6-0.75-0.15)×0.25×(0.4-0.12)=0.24 小计：矩形梁：31.51 　　　弧梁：1.98 二层（标高8.7m处）： 计算方法同上 [(7.8-0.45)×0.3×(0.65-0.12)+(3-0.45)×0.3×(0.4-0.12)]×6+(7.8-0.15-0.075)×0.25×(0.65-0.12)×4+(3.6-0.45)×0.3×(0.45-0.12)×2+24.6×0.3×(0.75-0.12)+(3.6-0.45)×0.3×(0.4-0.12)×4+24.6×0.3×(0.75-0.12)×2+(3.6-0.075-0.15)×0.25×(0.4-0.12)=25.96 合计：矩形梁　57.68 　　　弧梁　　1.98

序号	分项分部工程名称	计量单位		计 算 公 式
41	C25混凝土平板	m³	89.46	$V=$平板面积×平板厚度 标高2.27m处: $(3.6-0.075-0.15)×(1.5-0.1-0.075)×0.08=0.36$ 一层(标高4.76m处): $32.25×11.25×0.12+69.92×0.08$(弧形)$-(0.45×0.45×$ $0.12×16+3.14×0.25^2×4×0.1)$(扣柱)$-(3.6+0.225-0.15)$ $×(7.8-1.5-0.15-0.125)×0.12$(扣楼梯间)$=45.99$ 二层(标高8.7m处): $32.25×11.25×0.12-(0.45×0.45×0.12×16+3.14×0.25^2×$ $0.12×2)-0.7×0.6×0.12$(上人孔)$+(0.76+0.66)×2×0.06$ $×0.36$(上人孔侧壁部分)$=43.11$ 合计　89.46
42	C25混凝土雨篷	m²	6.43	同模板　6.43
43	C25混凝土挑檐	m³	14.05	$[(0.2×0.1)×2+0.12×0.9]×19.84=14.05$
44	C25混凝土楼梯	m²	20.42	同模板　20.42
45	C25混凝土女儿墙压顶	m³	2.32	$[0.05×(0.24+0.06)+0.02×(0.24+0.06)×1/2]×86=$ 2.32
46	C15混凝土台阶	m²	7.94	$3.31×(2.1+0.3)=7.94$
47	预制过梁混凝土	m³	2.54	同模板2.54
48	预制过梁安装	m³	2.51	$2.5×1.005$(安装损耗系数)$=2.51$
49	预制过梁接头灌缝	m³	2.50	2.50
50	预制沟盖板混凝土	m³	5.67	5.59(见沟盖板混凝土计算式)$×1.015=5.67$
51	预制沟盖板安装	m³	5.62	$5.59×1.005=5.62$
52	预制沟盖板接头灌缝	m³	5.59	5.59
	五、砌筑工程			
53	M7.5混合砂浆砌250外墙加气混凝土块	m³	82.09	$V=$框架间净面积×墙厚$-$洞口所占体积$-$墙体中构件所占体积 $[(3.6-0.45)×2×(8.7-0.45×2)+(24.6-0.45×3)×$ $(8.7-0.75×2)+(3.6-0.45)×2×(8.7-0.4×2)+(3-$ $0.45)×2×(8.7-0.4×2)+(7.8-0.45)×2×(8.7-0.65×$ $2)]×0.25-(26.1+39.24)×0.25$(扣门窗洞口体积)$-(2.7+$ $2.72)$(扣GL、TZ、GZ所占体积)$=82.09$
54	M7.5混合砂浆砌200内墙加气混凝土块	m³	43.74	一层: $[(3-0.45)×2×(4.76-0.4)+(7.8-0.45)×2×(4.76-$ $0.65)]×0.2-6.3×0.2$(扣门洞口)-1.18(扣梁柱)$=14.09$ 二层 $[23.25×(8.7-4.76-0.75)+(7.8-0.45)×2×(8.7-4.76$ $-0.65)+7.7×2×(8.7-4.76-0.65)+(3-0.45)×(8.7-$ $4.76-0.4)]×0.2-11.55×0.2$(扣窗洞口)-0.88(扣梁柱)$=33.25$ 小计:47.34

序号	分项分部 工程名称	计量 单位		计 算 公 式
55	M7.5混合砂浆砌120内墙加气混凝土块	m³	1.02	$(3.6-0.075-0.15)×(4.76-0.35-0.4)×0.12-3×0.2$（扣门窗洞口）=1.02
56	M7.5混合砂浆砌240女儿墙	m³	15.69	$86×(0.9-0.06)×0.24-1.65$（扣构造柱）=15.69
	六、门窗工程			
57	铝合金固定窗安装	m²	7.56	C1　$2.1×0.9×4=7.56$
58	铝合金推拉窗安装	m²	54.18	C2　$1.5×1.8×4=10.8$ C3　$1.2×1.2×4=5.76$ C5　$2.1×1.8×9=34.02$ C6　$1.2×1.5×2=3.6$ 小计：54.18
59	不锈钢包边钢化全玻璃窗安装	m²	120.19	C4　$(7.8-0.225-0.25)×3.7×2=54.21$ C7　$(7.8-0.225-0.25-0.2)×2.9×2=41.33$ C8　$(9-0.5)×2.9=24.65$ 小计：120.19
60	钢化全玻推拉门安装	m²	32.80	M1　$8.2×4.0=32.80$
61	全玻平开门安装	m²	3.60	M4　$1.5×2.4=3.60$
62	单扇无亮夹板门框制作	m²	17.70	M2　$1.0×2.1×7=14.7$ M3　$0.75×2.0×2=3$ 小计：17.70
63	单扇无亮夹板门框安装	m²	17.70	同上　17.70
64	单扇无亮夹板门扇制作	m²	17.70	同上　17.70
65	单扇无亮夹板门扇安装	m²	17.70	同上　17.70
66	双扇无亮夹板门框制作	m²	6.3	M5　$1.5×2.1×2=6.3$
67	双扇无亮夹板门框安装	m²	6.3	同上　6.3
68	双扇无亮夹板门扇制作	m²	6.3	同上　6.3
69	双扇无亮夹板门扇安装	m²	6.3	同上　6.3

70	胶合板门小五金	单位		
	小五金名称		单扇无亮（共9樘）	双扇无亮（共2樘）
	合页 100mm	个/樘	2	4
	插销 100mm	个/樘	1	1
	拉手 150mm	个/樘	1	2
	铁塔扣 100mm	个/樘	1	1
	木螺丝 38mm	个/樘	16	32
	木螺丝 25mm	个/樘	4	8
	木螺丝 19mm	个/樘	13	31

序号	分项分部工程名称	计量单位		计 算 公 式
71	木 门 窗 运 输（20km 以内）	m²	48	$17.7 \times 2 + 6.3 \times 2 = 48$
	七、楼地面工程	m²		一层地面面积：$32.25 \times 11.25 - (86 \times 0.25 + 21.5 \times 0.2)$（墙身面积）$= 337.01$ 其中卫生间地面面积 $= (3.6 - 0.025 - 0.1) \times (1.5 - 0.06 - 0.025) = 4.92$ 二层地面面积：$32.25 \times 11.25 - \lfloor 86 \times 0.25 + (24.6$（C轴线上）$+ 7.7 \times 3 + 10.75) \times 0.2$（墙身面积）$- (7.8 - 0.025) \times (3.6 - 0.025 - 0.1)$（楼梯间部分）$= 302.60$ 楼梯间水平投影面积 $= (7.8 - 1.5 - 0.06) \times (3.6 - 0.025 - 0.1) = 21.68$
72	150 厚 3∶7 灰土垫层（一层地面）	m³	50.55	$337.01 \times 0.15 = 50.55$
73	60 厚 C15 混凝土垫层（一层地面）	m³	20.22	$337.01 \times 0.06 = 20.22$
74	卫生间 1∶3 水泥砂浆找平（标高2.27m 处）	m²	4.92	4.92
75	卫生间聚氨酯涂膜防水层（标高2.27m 处）	m²	6.39	$[(3.6 - 0.025 - 0.1) + (1.5 - 0.06 - 0.025)] \times 2 \times 0.15 + 4.92 = 6.39$ （0.15 为防水层在周边卷起高）
76	卫生间平均45 厚细石混凝土找坡	m²	4.92	4.92
77	铺花岗石地面（一层规格 600 × 600）	m²	333.07	$337.01 + (1 \times 0.2 \times 3 + 1.5 \times 0.25)$（门洞开口部分）$- 4.92$（卫生间部分）$= 333.07$
78	卫生间铺地砖	m²	9.84	$4.92 \times 2 = 9.84$　（±0.00 及标高 2.7m 处）
79	现浇水磨石楼面	m²	302.60	二层 302.60
80	楼梯铺预制水磨石	m²	21.68	21.68
81	花岗石踢脚	m	304.37	一层：横向 $10.75 \times 5 + (3.0 - 0.025) - (1.5 - 0.025 + 0.06) = 55.19$ 纵向 $(31.8 - 0.025) \times 2 - (3.6 + 0.1) - 8.2 = 51.7$ 二层：横向 $10.75 \times 4 - 0.2 \times 2$（纵横墙交接面）$+ 7.7 \times 4 = 73.4$ 纵向 $(31.8 - 0.025 \times 2) \times 2 - (3.6 + 0.1) + 24.4 \times 2 - 0.2 \times 6$（纵横墙交接面）$= 107.4$ 楼梯：$(4.5^2 + 2.4^2)^{1/2}$（楼梯斜长）$\times 2 + 1.5 \times 2$（平台部分）$+ (3.6 - 0.025 - 0.1) = 16.68$ 小计：304.37
82	散水 150 厚 3∶7灰土垫层	m³	10.54	散水面积 $= L_{外} \times$ 散水宽 $+ 4 \times$ 散水宽² $= [11.25 \times 2 + 32.25 \times 2 - (3.9 + 9 + 3.9 + 3.6 + 0.225 + 0.1)$（台阶部分）$] \times 1 + 4 \times 1^2 = 70.28$ $70.28 \times 0.15 = 10.54$

序号	分项分部工程名称	计量单位		计 算 公 式
83	散水 40 厚 C20 细石混凝土找平	m²	70.28	70.28
84	散水 1:1 水泥砂子加浆抹光（随打随抹）	m²	70.28	70.28
85	散水与主体间沥青砂浆嵌缝	m	66.28	$(11.25 + 32.25) \times 2 - (3.9 + 9 + 3.9 + 3.6 + 0.225 + 0.1) = 66.28$
				序号 86～91 所指分项工程为背立面的台阶，具体尺寸见建施图 8，正立面台阶计算略
86	砖砌台阶挡墙	m³	3.60	$0.37 \times 1.62 \times 3.0 \times 2 = 3.60$
87	素土垫层	m³	6.26	$(2.1 \times 0.97 \times 1/2 + 0.9 \times 0.97) \times 3.31 = 6.26$
88	3:7 灰土垫层	m³	2.1	$[0.9 + 2.3$（斜长）$\times 0.15 \times 3.31 + 0.57 \times 0.15 \times 3 \times 2$（挡墙下部）$) = 2.1$
89	C15 混凝土地面垫层	m³	0.12	$3.31 \times (0.9 - 0.3) \times 0.06 = 0.12$
90	1:2.5 水泥砂浆台阶面层	m²	7.94	$3.31 \times (2.1 + 0.3) = 7.94$
91	1:2.5 水泥砂浆地面面层	m²	4.21	$3.31 \times (0.9 - 0.3) + 3 \times 0.37 \times 2$（挡墙上部）$= 4.21$
92	不锈钢栏杆	m	36.49	二层窗户栏 24.4 楼梯栏杆 $5.1 \times 2 + 1.59 + 0.3$（弯头部分）$= 12.09$ 小计 36.49
93	不锈钢弯头	个	1	
	八、屋面及防水工程			
94	屋面聚苯乙烯泡沫塑料板保温层（60 厚）	m³	20.53	（底层建筑面积 - 女儿墙身水平平面面积）$\times$ 保温层厚（$362.81 - 86 \times 0.24$）$\times 0.06 = 20.53$
95	1:6 水泥焦渣找坡层	m³	29.08	$(362.81 - 86 \times 0.24) \times (0.03 + 0.055)$（取平均厚）$= 29.08$
96	1:3 水泥砂浆找平层	m²	363.43	$(362.81 - 86 \times 0.24) + (86 - 0.12 \times 8)$（女儿墙里边线长）$\times 0.25$（卷材弯起高）$= 363.43$
97	改性沥青卷材防水层（SBS）	m²	363.43	$(362.81 - 86 \times 0.24) + (86 - 0.12 \times 8)$（女儿墙里边线长）$\times 0.25$（卷材弯起高）$= 363.43$
98	屋面细石混凝土泛水（见建施）	m³	1.52	$tg30° \times 0.25 \times 0.25 \times 1/2 \times [86 - (0.12 + 0.072) \times 8] = 1.52$
99	铸铁雨水口	个	6	$4 + 2 = 6$
100	UPVC 雨水斗	个	6	$4 + 2 = 6$
101	UPVC 雨水管	m	51.52	$(8.7 + 1.2)$（每根长）$\times 4 + (4.76 + 1.2) \times 2 = 51.52$
102	$\phi50$ PVC 出水口	m	0.2	$0.1 \times 2 = 0.2m$
103	上人孔木盖板	m²	0.9	$1 \times 0.9 = 0.9$
	九、装饰工程			

序号	分项分部 工程名称	计量 单位		计 算 公 式
104	内墙面抹灰（混合砂浆）	m²	1118.4	D、B轴抹灰长度　　31.8-0.025×2=31.75 C轴抹灰长度　　24.6-0.1=24.5 ①、⑦、⑧轴抹灰长度　　10.8-0.025×2=10.75 ③、⑥轴抹灰长度　　7.8-0.1=7.7 一层： D、B轴　　［31.75×2-（3.6+0.1）-0.2×3（纵横墙交接面）］ ×（4.76-0.12）=274.69 减洞口　　1.5×2.4（M1）+2.1×0.9×4（C1）+2.1×1.8 （C5）+（7.8-0.475）×3.7×2（C4）+8.2×4.0（M1）+1.2× 1.2×2（C3）=104.83 加凸出柱侧壁　　0.2×4×（4.76-0.12）=3.71 小计：173.57 ①、②、⑦、⑧轴 ［10.75×6-（1.5-0.025+0.06）×2］×（4.76-0.12）= 285.04 减洞口　　1.5×1.8×2（C2）+1×2.1×3×2（M2）=18 加凸出柱侧壁（0.25×4+0.2×4）×（4.76-0.12）=8.35 小计：275.39 卫生间墙（外）（3.6-0.025-0.1）×4.76-0.75×2.0×2 （M3）=13.54 二层： B、D轴　　［31.75×2-0.2×3（纵横墙交接面）］×（8.7-4.76 -0.12）=240.28 减洞口　　2.1×1.8×8（C5）+1.2×1.5×2（C6）+（7.8- 0.475-0.2）×2.9（C7）+（9-0.5）×2.9（C8）=79.15 加凸出墙面柱侧壁　　0.2×6×（8.7-4.76-0.12）=4.58 小计　　165.71 C轴　　［24.5×2-0.2×2（纵横墙交接面）］×（8.7-4.76- 0.12）=185.65 减洞口　　1.5×2.1×2×2（M5）+1×2.1×2×2（M2）=21 加凸出墙面柱侧壁　　0.25×4×（8.7-4.76-0.12）=3.82 小计　　168.47 ①、⑦、⑧轴　　（10.75×4-0.2）×（8.7-4.76-0.12）= 163.50 减洞口　　　1.5×1.8×2（C2）+1×2.1×2×4（M2）=22.2 加凸出墙面柱侧壁　　（0.2×4+0.125×2）×（8.7-4.76- 0.12）=4.01 小计　　145.31 ②、③、⑥轴　　7.7×6×（8.7-4.76-0.12）=176.48 小计　　176.48 合计　　1118.47
105	卫生间墙面贴瓷砖	m²	39.11	［（3.6-0.025-0.1）+（1.5-0.06-0.025）］×2×（4.76- 0.08×2）-［（0.75×2.0×2（M3）+1.2×1.2×2（C3）］=39.11
106	柱抹灰（混合砂浆）	m²	23.05	一层大厅及雨篷下 （0.45+0.45）×2×（4.76-0.12）+3.14×0.5×2×（4.76- 0.08）=23.05

序号	分项分部工程名称	计量单位	计 算 公 式
107	顶棚抹灰（混合砂浆）	m² 863.19	一层主墙间净面积 $32.25 \times 11.25 - (86 \times 0.25 + 21.5 \times 0.2) = 337.01$ 一层顶棚抹灰面积 $337.01 - (3.6 - 0.025 - 0.1)(1.5 - 0.025 + 0.1)$（卫生间顶棚） $+53.19$（弧形顶棚）$=384.73$ 加梁侧面　107.68 小计　492.41 二层主墙间净面积 $32.25 \times 11.25 - [86 \times 0.25 + (24.6 + 7.7 \times 3 + 10.75) \times 0.2 = 329.62$ 二层顶棚抹灰面积　329.62 加梁（A、⑤轴及C、②轴部分）　41.16 小计　370.78 合计　863.19
108	卫生间顶棚抹水泥砂浆	m² 5.47	$(3.6 - 0.025 - 0.1) \times (1.5 - 0.025 + 0.1) = 5.47$
109	外墙贴毛石花岗岩（勒脚部分）	m² 101.56	$[(32.25 + 11.25) \times 2 - (4.05 + 1.4 \times 2 + 9)$（台阶部分）$+ 5.48$ $\times 2$（台阶侧面）$] \times 1.2 + 2.52 \times 0.6 \times 2$（台阶踏步两侧）$= 101.56$
110	外墙面抹灰（水泥砂浆）	m² 264.42	$32.25 \times (8.7 + 0.9) = 309.6$ 减洞口　$2.1 \times 1.8 \times 9$（C5）$+ 2.1 \times 0.9 \times 4$（C1）$+ 1.5 \times 2.4$ （M4）$= 45.18$ 小计　264.42
111	外墙面喷灰色涂料	m² 264.42	264.42
112	外墙面挂银灰色铝塑板	m² 244.96	侧立面 $11.25 \times (8.7 + 9) - 1.5 \times 1.8 \times 4$（C2）$= 188.33$ 正立面 $11.25 \times (8.7 + 9) - [1.2 \times 1.2 \times 4$（C3）$+ (7.8 - 0.475) \times 2$ $\times 3.7$（C4）$+ 1.2 \times 1.5 \times 2$（C6）$+ (7.8 - 0.475 - 0.2) \times 2 \times 2.9$ （C7）$+ (9 - 0.5) \times 2.9$（C8）$+ 8.2 \times 4.0$（M1）$] = 36.785$ 雨篷侧面　19.84（弧长）$\times 1 = 19.84$ 小计　244.96
113	雨篷底面抹灰（混合砂浆）（背立面）	m² 8.38	$1.725 \times 4.05 \times 1.2$（带梁）$= 8.38$
114	雨篷外边线抹灰（水泥砂浆）	m² 3.0	$(1.725 \times 2 + 4.05) \times 0.4 = 3.0$
115	压顶抹灰（水泥砂浆）	m² 131.58	$(0.07 + 0.36 + 0.5 + 0.6)$（展开长）$\times 86 = 131.58$
116	女儿墙内侧抹灰（混合砂浆）	m² 39.97	$(86 - 0.12 \times 8) \times 0.47$（抹灰高）$= 39.97$
117	背立面小台阶侧面抹灰	m² 10.61	$(3 + 0.37) \times 1.2 \times 2 + 2.1 \times 0.6 \times 2 = 10.61$
118	单扇夹板门油漆	m² 16.22	$1 \times 2.1 \times 7$（M2）$+ 0.75 \times 2$（M3）$= 16.22$
	十、垂直运输工程		
119	建筑物垂直运输20m（六层）以内	m² 748.66	748.66

序号	分部分项 工程名称	单位	规格	计 算 公 式
1	基础			
	J-1	m	Φ 12	l 表示单根长度；n 表示根数；L 表示总长度。 $l = 2.4 - 0.07 + 12.5 \times 0.012 = 2.48$ $n = [(2.4 - 0.07)/0.15 + 1] \times 2$（长、宽两个方向）$= 34$ $L = 2.48 \times 34 = 84.32$ 4 个 J-1 共　$84.32 \times 4 = 337.28$
	J-2	m	Φ 12	$l = 3.0 - 0.07 + 12.5 \times 0.012 = 3.08$ $n = [(3.0 - 0.07)/0.1 + 1] \times 2 = 60$ $L = 3.08 \times 60 = 184.80$ 8 个 J-2 共　$184.8 \times 8 = 1478.4$
	J-3	m	Φ 12	长向　$l = (3.7 - 0.035) \times 0.9 + 12.5 \times 0.012 = 3.45$ 宽向　$l = 3.0 - 0.07 + 12.5 \times 0.012 = 3.08$ 长向　$n = 2.93/0.1 + 1 = 30$ 宽向　$n = 3.63/0.1 + 1 = 37$ 　　$L = 3.45 \times 30 + 3.08 \times 37 = 217.46$ 2 个 J-3 共　$217.46 \times 2 = 434.92$
	J-4	m	Φ 12	长向　$l = 3.0 - 0.07 + 12.5 \times 0.012 = 3.08$ 宽向　$l = 2.4 - 0.07 + 12.5 \times 0.012 = 2.48$ 长向　$n = (2.4 - 0.07)/0.1 + 1 = 24$ 宽向　$n = (3.0 - 0.07)/0.15 + 1 = 21$ 　　$L = 3.08 \times 24 + 2.48 \times 21 = 126$ 2 个 J-4 共　$126 \times 2 = 252$
	J-5	m	Φ 16	$l = 3.5 - 0.07 = 3.43 \text{m}$ $n = (5.35 - 0.07)/0.125 + 1 = 43$ $L = 3.43 \times 43 \times 2 = 294.98$
			Φ 8	$l = 5.35 - 0.07 = 5.28$ $n = [(1.55 - 0.035 - 0.05)/0.2 + 1] \times 2 = 16$ $L = 5.28 \times 16 \times 2 = 168.96$
	小计	m	Φ 16 Φ 12 Φ 8	294.98 2502.6 168.96
2	基础梁			说明： 1. 基础梁内纵向钢筋在柱梁交接处拉通计算，两端头锚于端部柱内 2. 梁内箍筋计算 箍筋根数 = [（梁长－梁柱交接处梁宽－箍筋距支座宽度）/箍筋间距] + 1 3. 箍筋长度计算 基础梁内箍筋为四肢箍，故箍筋宽不能取：梁长－保护层，应按图示实际情况计算

序号	分部分项工程名称	单位	规格	计 算 公 式
	A-A 处	m	Φ 20	$(31.8+0.45-0.025\times2)\times5$（根数）$\times2$（两个轴线）$=322$
			Φ 22	$(31.8+0.45-0.025\times2)\times5$（根数）$\times2$（两个轴线）$=322$
			Φ 8	$n=[(3.6-0.55-0.1)/0.2+1]\times2+[(7.8-0.55-0.1)/0.2+1]$ $\times2+[(9-0.55-0.1)/0.2+1]=148$ $l=[(0.192+0.75-0.025\times2)\times2+23.8\times0.008]\times2=3.95$ $L=3.95\times148\times2$(两个轴线)$=1169.2$
	B-B 处		Φ 20	$(10.8+0.45-0.025\times2)\times5\times4=224$
			Φ 22	224
			Φ 8 （箍筋）	$n=[(3-0.55-0.1)/0.2+1]+[(7.8-0.55-0.1)/0.2+1]=50$ $l=[(0.192+0.65-0.025\times2)\times2+23.8\times0.008]\times2=3.55$ $L=3.55\times50\times4=710$
2	B-B 处	m	Φ 22	$(14.4+0.225-0.025\times2)\times4$（根数）$\times2=116.6$
			Φ 25	116.6
			Φ 10 （箍筋）	$n=[(3-0.55-0.1)/0.1+1]+[(7.8-0.55-0.1)/0.1+1]$ $+[(2.4-0.8)/0.1+1]+[(1.2-0.4-0.025)/0.2+1]=123$ $l=[(0.3+0.6-0.025)\times2+23.8\times0.008]\times2=3.88$ $L=3.88\times123\times2=954.48$
	小计	m	Φ 25	116.6
			Φ 22	116.6
			Φ 22	546.0
			Φ 20	546.0
			Φ 8	1879.2
			Φ 10	954.48
3	圈梁	m		在计算圈梁纵筋时，圈梁与柱交接处，纵筋拉通计算，圈梁在边柱（①与D、B轴及⑧与D、B轴交接处的柱），纵筋锚入柱内300mm，（按97G329（三）规定计算）
			Φ 12	$[(31.8-0.45)\times2+(10.8-0.45)\times4]\times6=624.6$ 增加锚固长 $0.3\times6\times12=21.6$ 共计 $624.6+21.6=646.2$
			Φ 8	$n=\{[(3.6-0.45-0.1)/0.2+1]\times2+[(7.8-0.45-0.1)/0.2+1]\times2+[(9-0.45-0.1)/0.2+1]\}\times2+\{[(3-0.45-0.1)/0.2+1]+[(7.8-0.45-0.1)/0.2+1]\}\times4=510$ $l=2\times(0.37+0.18)-8\times0.025+23.8\times0.008=1.09$ $L=1.09\times510=555.9$
	小计	m	Φ 12	646.2
			Φ 8	555.9
4	框架柱			柱纵筋底部锚固在基础内，顶部锚固在顶层梁内。 柱纵筋计算：如结施图 所示①筋长＋④筋长＋锚入基础部分内的长

序号	分部分项工程名称	单位	规格	计 算 公 式
4	Z1	m	Φ20	(图示中①、④筋及锚入基础内的纵筋) (1.84 + 0.8) + 7.01 + 3.51 = 13.12 12 根 Φ20　13.12 × 12 = 157.44 16 根 Z1　157.44 × 16 = 519.04
			Φ8	(图示中②、③筋) [1.84(每根长)×99(根数) + 1.356×198] × 16 = 7210.37
	Z2	m	Φ18	(图示中⑤、⑧筋) (1.84 + 0.8) + 6.96 + 3.69 = 13.29 10 根 Φ18　13.29 × 10 = 132.9 2 根 Z2　132.9 × 2 = 265.8
			Φ8	(图示中②、③筋) (1.65×99 + 0.55×396) = 762.3
	Z3	m	Φ18	(图示中⑨筋及锚入基础内做纵筋) (1.84 + 0.8) + 5.73 = 8.37 10 根　8.37 × 10 = 83.7 2 根 Z3　83.7 × 2 = 167.4
			Φ8	(图示中⑥、⑦筋) (1.65×60 + 0.55×240) × 2 = 462
				Z2、Z3 在基础包脚部分钢筋
		m	Φ12	[(0.6+0.6×2)(每根长)] × [(0.6-0.070)/0.2+1]×8 = 57.6
			Φ12	(0.6-0.07)(每根长) × [(0.6/0.15)+1] ×8 = 21.2
	小计	m	Φ20	2519.04
			Φ18	433.2
			Φ12	78.8
			Φ8	8434.67
5	构造柱			GZ1 由基础梁~8.70，下部锚于基础梁内，上部与女儿墙上的压顶连接，且有一定的锚固长 GZ2 由 4.76~8.70，下部锚于框架梁或现浇梁内(其中⑦轴 GZ2 由基础梁~8.70)，上部锚与框架梁或现浇梁内
	GZ1	m	Φ12	纵向钢筋 由 -1.05m 标高处 3 根 每根长(8.7+1.05+0.9-0.015) + (0.48+0.15) = 11.27 4 根纵筋 11.27×4 = 45.08 3 根构造柱 45.08×3 = 135.24 由 -1.15m 标高处 2 根 每根长 11.27 + 0.1 = 11.37 4 根纵筋 11.37×4 = 45.48 2 根构造柱 45.48×2 = 90.96

序号	分部分项工程名称	单位	规格	计 算 公 式
5	GZ1	m	Φ8	箍筋由 -1.05m 处 $n = [(8.7+1.05+0.9-0.015) - (0.18+0.75×2)]/0.2 = 45$ 由 -1.15m 处 $n = [(8.7+1.15+0.9-0.015) - (0.18+0.65×2)]/0.2 = 47$ $l = 2×(0.24+0.24) - 8×0.025 + 23.8×0.008 = 0.95$ $L = 0.95×45×3 + 0.95×47×2 = 217.55$
	GZ2	m	Φ12	由 -1.15m 处 45.48
			Φ8	$[2×(0.2+0.2) - 8×0.025 + 23.8×0.008]×47 = 37.15$
			Φ12	由 4.76m 处 其中 B 轴 2 根伸入女儿墙内,其余 3 根至标高 8.7m 处 伸入女儿墙内(8.7+0.9-0.015-4.76)+(0.48+0.15)(锚固长) = 5.46 伸至框架梁或现浇梁内(8.7-4.76)+(0.48+0.48) = 4.9 $L = 5.46×4×2 + 4.9×4×3 = 102.48$
			Φ8	每根箍筋长 0.79m $n = [(8.7+0.9-0.015-4.76-0.75)/0.2]×2 + [(8.7-4.76-0.65)/0.2]×3 = 91$ $L = 0.79×91 = 71.89$
			Φ12	女儿墙内自标高 8.7m 处构造柱共 34-7=27 根其钢筋 $[(0.9-0.015)+(0.24+0.3+0.15)(锚固长)]×4×27 = 170.1$
			Φ8	$n = [(0.9-0.06)/0.2]×27 = 108$ $0.95×108 = 102.6$
	小计	m	Φ12	544.26
			Φ8	392.04
6	现浇板	m		二层:(见结施5)
			Φ8	1 号筋 $l = 1.5 + 12.5×0.008 = 1.6$ $n = [(3.6-0.075-0.15-0.1)/0.2] + 1 = 17$ $L = 1.6×17 = 27.2$
			Φ12	2 号筋 $l = 1.5 + 1.05 + (0.12-0.03)×2 = 2.73$ $n = [(3.6-0.075-0.15-0.1)/0.18] + 1 = 19$ $L = 2.73×19 = 51.87$
			Φ10	3 号筋 $l = 3.6 + 12.5×0.01 = 3.73$ $n = [(7.8-0.125-0.15-0.1)/0.18] + 1 = 42$ $L = 3.73×42 = 156.66$
			Φ8	4 号筋 $l = 1.17 + (0.12-0.03)×2 = 1.35$ $n = \{[(7.8-0.45-0.1)/0.2] + 1\}×2 = 74$ $L = 1.35×74 = 99.9$

序号	分部分项工程名称	单位	规格	计 算 公 式
6	现浇板	m	Φ12	**5 号筋** $l = 2.2 + (0.12 - 0.03) \times 2 = 2.38$ $n = [(7.8 - 1.5 - 0.225 - 0.05)/0.12] + 1 = 51$ $L = 2.38 \times 51 = 121.38$
			Φ12	**6 号筋** $l = 1.6 + (0.12 - 0.03) \times 2 = 1.78$ $n = [(1.5 - 0.225 - 0.05)/0.15] + 1 = 9$ $L = 1.78 \times 9 = 16.02$
			Φ10	**7 号筋** $l = 3.9 + 12.5 \times 0.01 = 4.025$ $n = \{[(7.8 - 0.15 - 0.075 - 0.1)/0.2] + 1\} \times 4 = 152$ $L = 4.025 \times 152 = 611.8$
			Φ12	**8 号筋** $l = 2.2 + (0.12 - 0.03) \times 2 = 2.38$ $n = \{[(7.8 - 0.15 - 0.075 - 0.1)/0.15] + 1\} \times 5 = 255$ $L = 2.38 \times 255 = 606.9$
			Φ8	**9 号筋** $l = 7.8 + 12.5 \times 0.008 = 7.9$ $n = \{[(3.9 - 0.15 - 0.125 - 0.1)/0.2] + 1\}$ $\times 4 + \{[(3.6 - 0.15 - 0.075 - 0.1)/0.2] + 1\}$ $+ \{[(3 - 0.15 - 0.125 - 0.1)/0.2] + 1\} \times 3 = 135$ $L = 7.9 \times 135 = 1066.5$
			Φ10	**10 号筋** $l = 1.7 + (0.12 - 0.03) \times 2 = 1.88$ $n = \{[(7.8 - 0.15 - 0.075 - 0.1)/0.15] + 1\} \times 5 = 55$ $L = 1.88 \times 55 = 103.4$
			Φ8	**11 号筋** $l = 1.2 + (0.12 - 0.03) \times 2 = 1.38$ $n = \{[(3.9 - 0.225 - 0.125 - 0.1)/0.2] + 1\} \times 4 = 72$ $L = 1.38 \times 72 = 99.36$
			Φ8	**12 号筋** $l = 1.0 + (0.12 - 0.03) \times 2 = 1.18$ $n = \{[(3.0 - 0.25 - 0.1)/0.2] + 1\} \times 3 = 42$ $L = 1.18 \times 42 = 49.56$
			Φ12	**13 号筋** $l = 3.6 + 12.5 \times 0.012 = 3.75$ $n = [(7.8 - 0.15 - 0.075 - 0.1)/0.15] + 1 = 51$ $L = 3.75 \times 51 = 191.25$

序号	分部分项工程名称	单位	规格	计 算 公 式
6	现浇板	m	Φ8	**14 号筋** $l = 0.85 + (0.12 - 0.03) \times 2 = 1.03$ $n = [(3.6 - 0.45 - 0.1)/0.2] + 1 = 16$ $L = 1.03 \times 16 = 16.48$
			Φ10	**15 号筋** $l = (1.05 + 0.9) + (0.12 - 0.03) \times 2 = 2.13$ $n = \{[(3.6 - 0.45 - 0.1)/0.18] + 1\} + \{[(3.6 - 0.075 - 0.6 - 0.1)$ $/0.18] + 1\} = 35$ $L = 2.13 \times 35 = 74.55$
			Φ8	**16 号筋** $l_1 = 3.6 + 12.5 \times 0.008 = 3.7$ $l_2 = 3.6 - 0.6 + 12.5 \times 0.008 = 3.1$ $n_1 = [(3 - 0.7 - 0.075 - 0.05)/0.2] + 1 = 12$ $n_2 = (0.7 - 0.15 - 0.05)/0.2 = 3$ $n'_1 = [(3 - 0.075 - 0.15 - 0.1)/0.2] + 1 = 15$ $L = 3.7 \times 12 + 3.1 \times 3 + 3.7 \times 15 = 109.2$
			Φ8	**17 号筋** $l_1 = 3.0 + 12.5 \times 0.008 = 3.1$ $l_2 = 3.0 - 0.7 + 12.5 \times 0.008 = 2.4$ $n_1 = [(3.6 - 0.075 - 0.2 - 0.1)/0.2] + 1 = 17$ $n'_1 = [(3.6 - 0.6 - 0.075 - 0.1)/0.2] + 1 = 15$ $n_2 = (0.6 - 0.2 - 0.05)/0.2 = 2$ $L = 3.1 \times 17 + 3.1 \times 15 + 2.4 \times 2 = 104$
			Φ8	**18 号筋** $l = 1.02 + (0.12 - 0.03) \times 2 = 1.2$ $n = \{[(3.6 - 0.45 - 0.1)/0.2] + 1\} \times 2 + \{[(3.6 - 0.45 - 0.1)/0.2]$ $+ 1\} \times 2 + \{[(3.9 - 0.225 - 0.2 - 0.1)/0.2] + 1\} \times 4 + \{[(9$ $- 0.45 - 0.1)/0.2] + 1\} = 173$ $L = 1.2 \times 173 = 207.6$
			Φ10	**20 号筋** $l = 3.0 + 12.5 \times 0.01 = 3.125$ $n = \{[(7.8 - 0.2 - 0.2 - 0.1)/0.15] + 1\} \times 2 + \{[(9 - 0.2 - 0.2 -$ $0.1)/0.15] + 1\} = 158$ $L = 3.125 \times 158 = 493.75$
			Φ6	**21 号筋** $l = 7.8 + 12 \times 0.006 = 7.875$ $n = \{[(3 - 0.075 - 0.15 - 0.1)/0.2] + 1\} \times 2 = 28$ $L = 7.875 \times 28 = 220.5$

序号	分部分项工程名称	单位	规格	计 算 公 式
6	现浇板	m	Φ8	22 号筋 $l = 2.2 + (0.12 - 0.03) \times 2 = 2.38$ $n = \{[(3.9 - 0.15 - 0.125 - 0.1)/0.1] + 1\} \times 4 = 144$ $L = 2.38 \times 144 = 342.72$
			Φ8	23 号筋 $l = 1.8 + (0.12 - 0.03) \times 2 = 1.98$ $n = \{[(3 - 0.45 - 0.1)/0.2] + 1\} \times 2 = 26$ $L = 1.98 \times 26 = 51.48$
			Φ10	24 号筋 $l = 1.8 + (0.12 - 0.03) \times 2 = 1.98$ $n = \{[(3 - 0.15 - 0.125 - 0.1)/0.2] + 1\} \times 3 = 42$ $L = 1.98 \times 42 = 83.16$
			Φ6	25 号筋 $l = 9 + 12.5 \times 0.006 = 9.075$ $n = \{[(3 - 0.075 - 0.15 - 0.1)/0.2] + 1\} = 14$ $L = 9.075 \times 14 = 127.05$
			Φ10	26 号筋 $l = 3 + 12.5 \times 0.01 = 3.125$ $n = \{[(7.8 - 0.15 - 0.075 - 0.1)/0.2] + 1\} \times 3 = 114$ $L = 3.125 \times 114 = 356.25$
	小计 (二层)	m	Φ12	760
			Φ10	1933.03
			Φ8	2174
			Φ6	347.55
	小计 (一层)	m		一层：一层及标高 2.27m 处卫生间顶板钢筋计算方法同上，计算过程略
			Φ12	1460.31
			Φ10	1700.31
			Φ8	2141.63 + 759.25 + 52.48（卫生间顶板）= 2953.36
			Φ6	423.835
				说明：板中负弯筋下的分布筋未计算
7	现浇梁			1. 梁平面注写方式说明： 如结施图中 KL1 2KL1 (2) 300×650 表示 2 层第 1 号框架梁，2 跨，截面尺寸为 300×650 Φ8-100/200 (2) 表示箍筋为 Φ8，加密区箍筋间距为 100，不加密区箍筋间距为 200，2 肢箍； 2Φ20　表示上部 2 根贯通筋为 Φ20 4Φ18　表示梁下部有 4 根纵筋为 Φ18 4Φ20　表示支座上部纵筋为 4 根 2. 梁钢筋计算 梁中纵筋在支座处锚固长及支座处的断点位置按《混凝土结构施工图平面整体表示方法制图规则和构造详图》00G101 规定计算

序号	分部分项 工程名称	单位	规格	计 算 公 式
7				二层现浇梁钢筋计算：
	KL1	m	Φ20	上部贯通筋 ｛[(10.8+0.45−0.06)+(0.65−0.025+0.40−0.025)]｝×2 =24.38 支座处 ｛[(7.8−0.45)/3]+0.45−0.03+0.65−0.025｝×2+｛[(7.8 −0.45)/3]×2+0.45｝×2=17.69
			Φ18	下部纵筋 [(10.8−0.45)+33×0.018×2]×3+(7.8−0.45)+33× 0.018+40×0.018=43.28
			Φ8	加密区 1.5×0.65=0.975, 1.5×0.4=0.6 n_1=[(7.8−0.45+0.975×2−0.1)/0.2]+1=47 n_2=[(3−0.45+0.6×2−0.1)/0.2]+1=19 箍筋长度 l_1=2×(0.65+0.3)−8×0.025+23.8×0.008=1.89 　　　　　l_2=2×(0.4+0.3)−8×0.025+23.8×0.008=1.39 L=1.89×47+1.39×19=115.24
			Φ16	吊筋 [(20×0.016+0.85)×2+0.3]×2=5.28
				4 根 KL1 共：
			Φ20	42.47×4=169.88
			Φ18	43.82×4−175.28
			Φ16	5.28×4=21.12
			Φ8	115.24×4=460.96
	KL2	m	Φ20	上部贯通筋及支座处纵筋同 KL1, 42.07 下部纵筋 [(10.8−0.25−0.225)+3×0.02×2]×33+(7.8−0.25− 0.225)+33×0.02+40×0.02=43.72
			Φ8	箍筋同 KL1 115.24
				2 根 KL2 共
			Φ20	85.79×2=171.58
			Φ8	115.24×2=230.48
	KL3		Φ22	上部贯通筋 [(31.8+0.45−0.06)+(0.4−0.025)×2]×2=65.88 支座处｛[(7.8−0.475)/3]×2+0.45｝×2×4=42.67 　　　｛[(7.8−0.475)/4]×2+0.5｝×2×2=16.65
			Φ18	下部纵筋 [(3.6−0.45)+33×0.018+40×0.018]×4×2=35.71
			Φ25	下部纵筋 [(24.6−0.45)+40×0.025×2]×4=104.6
			Φ8	箍筋 加密区 1.5×0.75=1.125 1.5×0.4=0.6 n_1=｛[(7.8−0.475+1.125×2−0.1)/0.2]+1｝×2+[(9−0.5+ 1.125×2−0.1)/0.2]+1=150 n_2=｛[(3.6−0.45+0.6×2)/0.2]+1｝×2=44 l_1=2×(0.75+0.3)−8×0.025+23.8×0.008=2.09 l_2=2×(0.4+0.3)−8×0.025+23.8×0.008=1.39 L=2.09×150+1.39×44=374.66

序号	分部分项工程名称	单位	规格	计 算 公 式
			Φ 16	吊筋［（20×0.016＋0.99）×2＋0.3］×2＝5.84 L＝5.84×4＝23.36
				2 根 KL3 共：
			Φ 25	104.6×2＝209.2
			Φ 22	125.2×2＝250.4
			Φ 18	35.71×2＝71.42
			Φ 16	23.36×2＝46.72
			Φ 8	374.66×2＝749.32
7	KL4	m	Φ 20	上部贯通筋［（31.8＋0.45－0.06）＋（0.45－0.225）×2＋4×10×0.02］×2＝66.08
			Φ 20	支座处｛［（7.8－0.45）/3］×2＋0.45｝×2×4＝42.8
			Φ 18	下部筋［（11.4－0.45）＋33×0.018＋40×0.018］×4＋［（7.8－0.45）＋40×0.018×2］×4＝84.22
			Φ 20	下部筋［9－0.45＋40×0.02×2］×4＝40.6
			Φ 16	下部筋［（3.6－0.45）＋33×0.016＋40×0.016］×4＝17.27
			Φ 8	箍筋截面尺寸 300×450 的箍筋长度为 $l2'＝2×（0.45＋0.3）－8×0.025＋23.8×0.008＝1.49$ L＝2.09×150＋1.49×44＝379.06
				KL4 共：
			Φ 20	149.48
			Φ 18	84.22
			Φ 16	17.27
			Φ 8	379.06
	L1	m	Φ 16	上部纵筋（7.8－0.075－0.15＋35×0.016×2）×2＝17.39
			Φ 16	支座处［35×0.016＋（7.8－0.75－0.15）/6］×2×2＝7.29
			Φ 20	下部纵筋［（7.8－0.075－0.15）＋15×0.02×2］×4＝32.7
			Φ 18	下部纵筋［（7.8－0.075－0.15）＋15×0.018×2］×2＝16.23
			Φ 8	箍筋 n＝［（7.8－0.075－0.15－0.1）/0.2］＋1＝38 $l＝2×（0.25＋0.65）－8×0.025＋23.8×0.008＝1.79$ L＝1.79×38＝68.02
				4 根 L1 共：
			Φ 20	32.7×4＝130.8
			Φ 18	16.23×4＝64.92
			Φ 16	24.68×4＝98.72
			Φ 8	68.02×4＝272.08
	L2		Φ 16	上部筋［（3.6－0.075－0.15）＋35×0.016×2］×2＝8.99

序号	分部分项工程名称	单位	规格	计 算 公 式
7	L2	m	Φ16	下部筋 [（3.6-0.075-0.15）+15×0.016×2]×3=11.57
			Φ8	箍筋 $n=$ [（3.6-0.075-0.15-0.1）/0.2]+1=17 $l=2×$（0.25+0.4）-8×0.025+23.8×0.008=1.29 $L=1.29×17=21.93$
			Φ16	20.56
			Φ8	21.93
	合计 （一层计算 方法同二层）	m	Φ25	209.02（二层）　209.20（一层）
			Φ22	251.40（二层）　479.05（一层）
			Φ20	621.34（二层）　927.58（一层）
			Φ18	395.30（二层）　217.22（一层）
			Φ16	204.39（二层）　356.81（一层）
			Φ8	2113.83（二层）　3308.60（一层）
8	楼梯	m		见结施图
				TL1（3根）
			Φ14	[（3.6-0.075-0.15）+35×0.014×2]×2×3=26.13
			Φ16	[（3.6-0.075-0.15）+15×0.016×2]×3×3=7.70
			Φ8	$n=$ [（3.6-0.075-0.1）/0.2]+1=18 $l=2×$（0.2+0.35）-8×0.025+23.8×0.008=1.09 $L=1.09×18×3$（3根 TL1）=58.86
				TB1（2块）
			Φ12	受力筋 $l=5.335+12.5×0.012=5.685$ $n=$ [（1.7225-0.1）/0.1]+1=17 $L=5.685×17×2=193.29$
			Φ12	负弯筋 $l=$（0.22+1.48+0.155）+（0.155+1.625+0.24）+12.5×0.012×2=4.175 $n=17$ $L=4.175×17×2=141.95$
			Φ6	分布筋 $l=1.7225-0.015×2=1.69$ $n=15+5+5=25$ $L=1.69×25×2=84.5$
	小计	m	Φ16	7.70
			Φ14	26.13
			Φ12	335.24
			Φ8	58.86
			Φ6	84.5

序号	分部分项工程名称	单位	规格	计 算 公 式
9	雨篷	m		背立面图上
				雨篷板
			$\Phi 8$	$l_1 = 4.05 - 0.015 \times 2 = 4.02$ $n_1 = [(1.725 - 0.225 - 0.015 - 0.05) / 0.2] + 1 = 8$ $L_1 = 4.02 \times 8 = 32.16$ $l_2 = 1.725 - 0.015 \times 2 = 1.695$ $n_2 = [(4.05 - 0.015 \times 2) / 0.2] + 1 = 21$ $L_2 = 1.695 \times 21 = 35.60$
				雨篷梁（见结施图）
				YPL1（2 根）
			$\Phi 20$	$[(1.725 - 0.225 - 0.025 + 35 \times 0.02) \times 4] \times 2 = 17.4$
			$\Phi 16$	$[(1.725 - 0.225 - 0.025 + 15 \times 0.02) \times 2] \times 2 = 7.10$
			$\Phi 12$	$[(1.725 - 0.225 - 0.025 + 35 \times 0.02) \times 2] \times 2 = 8.7$
			$\Phi 6$	$n = [(1.725 - 0.225 - 0.025) / 0.1] + 1 = 16$ $l = 2 \times (0.25 + 0.4) - 8 \times 0.025 + 23.8 \times 0.006 + (0.4 - 0.025 \times 2) + 12.5 \times 0.006 = 1.67$ $L = 1.67 \times 16 \times 2 = 53.44$
				YPL2
			$\Phi 14$	$[(4.05 - 0.25 \times 2) + 3 \times 0.014 \times 2] \times 2 = 9.06$
			$\Phi 16$	$[(4.05 - 0.25 \times 2) + 15 \times 0.014 \times 2] \times 3 = 11.91$
			$\Phi 6$	$n = [(4.05 - 0.25 \times 2 - 0.1) / 0.2] + 1 = 18$ $l = 2 \times (0.2 + 0.4) - 8 \times 0.025 + 23.8 \times 0.006 = 1.14$ $L = 1.14 \times 18 = 20.52$
	小计	m	$\Phi 20$	17.4
			$\Phi 16$	19.01
			$\Phi 14$	9.06
			$\Phi 8$	67.76
			$\Phi 6$	73.96
10	挑檐	m		正立面雨篷及反檐（见结施图）
			$\Phi 10$	$l_1 = 0.085 + 0.29 + 1.25 + 6.25 \times 0.01 = 1.68$ $l_2 = 0.29 + 0.085 + 0.09 + 1.25 + 6.25 \times 0.01 = 1.78$ $l = 1.68 + 1.78 = 3.46$ $n = [(19.84 - 0.225 \times 2 - 0.1) / 0.1] + 1 = 194$ $L = 3.46 \times 194 = 671.24$
			$\Phi 8$	$l = 0.085 + 0.41 + 0.3 + 6.25 \times 0.008 = 0.845$ $n = [(19.84 - 0.225 \times 2 - 0.1) / 0.2] + 1 = 97$ $L = 0.845 \times 97 = 81.97$
			$\Phi 6$	$(19.84 - 0.015 \times 2) \times 13 = 257.53$
	小计	m	$\Phi 10$	671.24
			$\Phi 8$	81.97
			$\Phi 6$	257.53

序号	分部分项工程名称	单位	规格	计 算 公 式
11	压顶	m	Φ4	$86 \times 3 + (0.3 - 0.015 \times 2) + \{[(31.8 + 0.2 - 0.1)/0.2] + 1 + [(10.8 + 0.2 - 0.1)/0.2 + 1]\} \times 2 = 375.18$
12	墙体拉结筋	m	Φ6	墙体拉接筋沿墙体通长设置,沿墙高每500设置2φ6墙体拉筋,拉筋锚入柱内长度250 基础内 $86 \times 2 + 10.75 \times 2 \times 2 + 0.25 \times 2 \times 12 = 221$ 一层及二层 $1647 + 134 = 1915$ 小计 2136m
13	预制沟盖板	m	Φ6	每块盖板中钢筋1.71kg(查标准图集数据) 共 1.71×114(总块数)$\times 1.015$(制作损耗系数)$= 197.86$
14	预制过梁	m	Φ10	$[(2.1 + 0.24 \times 2 - 0.025 \times 2) \times 2 + (2.1 + 40 \times 0.01 \times 2) \times 2] \times 4 = 43.44$
				C1 过梁
			Φ6	$n = [(2.1 - 0.1)/0.2] + 1 = 11$ $l = 2 \times (0.25 + 0.12) - 8 \times 0.025 + 23.8 \times 0.006 = 0.68$ $L = 0.68 \times 11 \times 4 = 29.92$
				C2 过梁
			Φ12	$[(1.5 + 0.24 \times 2 - 0.025 \times 2) \times 2] \times 4 = 15.44$
			Φ10	$[(1.5 + 40 \times 0.01 \times 2) \times 2] \times 4 = 18.4$
			Φ6	$n = [(1.5 - 0.1)/0.2] + 1 = 8$ $l = 0.68$ $L = 0.68 \times 8 \times 4 = 21.76$
				C3 过梁
			Φ12	$(1.2 + 40 \times 0.012 \times 2) \times 2 \times 2 = 8.64$
			Φ10	$(1.2 + 0.24 \times 2 - 0.025 \times 2) \times 2 \times 2 = 6.52$
			Φ6	$n = [(1.2 - 0.1)/0.2] + 1 = 6$ $l = 0.68$ $L = 0.68 \times 6 \times 2 = 8.16$
				C5 过梁
			Φ12	$(2.1 + 0.37 \times 2 - 0.025 \times 2) \times 2 \times 9 = 50.22$
			Φ14	$(2.1 + 40 \times 0.014 \times 2) \times 2 \times 9 = 57.96$
			Φ6	$n = [(2.1 - 0.1)/0.2] + 1 = 11$ $l = 2 \times (0.25 + 0.18) - 8 \times 0.025 + 23.8 \times 0.006 = 0.80$ $L = 0.8 \times 11 \times 9 = 79.2$
				M2 过梁
			Φ10	$(1.0 + 0.24 \times 2 - 0.025 \times 2) \times 2 \times 7 = 20.02$
			Φ10	$(1.0 + 40 \times 0.01 \times 2) \times 2 \times 7 = 25.2$
			Φ6	$n = [(1.0 - 0.1)/0.2] + 1 = 5$ $l = 2 \times (0.2 + 0.12) - 8 \times 0.025 + 23.8 \times 0.006 = 0.58$ $L = 0.58 \times 5 \times 7 = 20.3$
				M4 过梁
			Φ10	$(1.5 + 0.24 - 0.025 \times 2) \times 2 \times 1 = 3.38$
			Φ12	$(1.5 + 40 \times 0.012 \times 2) \times 2 \times 1 = 4.92$
			Φ6	$n = 8$ $l = 0.68$ $L = 0.68 \times 8 = 5.44$
				M5 过梁
			Φ10	$(1.5 + 0.24 \times 2 - 0.025 \times 2) \times 2 \times 2 = 7.72$
			Φ12	$(1.5 + 40 \times 0.012 \times 2) \times 2 \times 2 = 9.84$
			Φ6	$n = 8$ $l = 0.58$ $L = 0.58 \times 8 \times 2 = 9.28$
	小计	m	Φ14	57.96
			Φ12	89.06
			Φ10	124.68
			Φ6	174.06

152

表 4-34

钢 筋 汇 总 表

钢筋规格 / 构件名称	光 圆 钢 筋							螺 纹 钢 筋							
	Φ4	Φ6.5	Φ8	Φ10	Φ12	Φ20	Φ22	Φ10	Φ12	Φ14	Φ16	Φ18	Φ20	Φ22	Φ25
（一）现浇构件															
基础（m）			168.96		2502.6										
基础梁（m）			1879.2	954.48		546.0	546.0				294.98			116.6	116.6
圈梁（m）			555.9						646.2						
框架柱（m）			8434.67		78.8							433.2	2519.04		
构造柱（m）			392.04						544.3						
板（m）		771.39	5127.36	3633.34	2220.31										
梁（m）		5422.43									561.50	612.5	1548.92	730.5	418.4
楼梯（m）		84.5	58.86		335.24					26.13					
雨篷（m）		73.96	67.76							9.06	19.01		17.4		
挑檐（m）		257.53	81.97	671.24											
压顶（m）	375.18														
墙体拉筋（m）		2136													
合计　长度（m）	375.2	3323.4	22189.19	5259.1	5136.9	546.0	546.0	76.9	1190.5	35.2	883.2	1045.7	4085.4	847.1	535.0
合计　重量（kg）	37.1	864.08	8762.1	3244.8	4561.6	1346.4	1629.3		1057.1	42.5	1393.7	2089.4	10082.7	2527.6	2059.8
（二）预制构件（kg）		276.98							79.1	70.0					

一、某建筑物基础平面、剖面如图 4-63 所示，其地面工程做法为：

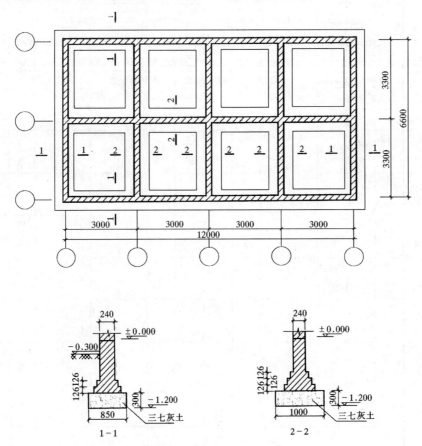

图 4-63　某基础平面、剖面图

1．铺 10 厚地砖地面，干水泥擦缝

2．撒素水泥面（洒适量清水）

3．20 厚 1:4 干硬性水泥砂浆结合层

4．刷素水泥浆一道

5．60 厚 C15 混凝土

6．150 厚 3:7 灰土垫层

7．素土夯实

要求计算：平整场地、挖槽、3:7 灰土垫层、砖基础、基础回填土、房心回填土等的工程量。

二、某独立基础平面、剖面、如图 4-64 所示。

要求计算独立基础模板、钢筋、混凝土工程量。

三、某单层建筑物平面如图 4-65 所示，层高 3.6m，门窗尺寸见表 4-35。内外墙厚均 240mm，在内外墙身上均设置圈梁，圈梁断面为 240mm×240mm，圈梁与现浇板顶平，现浇板厚 120mm。门窗洞口上的过梁，洞口宽 1m 以内设钢筋砖过梁，1m 以上设钢筋混凝土过梁。要求计算：

1．圈、过梁混凝土工程量；

2．内、外墙身砌体工程量。

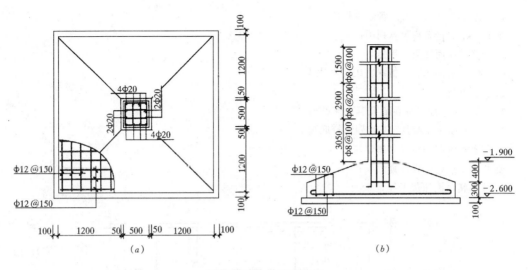

图 4-64　独立基础详图

（a）平面图；（b）断面图

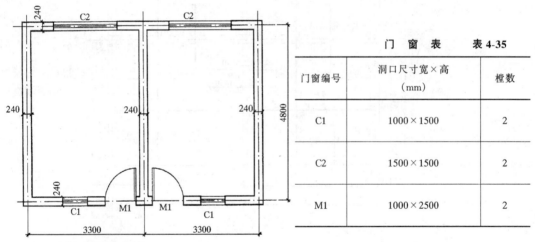

门　窗　表		表 4-35
门窗编号	洞口尺寸宽×高 （mm）	樘数
C1	1000×1500	2
C2	1500×1500	2
M1	1000×2500	2

1m 以内的洞口为钢筋砖过梁
1m 以上为钢筋混凝土过梁

图 4-65　单层建筑物平面图

四、如图 4-66 所示，GZ1、GZ2 断面均为 240mm×240mm，圈梁与现浇板整浇，顶面与板顶平，断面为 240mm×240mm，板厚为 150mm。

要求计算：现浇板模板、钢筋、混凝土工程量。

五、根据第一题中的地面工程做法及图 4-63 所示，

要求：1. 进行工程预算列项；

2. 计算其地面工程量。

六、图 4-65 所示，内墙抹灰工程做法为：

1. 刷内墙涂料

2. 2 厚纸筋（麻刀）灰抹面

3. 6 厚 1:3 石灰膏砂浆

4.10 厚 1:3:9 水泥石灰膏砂浆打底

要求：1. 进行工程预算列项；

2. 计算其墙面抹灰工程量。

七、图 4-65 所示，顶棚抹灰工程做法为：

1. 刷乳胶漆

2. 5 厚 1:0.3:2.5 水泥石灰膏砂浆抹面

3. 5 厚 1:0.3:3 水泥石灰膏砂浆打底扫毛

4. 刷素水泥浆一道（内掺建筑胶）

要求：1. 进行工程预算列项；

2. 计算其顶棚抹灰工程量。

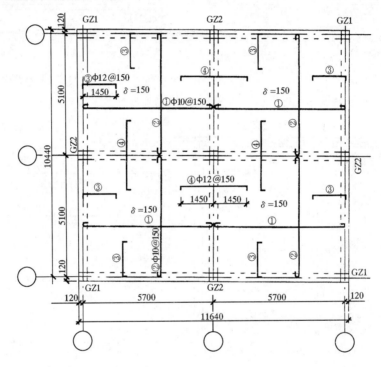

图 4-66　现浇板结构图

156

第五章 直接工程费计算

第一节 直接工程费内容

直接工程费亦称工程直接费，它由直接费、其他直接费、现场经费构成。

一、直接费

直接费是指在工程施工过程中所耗费的形成工程实体或实现装饰效果的各项费用，包括人工费、材料费和施工机械使用费等。

1. 人工费

人工费是指直接从事工程施工生产的工人所开支的各项费用，包括：

（1）基本工资

指发放给生产工人的基本工资。

（2）工资性补贴

指按规定发放给生产工人的物价补贴，煤、燃气补贴，交通费补贴，住房补贴，流动施工津贴，地区津贴等。

（3）生产工人辅助工资

指生产工人年有效施工天数以外非作业天数的工资，包括职工学习、培训期间的工资，调动工作、探亲、休假期间的工资，因气候影响的停工工资，女工哺乳时间的工资，病假在六个月以内的工资及婚、产、丧假的工资。

（4）职工福利费

指按规定标准计提的职工福利费。

（5）生产工人劳动保护费

指按规定标准发放的劳动保护用品的购置费及修理费，徒工服装补贴，防暑降温费，在有碍身体健康环境中施工的保健费等。

2. 材料费

材料费是指施工过程中耗用的构成工程实体，形成工程装饰效果的原材料、辅助材料、构配件、零件、半成品、成品的费用和周转材料的摊销（或租赁）费用。

3. 施工机械使用费

是指使用施工机械作业所发生的机械费用以及机械安、拆和进出场费等。

二、其他直接费

其他直接费是指在直接费之外，但又在施工过程中发生的有关费用。包括冬雨季施工增加费、夜间施工增加费、材料二次搬运费、生产工具用具使用费、仪器仪表使用费、检验试验费、特殊工种培训费、工程定位复测和交工验收以及场地清理费、特殊地区施工增加费等等。

三、现场经费

现场经费是指为施工准备、组织施工生产和管理所需的费用，包括临时设施费、现场管理费等。

1．临时设施费

指施工企业为进行工程施工所必需的生活和生产用的临时建筑物、构筑物和其他临时设施费用等。

临时设施包括：临时宿舍、文化福利及公用事业房屋与构筑物，仓库、办公室、加工厂，规定范围内道路、水、电、管线等临时设施和小型临时设施。

临时设施费用包括：临时设施的搭设、维修、拆除费或摊销费。

2．现场管理费

指工地现场组织施工过程中发生的管理费用，内容包括：

现场管理人员的基本工资、工资性补贴、职工福利费、劳动保护费等；

办公费：指现场管理办公用的文具、纸张、账表、印刷、邮电、书报、会议、水、电、烧水和集体取暖用煤等费用；

差旅交通费：指职工因公出差期间的旅费、住勤补助费，市内交通费和误餐补助费，职工探亲路费，劳动力招募费，职工离退休、退职一次性路费，工伤人员就医路费，工地转移费及现场管理使用的交通工具的油料、燃料、养路费及牌照费等；

固定资产使用费：指现场管理及试验部门使用的属于固定资产的设备、仪器等的折旧、大修理、维修费或租赁费等；

工具用具使用费：指现场管理使用的不属于固定资产的工具、器具、家具、交通工具和检验、试验、测绘、消防用具等的购置、维修和摊销费；

保险费：指施工管理用财产、车辆保险、高空、井下、海上作业等特殊工种安全保险等费用；

工程保修费：指工程竣工交付使用后，在规定保修期内的修理费用；

工程排污费：指施工现场按规定交纳的排污费用；

其他费用：指不属于上述费用范围内所发生的有关费用。

直接工程费划分示意见表 5-1。

直接工程费划分示意表　　　　　　　　　　　　　　表 5-1

直接工程费	直接费	人工费	基本工资
			工资性补贴
			生产工人辅助工资
			职工福利费
			生产工人劳动保护费
		材料费	材料原价
			供销部门手续费
			包装费
			装卸费、运输费及途中损耗
			采购及保管费

直 接 工 程 费	直 接 费	施工机械 使用费	折旧费
			大修费
			经常修理费
			安拆费及场外运输费
			燃料动力费
			人工费
			运输机械养路费、车船使用税及保险费
	其 他 直 接 费		冬雨季施工增加费
			夜间施工增加费
			材料二次搬运费
			仪器仪表使用费
			生产工具用具使用费
			检验试验费
			特殊工种培训费
			工程定位复测、工程点交、场地清理等费
			特殊地区施工增加费
	现 场 经 费	临时设施费	临时设施费
		现场管理费	差旅交通费
			固定资产使用费
			工具用具使用费
			保险费
			工程保修费
			工程排污费
			其他费用
			办公费

第二节 直接费计算及工料分析

当一个单位工程的工程量计算完毕后，就要套用预算定额基价计算直接费。

本节只介绍直接费的计算方法，其他直接费、现场经费的计算方法详见建筑工程费用章节。

计算直接费常采用两种方法，即单位估价法和实物金额法。

一、用单位估价法计算定额直接费

预算定额项目的基价构成，一般有两种形式，一是基价中包含了全部人工费、材料费和机械使用费，这种方式称为完全定额基价，建筑工程预算定额常采用此种形式；二是基价中包含了全部人工费、辅助材料费和机械使用费，不包括主要材料费，这种方式称为不完全定额基价，安装工程预算定额和装饰工程预算定额常采用此种形式。凡是采用完全定额基价的预算定额计算直接费的方法称为单位估价法，计算出的直接费也称为定额直接费。

1. 单位估价法计算直接费的数学模型

单位工程定额直接费 = 定额人工费 + 定额材料费 + 定额机械费

其中：定额人工费 = Σ（分项工程量×人工费单价）

定额机械费 = Σ（分项工程量×机械费单价）

定额材料费 = Σ（分项工程量×定额基价）- 定额人工费 - 定额机械费

2．单位估价法计算定额直接费的方法与步骤

（1）先根据施工图和预算定额计算分项工程量；

（2）根据分项工程量的内容套用相对应的完全定额基价（包括人工费单价、机械费单价）；

（3）根据分项工程量和定额基价计算出分项工程定额直接费、定额人工费和定额机械费；

（4）将各分项工程的各项费用汇总成单位工程定额直接费、单位工程定额人工费、单位工程定额机械费。

3．单位估价法简例

某工程有关工程量如下：C15 混凝土地面垫层 48.56m³，M5 水泥砂浆砌砖基础 76.21m³。根据这些工程量数据和表 3-6 中的预算定额，用单位估价法计算定额直接费、定额人工费、定额机械费和分析工料。

（1）计算定额直接费、定额人工费、定额机械费

定额直接费、定额人工费、定额机械费的计算过程和计算结果见表 5-2。

直接费计算表（单位估价法） 表 5-2

定额编号	项目名称	单位	工程数量	单价				总价			
				基价	其中			合价	其中		
					人工费	材料费	机械费		人工费	材料费	机械费
1	2	3	4	5	6	7	8	9＝4×5	10＝4×6	11	12＝4×8
	一、砌筑工程										
定一1	M5 水泥砂浆砌砖基础	m³	76.21	127.73	31.08		0.76	9734.30	2368.61		57.92
	……										
	分部小计							9734.30	2368.61		57.92
	二、脚手架工程										
	……										
	分部小计										
	三、楼地面工程										
定一3	C15 混凝土地面垫层	m³	48.56	195.42	53.90		3.10	9489.60	2617.38		150.54
	……										
	分部小计							9489.60	2617.38		150.54
	合　计							19223.90	4985.99		208.46

（2）工料分析

人工工日及各种材料分析见表 5-3。

160

| 定额编号 | 项目名称 | 单位 | 工程量 | 人工（工日） | 主要材料 | | | |
					标准砖（块）	M5 水泥砂浆（m³）	水（m³）	C15 混凝土（m³）
	一、砌筑工程							
定—1	M5 水泥砂浆砌砖基础	m³	76.21	$\frac{1.243}{94.73}$	$\frac{523}{39.858}$	$\frac{0.236}{17.986}$	$\frac{0.231}{17.60}$	
	分部小计			94.73	39.858	17.986	17.60	
	二、楼地面工程							
定—3	C15 混凝土地面垫层	m³	48.56	$\frac{2.156}{104.70}$			$\frac{1.538}{74.69}$	$\frac{1.01}{49.046}$
	分部小计			104.70			74.69	49.046
	合　　计			199.43	39.858	17.986	92.29	49.046

注：主要材料栏的分数中，分子表示定额用量，分母表示工程量乘以定额用量的结果。

二、用实物金额法计算直接费

1．实物金额法计算直接费的方法与步骤

凡是用分项工程量分别乘以预算定额子目中的实物消耗量（即人工工日、材料数量、机械台班数量）求出分项工程的人工、材料、机械台班消耗量，然后汇总成单位工程实物消耗量，再分别乘以人工费单价、材料预算价格、机械台班预算价格求出单位工程人工费、材料费、机械使用费，最后汇总成单位工程直接费的方法，称为实物金额法。

2．实物金额法的数学模型

单位工程直接费＝人工费＋材料费＋机械费

其中：人工费＝Σ（分项工程量×定额用工量）×人工费单价

材料费＝Σ（分项工程量×定额材料用量×材料预算价格）

机械费＝Σ（分项工程量×定额台班用量×机械台班预算价格）

3．实物金额法计算直接费简例

某工程有关工程量为，M5 水泥砂浆砌砖基础 76.21m³；C15 混凝土地面垫层 48.56m³。根据上述数据和表 5-4 中的预算定额分析工料机消耗量，再根据表 4-5 中的单价计算直接费。

建筑工程预算定额（摘录）　　　　　　表 5-4

定 额 编 号			S—1	S—2
定 额 单 位			10m³	10m³
项 目		单位	M5 水泥砂浆砌砖基础	C15 混凝土地面垫层
人 工	基本工	工日	10.32	13.46
	其他工	工日	2.11	8.10
	合 计	工日	12.43	21.56

定额编号		S—1	S—2
定额单位		10m³	10m³
项目	单位	M5 水泥砂浆砌砖基础	C15 混凝土地面垫层
材料 标准砖	千块	5.23	
M5 水泥砂浆	m³	2.36	
C15 混凝土（0.5～4）	m³		10.10
水	m³	2.31	15.38
其他材料费	元		1.23
机械 200L 砂浆搅拌机	台班	0.475	
400L 混凝土搅拌机	台班		0.38

（1）分析人工、材料、机械台班消耗量

计算过程见表 5-6。

人工单价、材料预算价格、机械台班预算价格表　　　表 5-6

序号	名称	单位	单价（元）
一、	人工单价	工日	25.00
二、	材料预算价格		
1.	标准砖	千块	127.00
2.	M5 水泥砂浆	m³	124.32
3.	C15 混凝土（0.5～4 砾石）	m³	136.02
4.	水	m³	0.60
三、	机械台班预算价格		
1.	200L 砂浆搅拌机	台班	15.92
2.	400L 混凝土搅拌机	台班	81.52

（2）计算直接费

直接费计算过程见表 5-7、表 5-8。

人工、材料、机械台班分析表　　　表 5-7

定额编号	项目名称	单位	工程量	人工（工日）	标准砖（千块）	M5水泥砂浆（m³）	C15混凝土（m³）	水（m³）	其他材料费（元）	200L砂浆搅拌机（台班）	400L混凝土搅拌机（台班）
	一、砌筑工程										
S—1	M5 水泥砂浆砌砖基础	m³	76.21	1.243 / 94.73	0.523 / 39.858	0.236 / 17.986		0.231 / 17.605		0.0475 / 3.620	
	二、楼地面工程										
S—2	C15 混凝土地面垫层	m³	48.56	2.156 / 104.70		1.01 / 49.046	1.538 / 74.685	0.123 / 5.97			0.038 / 1.845
	合计			199.43	39.858	17.986	49.046	92.29	5.97	3.620	1.845

注：分子为定额用量、分母为计算结果。

162

序　号	名　　　　称	单　位	数　量	单价（元）	合价（元）	备　　注
1	人　工	工日	199.43	25.00	4985.75	人工费：4985.75
2	标准砖	千块	39.858	127.00	5061.97	材料费：14030.57
3	M5 水泥砂浆	m³	17.986	124.32	2236.02	
4	C15 混凝土（0.5～4）	m³	49.046	136.02	6671.24	
5	水	m³	92.29	0.60	55.37	
6	其他材料费	元	5.97		5.97	
7	200L 砂浆搅拌机	台班	3.620	15.92	57.63	机械费：208.03
8	400L 混凝土搅拌机	台班	1.845	81.52	150.40	
	合　　计				19224.35	直接费：19224.35

第三节　材料价差调整

一、材料价差产生的原因

凡是使用完全定额基价的预算定额编制施工图预算，一般需调整材料价差。

目前，预算定额基价中的材料费是根据编制定额所在地区的省会所在地的材料预算价格计算。由于地区材料预算价格随着时间的变化而发生变化，其他地区使用该预算定额时材料预算价格也会发生变化，所以，用单位估价法计算定额直接费后，一般还要根据工程所在地区的材料预算价格调整材料价差。

二、材料价差调整方法

材料价差的调整有两种基本方法，即单项材料价差调整法和材料价差综合系数调整法。

1. 单项材料价差调整

当采用单位估价法计算定额直接费时，一般，对影响工程造价较大的主要材料（如钢材、木材、水泥、花岗岩、大理石等）进行单项材料价差调整。

单项材料价差调整的计算公式为：

$$\begin{matrix}\text{单项材料}\\\text{价差调整}\end{matrix} = \Sigma\left[\begin{matrix}\text{单位工程某}\\\text{种材料用量}\end{matrix} \times \left(\begin{matrix}\text{现行材料}\\\text{预算价格}\end{matrix} - \begin{matrix}\text{预算定额中}\\\text{材料单价}\end{matrix}\right)\right]$$

【例 1】　根据某工程有关材料消耗量和现行材料预算价格，调整材料价差，有关数据如表 5-9。

表 5-9

材料名称	单　位	数　量	现行材料预算价格（元）	预算定额中材料单价（元）
52.5MPa 水泥	kg	7345.10	0.35	0.30
φ10 圆钢筋	kg	5618.25	2.65	2.80
花岗岩板	m²	816.40	350.00	290.00

【解】　（1）直接计算

$$\begin{aligned}\text{某工程单项}\atop\text{材料价差} &= 7345.10 \times (0.35 - 0.30) + 5618.25 \times (2.65 - 2.80) \\ &\quad + 816.40 \times (350 - 290) \\ &= 7345.10 \times 0.05 - 5618.25 \times 0.15 + 816.40 \times 60 \\ &= 48508.52 \ \text{元}\end{aligned}$$

（2）用"单项材料价差调整表（表 5-10）"计算

单项材料价差调整表

表 5-10

工程名称：××工程

序号	材料名称	数　量	现行材料预算价格	预算定额中材料预算价格	价差（元）	调整金额（元）
1	52.5MPa 水泥	7345.10kg	0.35 元/kg	0.30 元/kg	0.05	367.26
2	ϕ10 圆钢筋	5618.25kg	2.65 元/kg	2.80 元/kg	-0.15	-842.74
3	花岗岩板	816.40m²	350.00 元/m²	290.00 元/m²	60.00	48984.00
	合　计					48508.52

2．综合系数调整材料价差

采用单项材料价差的调整方法，其优点是准确性高，但计算过程较繁杂。因此，一些用量大，单价相对低的材料（如地方材料、辅助材料等）常采用综合系数的方法来调整单位工程材料价差。

采用综合系数调整材料价差的具体做法就是用单位工程定额材料费或定额直接费乘以综合调价系数，求出单位工程材料价差，其计算公式如下：

$$\text{单位工程采用综合}\atop\text{系数调整材料价差} = \text{单位工程定}\atop\text{额材料费}\left({\text{定额直}\atop\text{接费}}\right) \times \text{材料价差综}\atop\text{合调整系数}$$

【例 2】 某工程的定额材料费为 786457.35 元，按规定以定额材料费为基础乘以综合调价系数 1.38%，计算该工程地方材料价差。

【解】 $\text{某工程地方材料}\atop\text{的材料价差} = 786457.35 \times 1.38\% = 10853.11 \ \text{元}$

需要说明，一个单位工程可以单独采用单项材料价差调整的方法来调整材料价差，也可单独采用综合系数的方法来调整材料价差，还可以将上述两种方法结合起来调整材料价差。

第四节　营业办公楼直接费计算

一、营业办公楼工料机用量计算

营业办公楼工日材料、机械台班耗用量计算见表 5-11。

二、营业办公楼工料机用量汇总

营业办公楼工日、材料、机械台班耗用量汇总见表 5-12。

三、营业办公楼直接费计算

营业办公楼采用实物金额法计算直接费见表 5-13。

工程名称：办公营业楼

工日、机械台班、材料用量计算表

表 5-11

序号	定额编号	项目名称	单位	工程数量	综合工日	机械台班 电动打夯机	机械台班 反铲挖掘机 0.75m³	机械台班 自卸汽车 8t	机械台班 推土机 75kW内	机械台班 洒水车 4000L	机械台班 压路机 6~8t	材料用量 水 m³
		建筑面积	m²	748.66								
		一、土石方										
	1-2	人工挖土方	m³	160.69	0.326/52.38							
	1-46	基础回填土	m³	851.51	0.294/250.34	0.080/68.12						
	1-46	房心回填土	m³	233.78	0.294/68.73	0.080/18.70						
	1-46	素土垫层	m³	6.26	0.294/1.84	0.080/0.50						
	1-48	平整场地	m²	556.63	0.032/17.81							
	1-272	碾压 3:7 灰土	m²	642.40	0.006/3.85				0.00074/0.48	0.00075/0.48	0.0074/4.75	0.015/9.64
	补-1	地基钎探	m²	600.85	0.12/72.10							
	1-168	反铲挖掘机挖土自卸汽车运土(1km)	m³	1446.2	0.006/8.68		0.0033/4.77	0.0235/33.99	0.0030/4.34	0.0006/0.87		0.012/17.35
		分部小计			475.73		4.77	33.99	4.82	1.35	4.75	26.99
		二、脚手架				脚手架钢材 kg	枋板材 m³					
	补-2	综合脚手架	m²	748.66	0.044/32.94	0.29/217.11	0.0005/0.37					
		分部小计			32.94	217.11	0.37					

注：分子为定额用量，分母为工程量乘以分子后的结果。

序号	定额编号	项目名称	单位	工程数量	综合工日	机械台班 灰浆机200L	材料用量 M7.5水泥砂浆 m³	M5混合砂浆 m³	M7.5混合砂浆 m³	600×240×150加气混凝土块 m³	水 m³	粘土砖块			
		三、砌筑													
	4—1换	M7.5水泥砂浆砌砖基础	m³	30.35	1.218/36.97	0.039/1.18	0.236/7.16				0.105/3.17	524/15903			
	4—35换	M7.5混合砂浆砌250加气混凝土外墙	m³	82.09	1.001/82.17	0.013/0.82			0.08/6.57	46/3776.14	0.1/8.2				
	4—35换	M7.5混合砂浆砌200加气混凝土块内墙	m³	43.74	1.001/43.77	0.013/0.57			0.08/3.50	46/2011.58	0.1/4.37				
	4—35换	M7.5混合砂浆砌120加气混凝土块内墙	m³	1.02	1.001/1.02	0.013/0.01			0.08/0.08	46/46.9	0.1/0.10				
	4—10换	M7.5混合砂浆砌240女儿墙	m³	15.69	1.608/25.23	0.038/0.60			0.225/3.53		0.106/1.66	531/8331			
	4—61	砖地沟	m³	19.80	1.244/24.63	0.038/0.75		0.228/4.51			0.107/2.12	540/1069			
	4—60	砖砌台阶挡墙	m³	3.60	2.30/8.28	0.035/0.13		0.211/0.76			0.11/0.40	551/1984			
		分部小计			222.07	4.06	7.16	5.27	13.68	5834.62	20.02	27287			

四、混凝土及钢筋混凝土

序号	定额编号	项目名称	单位	工程数量	综合工日	机械台班 载重汽车6t	汽车起重机5t	圆锯机500mm	材料用量 #22铁丝 kg	组合钢模 kg	枋板材 m³	支撑方木 m³	零星卡具 kg	铁钉 kg	8#铅丝 kg	8C#单板纸张	隔离剂 kg	1:2水泥砂浆 m³	梁卡具 kg
5-17		独立基础模板	m²	95.01	0.265/25.18	0.0028/0.27	0.0008/0.08	0.0007/0.07	0.0018/0.17	0.697/66.22	0.001/0.095	0.0065/0.618	0.259/24.61	0.127/12.07	0.52/49.41	0.30/28.5	0.10/9.5	0.00012/0.011	0.172/30.76
5-33		混凝土垫层模板	m²	17.58	0.1284/2.26	0.0011/0.02		0.0016/0.03	0.0018/0.03		0.0145/0.255			0.193/3.39			0.10/1.76	0.00012/0.002	
5-69		基础梁模板	m²	178.81	0.3393/60.67	0.0023/0.41	0.0011/0.20	0.0004/0.07	0.0018/0.32	0.767/137.15	0.0004/0.072	0.0028/0.501	0.318/56.86	0.219/39.16	0.172/30.76	0.30/53.6	0.10/17.88	0.00012/0.021	0.172/30.76
5-82		圈梁模板	m²	35.50	0.3609/12.81	0.0015/0.05	0.0008/0.03	0.0001/0.004	0.0018/0.06	0.765/27.15	0.00014/0.005	0.0011/0.039		0.33/11.72	0.645/22.90	0.30/10.65	0.10/3.55	0.00003/0.001	30.76

序号	定额编号	项目名称	单位	工程数量	综合工日	机械台班 载重汽车6t	汽车起重6t	圆锯机500mm	材料用量 组合钢模板 kg	板枋材 m³	钢管及扣件 kg	支撑枋木 m³
5-58		矩形框架柱模板	m²	288.65	0.41/118.35	0.0028/0.81	0.0018/0.52	0.0006/0.17	0.781/225.44	0.0006/0.173	0.459/132.49	0.0018/0.520
5-67		柱超高0.22m模板支撑	m²	104.41	0.0314/3.28	0.0001/0.01	0.00004/0.004				0.0337/3.52	0.00021/0.022
5-67换		柱超高2.24m模板支撑	m²	163.12	0.0942/15.37	0.0003/0.05	0.00012/0.02				0.1011/16.49	0.00063/0.103
5-66		圆形柱模板	m²	59.63	0.6093/36.33	0.0035/0.21		0.0186/1.11		0.0162/0.966		0.007/0.417
5-67		圆柱超高0.22m模板支撑	m²	13.56	0.0314/0.43	0.0001/0.001	0.00004/0.001				0.0337/0.46	0.00021/0.003
5-67换		圆柱超高2.24m模板支撑	m²	41.55	0.0942/3.91	0.0003/0.01	0.00012/0.005				0.1011/4.20	0.00063/0.026
5-58		矩形TZ模板	m²	13.89	0.41/5.69	0.0028/0.04	0.0018/0.03	0.0006/0.01	0.781/10.85	0.0006/0.01	0.459/6.38	0.0018/0.025

序号	定额编号	项目名称	单位	工程数量	综合工日	机械台班			材料用量			
						载重汽车 6t	汽车起重机 5t	圆锯机 500mm	组合钢模板 kg	板枋材 m³	钢管及扣件 kg	支撑枋木 m³
	5—67换	柱超高2.31m模板支撑	m²	13.89	0.0942 / 1.31	0.0003 / 0.004	0.00012 / 0.002				0.1011 / 1.40	0.00063 / 0.01
	5—58	构造柱模板	m²	46.23	0.41 / 18.95	0.0028 / 0.13	0.0018 / 0.08	0.0006 / 0.03	0.781 / 36.10	0.0006 / 0.028	0.459 / 21.22	0.0018 / 0.083
	5—67	构造柱超高0.22m模板支撑	m²	24.84	0.0314 / 0.78	0.0001 / 0.002	0.00004 / 0.001				0.0337 / 0.84	0.00021 / 0.005
	5—67换	构造柱超高2.24m模板支撑	m²	17.02	0.0942 / 1.60	0.0003 / 0.005	0.00012 / 0.002				0.1011 / 1.72	0.00063 / 0.01
	5—73	单梁连续梁模板	m²	533.72	0.4961 / 264.78	0.0033 / 1.76	0.002 / 1.07	0.0004 / 0.21	0.7734 / 412.78	0.00017 / 0.091	0.6948 / 370.83	0.00029 / 0.155
	5—85	梁超高0.22m模板支撑	m²	249.59	0.0574 / 14.33	0.0005 / 0.13	0.0003 / 0.07				0.12 / 29.95	
	5—85换	梁超高2.24m模板支撑	m²	298.15	0.1722 / 51.34	0.0015 / 0.45	0.0009 / 0.27				0.36 / 107.33	
	5—108	平板模板	m²	652.87	0.3619 / 236.27	0.0034 / 2.22	0.002 / 1.31	0.0009 / 0.59	0.6828 / 445.78	0.00051 / 0.333	0.4801 / 313.44	0.00231 / 1.508

序号	定额编号	项目名称	单位	工程数量	综合工日	材料用量				
						零星卡具 kg	铁钉 kg	80#草板纸 张	隔离剂 kg	8#铁丝 kg
	5—58	矩形框架柱模板	m²	288.65		0.667 / 192.53	0.018 / 5.20	0.30 / 86.6	0.10 / 28.87	
	5—67	柱超高0.22m模板支撑	m²	104.41						
	5—67换	柱超高2.24m模板支撑	m²	163.12						
	5—66	圆柱柱模板	m²	59.63			0.485 / 28.92	嵌缝料 kg 0.10 / 5.96	0.10 / 5.96	0.095 / 5.66

序号	定额编号	项目名称	单位	工程数量	综合工日	零星卡具 kg	铁钉 kg	80#草板纸张	隔离剂 kg	1:2水泥砂浆 m³	8#铁丝 kg	尼龙帽 个	22#铁丝 kg
	5—67	圆柱超高0.22m模板支撑	m²	13.56	0.0314/0.43								
	5—67换	圆柱超高2.24m模板支撑	m²	41.55	0.0942/3.91								
	5—58	矩形TZ模板	m²	13.89	0.41/5.69	0.667/9.26							
	5—67换	柱超高2.31m模板支撑	m²	13.89	0.0942/1.31		0.018/0.25	0.30/4.17	0.10/1.39				
	5—58	构造柱模板	m²	46.23	0.41/18.95	0.667/30.84	0.018/0.83	0.30/13.87	0.10/4.62				
	5—67	构造柱超高0.22m模板支撑	m²	24.84	0.0314/0.78								
	5—67换	构造柱超高2.24m模板支撑	m²	17.02	0.0942/1.60								
	5—73	单梁连续梁模板	m²	533.72	0.4961/264.78	0.6729/359.14	0.0047/2.51	0.30/160.12	0.10/53.37	0.00012/0.064	0.1607/85.77	0.37/197.48	0.0018/0.96
	5—85	梁超高0.22m模板支撑	m²	249.59	0.0574/14.33								
	5—85换	梁超高2.24m模板支撑	m²	298.15	0.1722/51.34								
	5—108	平板模板	m²	652.87	0.3619/236.27	0.2766/180.58	0.0179/11.69	0.30/195.86	0.10/65.29	0.00003/0.020			0.0018/1.18

序号	定额编号	项目名称	单位	工程数量	机械台班				材料用量									
					综合工日	圆锯机500mm	载重汽车6t	汽车吊5t	板枋材 m³	支撑枋木 m³	铁钉 kg	嵌缝料 kg	隔离剂 kg	钢管及扣件 kg	22#铁丝 kg	混凝土地模 m²	1:2水泥砂浆 m³	8#铁丝 kg
	5—113换	平板超高2.24m模板支撑	m²	341.64	0.1968/67.23		0.0012/0.41	0.0006/0.20						0.3096/105.77				
	5—113	平板超高0.22m模板支撑	m²	306.76	0.0656/20.12		0.0004/0.12	0.0002/0.06						0.1032/31.66				
	5—119	现浇整体楼梯模板	m²	20.42	1.06/21.65	0.05/1.02	0.005/0.10		0.0178/0.363	0.0168/0.343	1.07/21.85	0.204/4.17	0.204/4.17					
	5—121	雨篷模板	m²	6.43	0.744/4.78	0.035/0.23	0.006/0.04		0.0102/0.066	0.0211/0.136	1.16/7.46	0.155/1.00	0.155/1.00					
	5—121	挑檐模板	m²	45.63	0.744/33.95	0.035/1.60	0.006/0.27		0.0102/0.465	0.0211/0.963	1.16/52.93	0.155/7.07	0.155/7.07					
	5—123	混凝土台阶模板	m²	7.94	0.258/2.05	0.002/0.02	0.001/0.01		0.0065/0.052	0.001/0.008	0.148/1.18	0.05/0.40	0.05/0.40					
	5—130	女儿墙压顶模板	m²	15.48	0.4553/7.05	0.0098/0.15	0.0032/0.05	压刨床600mm	0.0173/0.268	0.005/0.077	0.761/11.78	0.10/1.55	0.10/1.55					
	5—150	预制过梁模板	m³	2.54	0.1835/0.47	0.0005/0.001	0.0005/0.001	0.0005/0.001	0.0044/0.011		0.0722/0.18		0.1764/0.45		0.0035/0.01	0.016/0.04	0.0001/0.003	
	5—182	预制沟盖板模板	m³	5.67	0.0757/0.43	0.0004/0.002	0.0004/0.002	0.0004/0.002	0.0014/0.008		0.0199/0.11		0.1586/0.90		0.0032/0.02	0.0117/0.07	0.0002/0.001	
	5—80	弧形梁模板	m²	16.76	0.5418/9.08	0.0116/0.19	0.0031/0.05		0.0118/0.198	0.0109/0.182	0.7374/12.36	0.10/1.68	0.10/1.68		0.0018/0.03		0.00012/0.002	0.3321/5.57
		现浇构件光圆钢筋安				卷扬机5t	钢筋切断机φ40	钢筋弯曲机φ40		Φ10内钢筋 t	22#铁丝 kg							
	5—294	4φ	t	0.037	22.63/0.84	0.37/0.01	0.12/0.004			1.02/0.038	15.67/0.58							

机械台班 / 材料用量

序号	定额编号	项目名称	单位	工程数量	综合工日	圆锯机 500mm	载重汽车 6t	汽车吊 5t	板方材 m³	支撑防木 m³	铁钉 kg	嵌缝料 kg	隔离剂 kg	钢管及扣件 kg	22#铁丝 kg	混凝土地模 m²	1:2水泥砂浆 m³	8#铁丝 kg
	5—294	φ6.5	t	0.845	22.63 / 19.12	0.37 / 0.31	0.12 / 0.10			1.02 / 0.86	15.67 / 13.24							
	5—295	φ8	t	3.723	14.75 / 55.05	0.32 / 1.19	0.12 / 0.45	0.36 / 1.34		1.02 / 3.807	8.80 / 32.84							

机械台班 / 材料用量

序号	定额编号	项目名称	单位	工程数量	综合工日	卷扬机 5t	钢筋切断机 φ40	钢筋弯曲机 φ40	电焊机 30kW	对焊机 75kVA	钢筋 φ10 内 t	钢筋 φ10 外 t	22#铁丝 kg	电焊条 kg	水 m³	螺纹钢筋 t
	5—296	φ10	t	2.086	10.90 / 22.74	0.30 / 0.63	0.10 / 0.21	0.31 / 0.65			1.02 / 2.128		5.64 / 11.77			
	5—297	φ12	t	4.562	9.54 / 43.52	0.28 / 1.28	0.09 / 0.41	0.26 / 1.19	0.45 / 2.05	0.09 / 0.41		1.045 / 4.767	4.62 / 21.08	7.20 / 32.35	0.15 / 0.68	
	5—301	φ20	t	1.346	5.79 / 7.79	0.15 / 0.20	0.08 / 0.11	0.17 / 0.23	0.42 / 0.57	0.07 / 0.09		1.045 / 1.407	1.67 / 2.25	9.60 / 12.92	0.12 / 0.16	
	5—302	φ22	t	1.629	5.32 / 8.67	0.13 / 0.34	0.08 / 0.13	0.20 / 0.33	0.39 / 0.64	0.05 / 0.08		1.045 / 1.702	1.37 / 2.23	9.60 / 15.63	0.08 / 0.13	
		现浇构件螺纹钢筋制安														
	5—308	φ12	t	1.057	10.77 / 11.38	0.31 / 0.32	0.10 / 0.11	0.26 / 0.27	0.53 / 0.56	0.11 / 0.12			4.62 / 4.88	7.20 / 7.61	0.15 / 0.16	1.045 / 1.105
	5—309	φ14	t	0.043	9.03 / 0.39	0.22 / 0.01	0.10 / 0.004	0.21 / 0.01	0.53 / 0.02	0.11 / 0.005			3.39 / 0.15	7.20 / 0.31	0.15 / 0.01	1.045 / 0.045
	5—310	φ16	t	1.394	8.16 / 11.38	0.19 / 0.26	0.11 / 0.15	0.23 / 0.32	0.53 / 0.74	0.11 / 0.15			2.60 / 3.62	7.20 / 10.04	0.15 / 0.21	1.045 / 1.457
	5—311	φ18	t	2.089	7.06 / 14.75	0.17 / 0.36	0.10 / 0.21	0.20 / 0.42	0.50 / 1.04	0.09 / 0.19			3.02 / 6.31	9.60 / 20.05	0.12 / 0.25	1.045 / 2.183

序号	定额编号	项目名称	单位	工程数量	综合工日	机械台班					材料用量					
						卷扬机 5t	钢筋切断机 φ40	钢筋弯曲机 φ40	电焊机 30kW	对焊机 75kVA	钢筋 φ10 内 t	钢筋 φ10 外 t	22# 铁丝 kg	电焊条 kg	水 m³	螺纹钢筋 t
	5—312	φ20	t	10.032	6.49/65.11	0.16/1.61	0.09/0.90	0.17/1.71	0.50/5.02	0.10/1.00			2.05/20.57	9.60/96.31	0.12/1.20	1.045/10.483
	5—313	φ22	t	2.528	5.80/14.66	0.14/0.35	0.09/0.23	0.20/0.51	0.46/1.16	0.06/0.15			1.67/4.22	9.60/24.27	0.08/0.20	1.045/2.642
	5—314	φ25	t	2.060	5.19/10.69		0.09/0.19	0.18/0.37	0.46/0.95	0.06/0.12			1.07/2.20	12.00/24.72	0.08/0.16	1.045/2.153
		预制构件光圆钢筋制安														
	5—322	φ6.5	t	0.232	21.43/4.97	0.33/0.08	0.11/0.03				1.015/0.235		15.67/3.64			

序号	定额编号	项目名称	单位	工程数量	综合工日	机械台班					材料用量					
						卷扬机 5t	钢筋切断机 φ40	钢筋弯曲机 φ40	电焊机 30kW	对焊机 75kVA	螺纹钢筋 t	22# 铁丝 kg	电焊条 kg	水 m³	φ10 内钢筋 t	φ10 外钢筋 t
		预制构件螺纹钢筋制安														
	5—341	φ10	t	0.077	11.08/0.85	0.29/0.02	0.09/0.01	0.27/0.02			1.035/0.080	5.64/0.43				
	5—342	φ12	t	0.079	10.22/0.81	0.27/0.02	0.09/0.01	0.23/0.02	0.53/0.04	0.11/0.01	1.035/0.082	4.62/0.36	7.20/0.57	0.150/0.01		
	5—343	φ14	t	0.070	8.57/0.60	0.20/0.01	0.09/0.01	0.18/0.01	0.53/0.04	0.11/0.01	1.035/0.072	4.22/0.30	7.20/0.50	0.15/0.01		
		箍筋制安														
	5—355	φ6.5	t	0.064	28.88/1.85	0.37/0.02	0.19/0.01					15.67/1.00			1.02/0.065	

材料用量 / 机械台班

序号	定额编号	项目名称	单位	工程数量	综合工日	卷扬机 5t	钢筋切断机 φ40	钢筋弯曲机 φ40	电焊机 30kW	对焊机 75kVA	螺纹钢筋 t	22#铁丝 kg	电焊条 kg	水 m³	φ10内钢筋 t	φ10外钢筋 t
	5-356	φ8	t	4.972	18.67/92.83	0.32/1.59	0.18/0.89	1.23/6.12				8.80/4.38			1.02/5.07	
	5-357	φ10	t	1.159	13.27/15.38	0.30/0.35	0.12/0.14	0.85/0.99				5.64/6.54			1.02/1.18	

材料用量 / 机械台班

序号	定额编号	项目名称	单位	工程数量	综合工日	混凝土搅拌机 400L	插入式振捣器	机动翻斗车 1t	灰浆搅拌机 200L	平板式震捣器	C20混凝土 m³	C25混凝土 m³	草袋子 m²	水 m³	1:2水泥砂浆 m³
		现浇混凝土													
	5-396 换	独立基础C20混凝土	m³	64.82	1.058/68.58	0.039/2.53	0.077/4.99	0.078/5.06			1.015/65.79		0.326/21.13	0.931/60.35	0.031/1.084
	5-401 换	C25混凝土矩形柱	m³	34.98	2.164/75.70	0.062/2.17	0.124/4.34		0.004/0.14			0.986/34.49	0.10/3.50	0.909/31.80	0.031/1.084
	5-402 换	C25混凝土圆形柱	m³	6.91	2.243/15.50	0.062/0.43	0.124/0.86		0.004/0.03			0.986/6.81	0.086/0.59	0.891/6.16	0.031/0.214
	5-401 换	C25混凝土二 TZ 柱	m³	0.82	2.164/1.77	0.062/0.05	0.124/0.10		0.004/0.003			0.986/0.809	0.10/0.08	0.909/0.75	0.031/0.03
	5-403 换	C20混凝土构造柱	m³	6.41	2.562/16.42	0.062/0.40	0.124/0.79		0.004/0.03		0.986/6.320		0.084/0.54	0.899/5.76	0.031/0.199
	5-405 换	C20混凝土基础梁	m³	28.76	1.334/38.37	0.063/1.81	0.125/3.60		0.004/0.03		1.015/29.191		0.603/17.34	1.014/29.16	
	5-406 换	C25混凝土梁	m³	59.66	1.551/92.53	0.063/3.76	0.125/7.46					1.015/60.55	0.595/35.50	1.019/60.79	
	5-419 换	C25混凝土平板	m³	89.46	1.351/120.86	0.063/5.64	0.063/5.64			0.063/5.64		1.015/90.802	1.422/127.21	1.289/115.31	
	5-423 换	C25混凝土雨篷	m²	6.43	0.248/1.59	0.01/0.06	0.013/0.08					0.107/0.688	0.229/1.47	0.166/1.07	

序号	定额编号	项目名称	单位	工程数量	综合工日	机械台班 混凝土搅拌机400L	插入式振捣器	塔吊6t / 灰浆搅拌机200L	皮带运输机15m / 圆锯机500mm	机动翻斗车1t / 载重汽车6t	材料用量 C20混凝土 m³ / C15混凝土	C25混凝土 m³ / C20细石混凝土 m³	草袋子 m²	水 m³	C30混凝土 m³ / 铁钉 kg	仿板材 m³	平板式振捣器	龙门吊10t	8#铁丝 kg	1:2水泥砂浆 m³
	5—423换	C25混凝土挑檐	m²	6.43	0.248/1.59	0.01/0.06	0.013/0.08					0.107/0.688	0.229/1.47	0.166/1.07						
	5—421换	C25混凝土楼梯	m²	20.42	0.575/11.74	0.026/0.53	0.052/1.06					0.26/5.309	0.218/4.45	0.29/5.92						
	5—432换	C25混凝土压顶	m³	2.32	2.648/6.14	0.10/0.23						1.015/2.355	3.834/8.89	2.052/4.76						
	5—432代	屋面混凝土泛水	m³	1.52	2.648/4.02	0.10/0.15					1.015/1.543		3.834/5.83	2.052/3.12						
	补—3	C15混凝土台阶	m²	7.94	1.24/9.85	0.01/0.08					C15混凝土 0.370/2.938		0.22/1.75	0.28/2.22						
	5—408换	C20混凝土圈梁	m³	6.57	2.41/15.84						1.015/6.669		0.826/5.43	0.984/6.46						
		预制混凝土																		
	5—441	预制混凝土过梁	m³	2.54	1.352/3.43	0.025/0.06	0.05/0.13	0.025/0.06	0.025/0.06		0.063/0.16		0.721/1.83	1.212/3.08	1.015/2.578	0.0015/0.004				
	5—469	预制混凝土沟盖板	m³	5.67	1.527/8.66	0.025/0.14	0.013/0.07	0.013/0.07	0.025/0.14		0.063/0.36	1.015/5.755	0.902/5.11	1.456/8.26		0.0071/0.040	0.05/0.28	0.013/0.07		
	5—532	过梁接头灌浆	m³	2.50	0.263/0.66		0.01/0.03		0.015/0.08	0.001/0.01		C20细石混凝土 0.064/0.36		0.014/0.04	铁钉 0.014/0.04				0.062/0.16	0.062/0.16
	5—534	沟盖板接头灌浆	m³	5.59	0.646/3.61	0.006/0.03	0.004/0.02		0.015/0.08	0.001/0.01		C20细石混凝土 0.064/0.36		0.072/0.40	铁钉 0.245/1.37	0.0072/0.040			0.986/5.51	0.023/0.13

续表

序号	定额编号	项目名称	单位	工程数量	综合工日	载重汽车 6t / 圆锯机 500mm	轮胎吊 20t / 平刨床 450mm	压刨床 400mm	打眼机 50mm	电焊条 kg / 开榫机 160mm	垫铁 kg / 裁口机 400mm	方垫木 m³ / 一等枋材 m³	麻绳 kg / 三层板 m²
		五、构件安装											
	6—222	预制过梁安装	m³	2.51	1.807/4.53		0.151/0.38			0.468/1.17	1.849/4.64	0.0023/0.006	0.005/0.01
	6—371	沟盖板安装	m³	5.62	0.474/2.66							0.001/0.006	0.005/0.03
	6—96	木门运输（20km 内）	m²	48.0	0.0107/0.51	0.0214/1.03							
		六、门窗				圆锯机 500mm	平刨床 450mm	压刨床 400mm	打眼机 50mm	开榫机 160mm	裁口机 400mm	一等枋材 m³	三层板 m²
	7—65	单扇胶合板门框制作	m²	17.70	0.0839/1.49	0.0021/0.04	0.0056/0.10	0.0044/0.08	0.0044/0.08	0.002/0.04	0.0025/0.04	0.0211/0.373	
	7—66	单扇胶合板门框安装	m³	17.70	0.1714/3.03	0.0006/0.01						0.0037/0.065	
	7—67	单扇胶合板门扇制作	m²	17.70	0.2763/4.89	0.0059/0.10	0.0176/0.31	0.0176/0.31	0.0282/0.50	0.0282/0.50	0.007/0.12	0.0194/0.343	2.014/35.65
	7—68	单扇胶合板门扇安装	m²	17.70	0.0965/1.71								
	7—69	双扇胶合板门框制作	m²	6.30	0.0539/0.34	0.0011/0.007	0.0034/0.02	0.0028/0.02	0.0023/0.01	0.0011/0.01	0.0015/0.01	0.0127/0.08	
	7—70	双扇胶合板门框安装	m²	6.30	0.1058/0.67	0.0003/0.002						0.002/0.01	
	7—71	双扇胶合板门扇制作	m²	6.30	0.2927/1.84	0.0063/0.04	0.0177/0.11	0.0177/0.11	0.0301/0.19	0.0301/0.19	0.007/0.04	0.0194/0.122	2.157/13.59
	7—72	双扇胶合板门扇安装	m²	6.30	0.1029/0.65								

175

续表

序号	定额编号	项目名称	单位	工程数量	综合工日	材料用量									
						铁钉 kg	乳白胶 kg	麻刀石灰浆 m³	防腐油 kg	木楔 m³	垫木 m³	清油 kg	溶剂油 kg	板条(根) 1000×30×8	乳胶漆 kg
		六、门窗													
	7—65	单扇胶合板门框制作	m²	17.70	0.0839/1.49	0.014/0.25	0.006/0.11			0.00003/0.001	0.00001/0.001	0.0046/0.08	0.0027/0.05		
	7—66	单扇胶合板门框安装	m³	17.70	0.1714/3.03	0.102/1.81		0.0028/0.050	0.308/5.45					3.57/63.19	
	7—67	单扇胶合板门扇制作	m²	17.70	0.2763/4.89	0.05/0.89	0.119/2.11			0.0001/0.002	0.00001/0.0002	0.0129/0.23	0.0074/0.13		
	7—68	单扇胶合板门扇安装	m²	17.70	0.0965/1.71										
	7—69	双扇胶合板门框制作	m²	6.30	0.0539/0.34	0.0074/0.05	0.006/0.04			0.00003/0.0002	0.00001/0.0001	0.0046/0.03			0.0027/0.02
	7—70	双扇胶合板门框安装	m²	6.30	0.1058/0.67	0.054/0.34		0.0017/0.01	0.1769/1.11					1.91/12.03	
	7—71	双扇胶合板门扇制作	m²	6.30	0.2927/1.84	0.0538/0.34	0.1189/0.75			0.00009/0.001	0.00001/0.0001	0.013/0.08			0.0074/0.05
	7—72	双扇胶合板门扇安装	m²	6.30	0.1029/0.65										

序号	定额编号	项目名称	单位	工程数量	综合工日	机械台班 机械费元（折页100mm个／电动夯机）	圆锯机500mm	压刨机400mm	插销100mm个／3:7灰土m³／1:6水泥焦渣混凝土m³	全波平开门m²／插销150mm个／水m³	全玻推拉门m²／插销300mm个	推拉窗m²／拉手150mm个	固定窗m²／铁搭扣100mm个	不锈钢固定窗m²／木螺丝38mm个	纺板材m²	铁钉kg	木螺丝25mm个	木螺丝19mm个
	7—288	全波平开门安装	m²	3.60	0.74/2.66	5.0/18.0				0.93/3.35								
	7—289换	全玻推拉门安装	m²	32.80	0.757/24.83	5.0/164					0.95/31.16							
	7—289	铝合金推拉窗安装	m²	54.18	0.757/41.01	4.0/216.72						0.95/51.47						
	7—290	铝合金固定窗安装	m²	7.56	0.421/3.18	6.0/45.36							0.93/7.03					
	7—290换	不锈钢包边固定窗安装	m²	120.19	0.421/50.60	6.50/781.17								0.98/117.78				
	7—361换	上人孔木盖板	m²	0.90	0.274/0.25		0.009/0.01	0.009/0.01							0.0292/0.026	0.06/0.05		
	7—366	双扇胶合板门小五金	樘	2		折页100mm个 4/8			插销100mm个 1/2	插销150mm个 1/2	插销300mm个 1/2	拉手150mm个 2/4	铁搭扣100mm个 1/2	木螺丝38mm个 32/64			8/16	31/62
	7—365	单扇胶合板门小五金	樘	9		折页100mm个 2/18			插销100mm个 1/9			拉手150mm个 1/9	铁搭扣100mm个 1/9	木螺丝38mm个 16/144			4/36	13/117
		七、楼地面				电动夯机												
	8—1	基础 3:7灰土垫层	m³	642.40	0.811/520.99	0.044/28.27			1.01/648.82									
	8—1	散水 3:7灰土垫层	m³	12.34	0.811/10.01	0.044/0.54			1.01/12.46									
	8—1	地坪 3:7灰土垫层	m³	52.65	0.81/42.65	0.044/2.32			1.01/53.18									
	8—14换	1:6水泥焦渣找坡	m³	29.08	1.323/38.47				1.01/29.37	0.20/5.82								

序号	定额编号	项目名称	单位	工程数量	综合工日	混凝土搅拌机400L	平板震动器	灰浆搅拌机200L	平面磨面机	石料切割机	C20混凝土 m³	C10混凝土 m³	水 m³	C15混凝土 m³	1:3水泥砂浆 m³	素水泥浆 m³	1:2.5水泥砂浆 m³	草袋子 m²
	8—16	C10混凝土地沟垫层	m³	8.42	1.225 / 10.31	0.101 / 0.85	0.079 / 0.67					1.01 / 8.50	0.50 / 4.21					
	8—16	C10混凝土基础垫层	m³	19.16	1.225 / 23.47	0.101 / 1.94	0.079 / 1.51					1.01 / 19.35	0.50 / 9.58					
	8—16换	C15混凝土地面垫层	m³	20.34	1.225 / 24.92	0.101 / 2.05	0.079 / 1.61						0.50 / 10.17	1.01 / 20.54				
	8—18	1:3水泥砂浆屋面找平层	m²	363.43	0.078 / 28.35			0.0034 / 1.24					0.006 / 2.18		0.0202 / 7.34	0.001 / 0.363		
	8—18	1:3水泥砂浆卫生间找平	m³	4.92	0.078 / 0.38			0.0034 / 0.02					0.006 / 0.03		0.0202 / 0.100	0.001 / 0.005		
	8—21	卫生间混凝土找坡	m²	4.92	0.0812 / 0.40	0.003 / 0.01	0.0024 / 0.01				0.0303 / 0.149		0.006 / 0.03			0.001 / 0.005		
	8—22换	卫生间混凝土找坡增加15厚	m²	4.92	0.0423 / 0.21	0.0015 / 0.01	0.0012 / 0.01				0.0153 / 0.075							
	8—23	1:2.5水泥砂浆地面面层	m²	4.21	0.1027 / 0.43			0.0034 / 0.01					0.038 / 0.16			0.001 / 0.004	0.0202 / 0.085	0.22 / 0.93
	8—25	1:2.5水泥砂浆台阶面层	m²	7.94	0.2809 / 2.23			0.005 / 0.04					0.056 / 0.44			0.0015 / 0.012	0.0299 / 0.237	0.33 / 2.62
	8—29	水磨石楼面	m²	302.60	0.5646 / 170.85			0.0029 / 0.88	0.1078 / 32.62				0.056 / 16.95			0.001 / 0.303		0.22 / 66.57
	8—43换	C20混凝土散水40厚，1:1砂浆抹光	m²	82.28	0.1645 / 13.54	0.0071 / 0.58		0.0009 / 0.07			0.0474 / 3.90		0.038 / 3.13					0.22 / 18.10
	8—57	花岗岩地面（600×600）	m²	333.07	0.2417 / 80.50			0.0034 / 1.13		石料切割机 0.016 / 5.33	白水泥 kg 0.10 / 33.31	麻袋 m² 0.22 / 73.28	0.026 / 8.66	石料锯片 0.0168 / 5.60		0.001 / 0.333	0.0202 / 6.728	
	8—72	卫生间地砖	m²	9.84	0.3717 / 3.66			0.0017 / 0.02		0.0126 / 0.12	0.10 / 0.98	地砖 m² 1.02 / 10.04	0.026 / 0.26	0.0032 / 0.03		0.001 / 0.01		
	8—61	花岗岩踢脚	m	304.37	0.0635 / 19.33			0.0005 / 0.15		0.0025 / 0.76	0.04 / 12.17		0.004 / 1.22	0.0006 / 0.18		0.0002 / 0.06		
	8—67	楼梯铺水磨石板	m²	21.68	0.556 / 12.05			0.0034 / 0.07		0.035 / 0.76	0.14 / 3.04	预制水磨石板 m² 1.447 / 31.37	0.0355 / 0.77	0.0143 / 0.31			0.0276 / 0.60	

序号	定额编号	项目名称	单位	工程数量	综合工日	1:2.5白石子浆 m³	水泥 kg	三角金刚石块	金刚石 200×75×50 块	3mm玻璃 m²	草酸 kg	硬白蜡 kg	煤油 kg	溶剂油 kg	清油 kg	棉纱头 kg	1:1水泥砂浆 m³	花岗岩板 600×600 m³
	8—16	C10混凝土地沟垫层	m³	8.42														
	8—16	C10混凝土基础垫层	m³	19.16														
	8—16换	C15混凝土地面垫层	m³	20.34														
	8—18	1:3水泥砂浆屋面找平层	m²	363.43														
	8—18	1:3水泥砂浆卫生间找平	m³	4.92														
	8—21	卫生间混凝土找坡	m²	4.92														
	8—22换	卫生间混凝土找坡增加15厚	m²	4.92														
	8—23	1:2.5水泥砂浆地面面层	m²	4.21														
	8—25	1:2.5水泥砂浆台阶面层	m²	7.94														
	8—29	水磨石楼面	m²	302.60		0.0173/5.235	0.26/78.7	0.30/90.78	0.03/9.08	0.0538/16.28	0.01/3.03	0.0265/8.02	0.04/12.10	0.0053/1.60	0.0053/1.60	0.011/3.33		
	8—43换	C20混凝土散水40厚,1:1砂浆抹光	m²	82.28		1:2水洗砂浆 m³		粗砂 m³ 0.0001/0.008	30#沥青 kg 0.0111/0.91	木材 kg 0.004/0.33	枋板材 m³ 0.0004/0.033		锯木屑 m³ 0.006/0.49				0.0051/0.42	
	8—57	花岗岩地面(600×600)	m²	333.07		0.0101/0.10							0.006/2.000			0.01/3.33		1.015/338.07
	8—72	卫生间地砖	m²	9.84									0.006/0.06			0.01/0.10		
	8—61	花岗岩踢脚	m	304.37		0.003/0.91							0.0009/0.27			0.0015/0.46		0.1523/46.35
	8—67	楼梯铺水磨石板	m²	21.68									0.0082/0.18			0.0137/0.30		

材料用量

序号	定额编号	项目名称	单位	工程数量	综合工日	机械台班			材料用量								
						抛光机	电焊机 30kVA	管子切割机 φ150	不锈钢管 φ89×2.5m	不锈钢管 φ32×1.5m	焊丝 kg	氩气 m³	钨棒 kg	法兰盘 φ59 个	环氧树脂 kg	不锈钢管 φ60×2m	铁件
	8—149	不锈钢栏杆	m	36.49	0.456/16.64	0.015/0.55	0.015/0.55	0.095/3.47	1.06/38.68	5.693/207.74	0.127/4.63	0.357/13.03	0.057/2.08	5.771/210.58	0.15/5.47	1.06/38.68	
	8—150	不锈钢弯头	个	1	0.669/0.669	0.135/0.14	0.15/0.14	0.09/0.09			0.039/0.04	0.109/0.11	0.002/0.002				
		(八)屋面及防水															铁件
	9—15换	改性沥青卷材防水(SBS)	m²	363.43	0.0626/22.75			螺栓 100×50 6×22套 个	改性沥青油毡 m² 2.379/864.60	玛碲脂 kg 0.0069/2.51	冷底子油 kg 0.490/178.08	木材 kg 3.01/1094	粒砂 m³ 0.0052/1.89	铁钉 kg 0.0028/1.02	φ10内钢筋 kg 0.0522/18.97	350#油毡 m²	
	9—61	铸铁雨水口	个	6	0.323/1.94		石碴 m³ 0.0031/0.02		铸铁雨水口 个 1.05/6.30	0.01/0.06						0.242/1.45	
	9—59换	UPVC雨水管	m	51.52	0.282/14.53	UPVC管 φ100m 1.047/53.94	UPVC三通 个 1.05/6.30	UPVC三通 个 1.05/54.10								0.144/7.42	
	9—63换	UPVC雨水斗	个	6	0.268/1.61			UPVC水斗 个 1.01/6.06								1.083/6.50	
	9—73换	φ50PVC出水口	个	2	0.131/0.26				UPVC φ50 个 1.01/2.02								
	9—99	卫生间聚氨酯膜防水层	m²	6.39	0.067/0.43	二甲苯 kg 0.130/0.83 小计:0.83	聚氨酯甲料 kg 1.076/6.88 小计:6.88	聚氨酯乙料 kg 1.684/10.76 小计:6.88	10.76			1.98/131.23					
	9—143	沥青砂浆伸缩缝	m	66.28	0.066/4.37			枋板材 m³ 0.075/1.540		沥青砂浆 m³ 0.0048/0.318							
		分部小计			45.89	PVCφ00 PVC三通 53.94 18.60个	螺栓 54.10	10.76	2.02	0.318	178.08	1225.23	1.89	1.02	18.97	13.92	
		保温隔热					30#石油沥青 kg										
	10—206换	屋面聚苯乙烯泡沫塑料板保温层60厚	m³	20.53	5.995/123.08	聚苯乙烯塑料板 m³ 0.957/19.65	88.58/1818.55	枋板材 m³ 0.075/1.540	防腐油 kg 1.133/23.26	石棉粉 kg 4.517/92.73	酒精 kg 44.29/909.27	40.75/836.60				4.545/93.31	
		分部小计			123.08	19.65	1818.55	1.54	23.26	92.73	909.27	836.60				93.31	

序号	定额编号	项目名称	单位	工程数量	综合工日	机械台班 灰浆搅拌机200L	石料切割机	钢筋调直机φ14	钢筋切断机φ40	材料用量 1:1:6混合砂浆 m³	107胶 kg	1:3水泥砂浆 m³	1:2.5水泥砂浆 m³	素水泥浆 m³	毛花岗岩板 m²	φ6.5钢筋 kg	软件 kg	铜丝 kg
		九、装饰																
	11—30	水泥砂浆抹雨篷线	m²	3.0	0.6562/1.97	0.0037/0.01					0.0221/0.07	0.0155/0.047	0.0067/0.020	0.001/0.003				
	11—30	水泥砂浆抹压顶	m²	131.58	0.6562/86.34	0.0037/0.49					0.0221/2.91	0.0155/2.039	0.0067/0.882	0.001/0.132				
	11—30	水泥砂浆抹台阶侧	m²	10.61	0.6562/6.96	0.0037/0.04					0.0221/0.23	0.0155/0.16	0.0067/0.071	0.001/0.011				
	11—40	混合砂浆抹内墙面	m²	1118.4	0.1373/153.56	0.0039/4.36				0.0162/18.118								
	11—40	混合砂浆抹女儿墙内侧	m²	39.97	0.1373/5.49	0.0039/0.16				0.0162/0.648								
	11—46	混合砂浆抹柱面	m²	23.05	0.2018/4.65	0.0037/0.09				0.0133/0.307	0.0221/0.51		0.0069/1.824	0.001/0.023				
	11—29	水泥砂浆抹外墙面	m²	264.42	0.1478/39.08	0.0039/1.03						0.0162/4.284						
	11—126	外墙勒脚贴毛石花岗岩	m²	101.56	0.7055/71.65	0.0093/0.94	0.051/5.18	0.0005/0.05	0.0005/0.05			0.056/5.687		0.001/0.102	1.02/103.59	1.10/111.72	0.35/35.55	0.078/7.92
	11—168	卫生间瓷砖墙面	m²	39.11	0.6433/25.16	0.0032/0.13	0.0148/0.58	电锤	切割机		0.0221/0.86	0.0111/0.434		0.001/0.039	瓷板 m² 1.02/39.89			螺栓 M8×80 套 2.49/609.95
	11—214	外墙面铝合金铝塑板龙骨	m²	244.96	0.097/23.76		手提电钻 0.0682/16.71	电锤 0.0311/7.62	0.0304/7.45						封钉 个 .51/369.89	自攻螺丝 个 11.20/2743.6		
	11—238	外墙铝塑板面	m²	244.96	0.2893/70.87													
	11—288	水泥砂浆抹卫生间顶棚	m²	5.47	0.1583/0.87	0.0029/0.02					0.0276/0.16	0.0101/0.055	0.0072/0.039	0.001/0.005			1:0.5:1 砂浆 m³	
	11—286	混合砂浆抹顶棚	m²	863.19	0.1391/120.07	0.0029/2.50	切割机 5.76	7.62	7.45		0.0276/23.82			0.001/0.863	纸筋石灰浆 m³ 0.002/1.726	1:3:9 砂浆 m³ 0.0062/5.352	0.009/7.769	
	11—286	混合砂浆抹雨篷底	m²	8.38	0.1391/1.17	0.0029/0.02					0.0276/0.23			0.001/0.008	0.002/0.017	0.0062/0.052	0.009/0.075	

序号	定额编号	项目名称	单位	工程数量	综合工日	电焊条 kg	白水泥 kg	石料锯片 片	硬白蜡 kg	草酸 kg	煤油 kg	清油 kg	松节油 kg	棉纱头 kg	水 m³	塑料膜 m²	松厚板 m³	1:1:4混合砂浆 m³
		九、装饰																
	11—30	水泥砂浆抹雨篷线	m²	3.0											0.0079/0.02			
	11—30	水泥砂浆抹压顶	m²	131.58											0.0019/0.25			
	11—30	水泥砂浆抹台阶侧	m²	10.61											0.0019/0.02			
	11—40	混合砂浆抹内墙面	m²	1118.4											0.0069/7.72		0.00005/0.056	0.0069/7.717
	11—40	混合砂浆抹女儿墙内侧	m²	39.97											0.0069/0.28		0.00005/0.002	0.0069/0.276
	11—46	混合砂浆抹柱面	m²	23.05											0.0079/0.18		0.00005/0.001	0.0089/0.205
	11—29	水泥砂浆抹外墙面	m²	264.42											0.0069/1.82		0.00005/0.013	
	11—126	外墙勒脚贴毛石花岗岩	m²	101.56		0.015/1.52	0.15/15.23	0.042/4.27	0.027/2.74	0.01/1.02	0.04/4.06	0.053/5.38	0.006/0.61	0.01/1.02	0.014/1.42	0.28/28.43	0.00005/0.005	
	11—168	卫生间瓷砖墙面	m²	39.11			0.15/5.87	0.0096/0.38						0.01/0.39	0.0081/0.71		0.00005/0.002	
	11—214	外墙面铝塑板龙骨	m²	244.96				螺丝 个 25.05/6136.25	SY-19胶 kg 0.0105/2.57	轻钢龙骨 kg 2.856/699.61								
	11—238	外墙铝塑板面	m²	244.96		铝塑板 m² 1.07/262.11											0.00005/0.012	
	11—288	水泥砂浆抹卫生间顶棚	m²	5.47											0.0019/0.01		0.00016/0.001	
	11—286	混合砂浆抹顶棚	m²	863.19											0.0019/1.64		0.00016/0.138	
	11—286	混合砂浆抹雨篷底	m²	8.38											0.0019/0.016		0.00016/0.001	

材料用量

序号	定额编号	项目名称	单位	工程数量	综合工日	机械台班 喷抢	熟桐油 kg	溶剂油 kg	石膏粉 kg	无光调和漆 kg	调和漆 kg	清油 kg	漆片 kg	酒精 kg	催干剂 kg	砂纸 张	白布 m²	稀释剂 kg
	11—409	胶合板门油漆	m²	16.22	0.1769/2.87		0.0425/0.68	0.1114/1.81	0.0504/0.82	0.25/4.06	0.22/3.57	0.0175/0.28	0.0007/0.01	0.0043/0.07	0.0103/0.17	0.42/6.8	0.0025/0.04	
	11—628 换	外墙面喷灰色涂料	m²	264.42	0.047/12.43	0.004/1.06	滑石粉 kg 0.1525/40.32			底漆 kg 0.104/27.50	中涂 kg 0.208/55.00	0.0204/5.39	面漆 kg 0.345/91.22			0.08/21.15		0.0173/4.57
		十、垂直运输																
	13—4	建筑物垂直运输 20m 内	m²	748.66		卷扬机 2t 0.177/132.51												
		分部小计				132.51												

工日、材料、机械台班汇总表

表 5-12

工程名称：办公营业楼

序号	名　称	单　位	数　量	其　中
一	工日	工日	4632.21	土石方：475.73 脚手架：32.94 砌筑：222.07 混凝土：1940.69 构件安装：7.70 门窗：137.15 楼地面：1020.06 屋面 45.89 保温：123.08 装饰：626.90
二	机械台班			
1	电动打夯机	台班	118.45	土石方：87.32　楼地面：31.13
2	反铲挖掘机 0.75m³	台班	4.77	土石方：4.77
3	自卸汽车 8t	台班	33.99	土石方：33.99
4	推土机 75kW	台班	4.82	土石方：4.82
5	洒水车 4000L	台班	1.35	土石方：1.35
6	压路机 6~8t	台班	4.75	土石方：4.75
7	灰浆搅拌机 200L	台班	17.73	砌筑：4.06 混凝土及钢筋混凝土：0.25 楼地面：3.63 装饰：9.79
8	载重汽车 6t	台班	8.67	混凝土及钢筋混凝土：7.64 构件安装：1.03
9	汽车起重机 5t	台班	3.96	混凝土及钢筋混凝土：3.96
10	圆锯机 500mm	台班	5.79	混凝土及钢筋混凝土：5.58 门窗：0.21
11	卷扬机 5t	台班	8.96	混凝土及钢筋混凝土：8.96
12	混凝土搅拌机 400L	台班	23.57	混凝土及钢筋混凝土：18.13 楼地面：5.44
13	木工压刨床 600mm	台班	0.003	混凝土及钢筋混凝土：0.003
14	塔吊 6t	台班	0.13	混凝土及钢筋混凝土：0.13
15	插入式振捣器	台班	29.13	混凝土及钢筋混凝土：29.13
16	皮带运输机 15m	台班	0.20	混凝土及钢筋混凝土：0.20
17	机动翻斗车 1t	台班	5.58	混凝土及钢筋混凝土：5.58
18	平板振捣器	台班	9.73	混凝土及钢筋混凝土：5.92 楼地面：3.81
19	龙门吊 10t	台班	0.07	混凝土及钢筋混凝土：0.07
20	钢筋切断机 φ40	台班	4.35	混凝土及钢筋混凝土：4.30 装饰：0.05
21	钢筋弯曲机 φ40	台班	14.51	混凝土及钢筋混凝土：14.51
22	直流电焊机 30kW	台班	12.83	混凝土及钢筋混凝土：12.83
23	对焊机 75kVA	台班	2.34	混凝土及钢筋混凝土：2.34
24	轮胎吊 20t	台班	0.38	构件安装：0.38
25	木工压刨机 400mm	台班	0.53	门窗：0.53
26	木工平刨床 450mm	台班	0.54	门窗：0.54
27	木工打眼机 50mm	台班	0.78	门窗：0.78
28	木工开榫机 160mm	台班	0.74	门窗：0.74
29	木工裁口机 400mm	台班	0.21	门窗：0.21
30	平面磨面机	台班	32.62	楼地面：32.62

序号	名　称	单位	数　量	其　　中
31	石料切割机	台班	20.18	楼地面：6.97 装饰：13.21
32	抛光机	台班	0.69	楼地面：0.69
33	交流电焊机 30kVA	台班	0.69	楼地面：0.69
34	管子切割机 ϕ150	台班	3.56	楼地面：3.56
35	喷枪	台班	1.06	装饰：1.06
36	手提电钻	台班	16.71	装饰：16.71
37	电锤	台班	7.62	装饰：7.62
38	钢筋调直机 ϕ14	台班	0.05	装饰：0.05
39	卷扬机 2t	台班	132.51	垂直运输：132.51
三	材料			
1	水	m³	474.37	土石方：26.99 砌筑：20.02 混凝土及钢筋混凝土：349.66 楼地面：63.61 装饰：14.09
2	脚手架钢材	kg	217.11	脚手架：217.11
3	枋板材	m³	5.486	脚手架：0.37 混凝土及钢筋混凝土：3.543 楼地面：0.033 保温1.54
4	支撑方木	m³	5.754	混凝土及钢筋混凝土：5.754
5	三层胶合板	m²	49.24	门窗：49.24
6	方垫土	m³	0.012	构件安装：0.012
7	一等枋材	m³	0.993	门窗：0.993
8	垫木	m³	0.001	门窗：0.001
9	木楔	m³	0.004	门窗：0.004
10	板条 1000×30×8	根	75.22	门窗：75.22
11	松厚板	m³	0.231	装饰：0.231
12	C10 混凝土	m³	27.85	楼地面：27.85
13	C15 混凝土	m³	23.478	混凝土及钢筋混凝土：2.938 楼地面：20.54
14	C20 混凝土	m³	113.636	混凝土及钢筋混凝土：109.512 楼地面：4.124
15	C25 混凝土	m³	208.257	混凝土及钢筋混凝土：208.257
16	1:3 水泥砂浆	m³	20.569	楼地面：7.44 装饰：13.129
17	1:2.5 水泥砂浆	m³	10.486	楼地面：7.65 装饰：2.836
18	1:2 水泥砂浆	m³	2.952	混凝土及钢筋混凝土：1.942 楼地面：1.01
19	素水泥浆	m³	2.281	楼地面：1.095 装饰：1.186
20	M5 混合砂浆	m³	5.27	砌筑：5.27
21	M7.5 混合砂浆	m³	13.68	砌筑：13.68
22	M7.5 水泥砂浆	m³	7.16	砌筑：7.16
23	1:1 水泥砂浆	m³	0.42	楼地面：0.42
24	1:2.5 白石子浆	m³	5.235	楼地面：5.235

続表

序号	名　称	单位	数　量	其　　中
25	白水泥	kg	70.60	楼地面：49.50 装饰：21.10
26	1:1:6 混合砂浆	m³	19.073	装饰：19.073
27	1:1:4 混合砂浆	m³	8.25	装饰：8.25
28	1:3:9 混合砂浆	m³	5.405	装饰：5.405
29	1:0.5:1 混合砂浆	m³	7.844	装饰：7.844
30	纸筋石灰筋	m³	1.743	装饰：1.743
31	组合钢模板	kg	1361.47	混凝土及钢筋混凝土：1361.47
32	钢管及扣件	kg	1147.69	混凝土及钢筋混凝土：1147.69
33	零星卡具	kg	853.82	混凝土及钢筋混凝土：853.82
34	铁钉	kg	229.71	混凝土及钢筋混凝土：224.96 门窗：3.73 屋面：1.02
35	圆钢筋 φ10 内	t	13.519	混凝土及钢筋混凝土：13.388 屋面：0.019 装饰：0.112
36	圆钢筋 φ10 外	t	7.876	混凝土及钢筋混凝土：7.876
37	螺纹钢筋	t	20.212	混凝土及钢筋混凝土：20.212
38	#22 铁丝	kg	145.37	混凝土及钢筋混凝土：145.37
39	#8 铁丝	kg	205.58	混凝土及钢筋混凝土：205.58
40	铁件	kg	142.78	屋面：13.92 保温：93.31 装饰：35.55
41	轻钢龙骨	kg	699.61	装饰：699.61
42	螺栓 M8×80	套	609.95	装饰：609.95
43	铝合金平开门	m²	3.35	门窗：3.35
44	铝合金推拉门	m²	31.16	门窗：31.16
45	铝合金推拉窗	m²	51.47	门窗：51.47
46	铝合金固定窗	m²	7.03	门窗：7.03
47	不锈钢边固定窗	m³	117.78	门窗：117.78
48	加气混凝土块 600×240×150	块	5834.62	砌筑：5834.62
49	黏土砖	块	27287	砌筑：27287
50	梁卡具	kg	30.76	混凝土及钢筋混凝土：30.76
51	C20 细石混凝土	m³	0.36	混凝土及钢筋混凝土：0.36
52	C30 混凝土	m³	2.578	混凝土及钢筋混凝土：2.578
53	预制水磨石板	m²	31.37	楼地面：31.37
54	地砖	m²	10.04	楼地面：10.04
55	麻袋	m²	73.28	楼地面：73.28
56	石料锯片	片	10.77	楼地面：6.12 装饰：4.65
57	水泥	kg	78.7	楼地面：78.7
58	三角金刚石块	块	90.78	楼地面：90.78
59	金刚石 200×75×50	块	9.08	楼地面：9.08

序号	名　称	单　位	数　量	其　　　中
60	3mm 玻璃	m²	16.28	楼地面：16.28
61	草酸	kg	4.05	楼地面：3.03 装饰：1.02
62	硬白蜡	kg	10.76	楼地面：8.02 装饰：2.74
63	煤油	kg	16.16	楼地面：12.10 装饰：4.06
64	棉纱头	kg	8.93	楼地面：7.52 装饰：1.41
65	锯木屑	m³	3.00	楼地面：3.00
66	粗砂	m³	0.008	楼地面：0.008
67	30# 石油沥青	kg	1819.46	楼地面：0.91 保温：1818.55
68	木材	kg	2062.16	楼地面：0.33 屋面：1225.23 保温：836.60
69	花岗岩板 600×600	m²	384.42	楼地面：384.42
70	不锈钢管 φ89×2.5	m	38.68	楼地面：38.68
71	不锈钢管 φ32×1.5	m	207.74	楼地面：207.74
72	焊丝	kg	4.67	楼地面：4.67
73	氩气	m³	13.14	楼地面：13.14
74	钨棒	kg	2.08	楼地面：2.08
75	法兰盘 φ59	个	210.58	楼地面：210.58
76	环氧树脂	kg	5.47	楼地面：5.47
77	不锈钢管 φ60×2	m	38.68	楼地面：38.68
78	UPVC 管 φ100	m	53.94	屋面：53.94
79	UPVC 三通 100×50	个	18.60	屋面：18.60
80	螺栓 M6×22	套	54.10	屋面：54.10
81	铸铁雨水口	个	6.30	屋面：6.30
82	UPVC 水平	个	6.06	屋面：6.06
83	改性沥青油毡	m²	864.60	屋面：864.60
84	玛琋脂	kg	2.57	屋面：2.57
85	冷底子油	kg	178.08	屋面：178.08
86	粒砂	m³	1.89	屋面：1.89
87	350# 油毡	m²	1.45	屋面：1.45
88	沥青砂浆	m³	0.318	屋面：0.318
89	UPVCφ50	根	2.02	屋面：2.02
90	聚氨酯甲料	kg	6.88	屋面：6.88
91	聚氨酯乙料	kg	10.76	屋面：10.76
92	石碴	m³	0.02	屋面：0.02
93	二甲苯	kg	0.83	屋面：0.83
94	聚苯乙烯塑料板	m³	19.65	保温：19.65
95	石棉粉	kg	92.73	保温：92.73

序号	名　称	单位	数　量	其　中
96	酒精	kg	909.34	保温：909.27 装饰：0.07
97	熟桐油	kg	0.68	装饰：0.68
98	石膏粉	kg	0.82	装饰：0.82
99	无光调和漆	kg	4.06	装饰：4.06
100	调和漆	kg	3.57	装饰：3.57
101	漆片	kg	0.01	装饰：0.01
102	催干剂	kg	0.17	装饰：0.17
103	80# 草板纸	张	553.37	混凝土及钢筋混凝土：553.37
104	隔离剂	kg	209.81	混凝土及钢筋混凝土：209.81
105	尼龙帽	个	197.48	混凝土及钢筋混凝土：197.48
106	嵌缝料	kg	21.83	混凝土及钢筋混凝土：21.83
107	混凝土地模	m²	0.11	混凝土及钢筋混凝土：0.11
108	电焊条	kg	248.47	混凝土及钢筋混凝土：245.78 构件安装：1.17 装饰：1.52
109	草袋子	m²	330.68	混凝土及钢筋混凝土：242.46 楼地面：88.22
110	垫铁	kg	4.64	构件安装：4.64
111	麻绳	kg	0.04	构件安装：0.04
112	乳白胶	kg	3.01	门窗：3.01
113	麻刀石灰浆	m³	0.06	门窗：0.06
114	防腐油	kg	29.82	门窗：6.56 保温：23.26
115	清油	kg	13.07	门窗：0.42 楼地面：1.60 装饰：11.05
116	溶剂油	kg	3.57	门窗：0.18 楼地面：1.60 装饰：1.81
117	乳胶漆	kg	0.07	门窗：0.07
118	合页 100mm	个	26	门窗：26
119	插销 100mm	个	11	门窗：11
120	插销 150mm	个	2	门窗：2
121	插销 300mm	个	2	门窗：2
122	拉手 150mm	个	13	门窗：13
123	铁搭扣 100mm	个	11	门窗：11
124	木螺丝 38mm	个	208	门窗：208
125	木螺丝 25mm	个	52	门窗：52
126	木螺丝 19mm	个	179	门窗：179
127	3:7 灰土	m³	714.46	楼地面：714.46
128	1:6 水泥焦渣混凝土	m³	29.37	楼地面：29.37
129	砂纸	张	27.95	装饰：27.95
130	白布	m²	0.04	装饰：0.04
131	稀释剂	kg	4.57	装饰：4.57

序号	名　称	单　位	数　量	其　　　中
132	滑石粉	kg	40.32	装饰：40.32
133	外墙底层涂料	kg	27.50	装饰：27.50
134	外墙中层涂料	kg	55.00	装饰：55.00
135	外墙面层涂料	kg	91.22	装饰：91.22
136	107 胶	kg	28.79	装饰：28.79
137	毛石花岗岩板	m²	103.59	装饰：103.59
138	射钉	个	369.89	装饰：369.89
139	瓷板砖	m²	39.89	装饰：39.89
140	自攻螺丝	个	2743.60	装饰：2743.60
141	铝塑板	m²	262.11	装饰：262.11
142	铝塑板螺丝	个	6136.25	装饰：6136.25
143	SY-19 胶	kg	2.57	装饰：2.57
144	松节油	kg	0.61	装饰：0.61
145	塑料膜	m²	28.43	装饰：28.43
146	铜丝	kg	7.92	装饰：7.92

直接费计算表（实物金额法）　　　　　　　　表 5-13

工程名称：办公营业楼

序号	名　　称	单　位	数　量	单价（元）	金额（元）
一、	工日	工日	4632.21	25.00	115805.25
二、	机械				42636.14
1	电动打夯机	台班	118.45	22.36	2648.54
2	反铲挖掘机 0.75m³	台班	4.77	474.39	2262.84
3	自卸汽车 8t	台班	33.99	397.31	13504.57
4	推土机 75kW	台班	4.82	335.07	1615.04
5	洒水车 4000L	台班	1.35	251.26	339.20
6	压路机 6~8t	台班	4.75	158.71	753.87
7	灰浆搅拌机 200L	台班	17.73	15.38	272.69
8	载重汽车 6t	台班	8.67	235.52	2041.96
9	汽车起重机 5t	台班	3.96	360.06	1425.84
10	圆锯机 500mm	台班	5.79	20.48	118.58
11	卷扬机 5t	台班	8.96	94.52	846.90
12	混凝土搅拌机 400L	台班	23.57	110.71	2609.43
13	木工压刨床 600mm	台班	0.003	36.75	0.11
14	塔吊 6t	台班	0.13	350.71	45.59
15	插入式振捣器	台班	29.13	10.37	302.08

序号	名　称	单位	数　量	单价（元）	金额（元）
16	皮带运输机 15m	台班	0.20	62.69	12.54
17	机动翻斗车 1t	台班	5.58	67.02	373.97
18	平板振捣器	台班	9.73	12.52	121.82
19	龙门吊 10t	台班	0.07	191.19	13.38
20	钢筋切断机 ϕ40	台班	4.35	31.82	138.42
21	钢筋弯曲机 ϕ40	台班	14.51	20.59	298.76
22	直流电焊机 30kW	台班	12.83	55.89	717.07
23	对焊机 75kVA	台班	2.34	67.67	158.35
24	轮胎吊 20t	台班	0.38	715.95	272.06
25	木工压刨机 400mm	台班	0.53	44.08	23.36
26	木工平刨床 450mm	台班	0.54	15.08	8.14
27	木工打眼机 50mm	台班	0.78	9.15	7.14
28	木工开榫机 160mm	台班	0.74	43.56	32.23
29	木工裁口机 400mm	台班	0.21	28.05	5.89
30	平面磨面机	台班	32.62	18.35	598.58
31	石料切割机	台班	20.18	18.41	371.51
32	抛光机	台班	0.69	9.50	6.56
33	交流电焊机 30kVA	台班	0.69	46.46	32.06
34	管子切割机 ϕ150	台班	3.56	40.18	143.04
35	喷枪	台班	1.06	21.62	22.92
36	手提电钻	台班	16.71	8.65	144.54
37	电锤	台班	7.62	8.83	67.28
38	钢筋调直机 ϕ14	台班	0.05	34.19	1.71
39	卷扬机 2t	台班	132.51	77.56	10277.48
三	材料				606596.59
1	水	m³	474.37	1.10	521.81
2	脚手架钢材	kg	217.11	3.15	683.90
3	枋板材	m³	5.468	1350.00	7381.80
4	支撑枋木	m³	5.754	1350.00	7767.90
5	三层胶合板	m²	49.24	14.00	689.36
6	方垫土	m³	0.012	1200.00	14.40
7	一等枋材	m³	0.993	1450.00	1439.85
8	垫木	m³	0.001	1200.00	1.20
9	木楔	m³	0.004	1200.00	4.80
10	板条 1000×30×8	根	75.22	0.80	60.18
11	松厚板	m³	0.231	1250.00	288.75

续表

序号	名称	单位	数量	单价（元）	金额（元）
12	C10 混凝土	m³	27.85	133.39	3714.91
13	C15 混凝土	m³	23.478	144.40	3390.22
14	C20 混凝土	m³	113.636	155.93	17719.26
15	C25 混凝土	m³	208.257	165.80	34529.01
16	1:3 水泥砂浆	m³	20.569	182.82	3760.42
17	1:2.5 水泥砂浆	m³	10.486	210.72	2209.61
18	1:2 水泥砂浆	m³	2.952	230.02	679.02
19	素水泥浆	m³	2.281	461.70	1053.14
20	M5 混合砂浆	m³	5.27	120.00	632.40
21	M7.5 混合砂浆	m³	13.68	127.60	1745.57
22	M7.5 水泥砂浆	m³	7.16	151.20	1082.59
23	1:1 水泥砂浆	m³	0.42	277.10	116.38
24	1:2.5 白石子浆	m³	5.235	464.90	2433.75
25	白水泥	kg	70.60	0.45	31.77
26	1:1:6 混合砂浆	m³	19.073	128.22	2445.54
27	1:1:4 混合砂浆	m³	8.25	155.32	1281.39
28	1:3:9 混合砂浆	m³	5.405	115.00	621.58
29	1:0.5:1 混合砂浆	m³	7.844	243.20	1907.66
30	纸筋石灰浆	m³	1.743	110.90	193.30
31	组合钢模板	kg	1361.47	3.72	5064.67
32	钢管及扣件	kg	1147.69	3.95	4533.38
33	零星卡具	kg	853.82	4.12	3517.74
34	铁钉	kg	229.71	6.15	1412.72
35	ϕ10 内圆钢筋	t	13.519	2750.00	37177.25
36	ϕ10 外圆钢筋	t	7.876	2700.00	21265.20
37	螺纹钢筋	t	20.212	2700.00	54572.40
38	#22 铁丝	kg	145.37	4.00	581.48
39	#8 铁丝	kg	205.58	3.50	719.53
40	铁件	kg	142.78	3.15	449.76
41	轻骨龙骨	kg	699.61	3.63	2539.58
42	螺栓 M8×80	套	609.95	0.66	402.57
43	铝合金平开门	m²	3.35	185.00	619.75
44	铝合金推拉门	m²	31.16	170.00	5297.20
45	铝合金推拉窗	m²	51.47	165.00	8492.55
46	铝合金固定窗	m²	7.03	160.00	1124.80
47	不锈钢边固定窗	m³	117.78	225.00	26500.50

序号	名　称	单　位	数　量	单价（元）	金额（元）
48	加气混凝土块 600×240×150	块	5834.62	2.17	12661.13
49	黏土砖	块	27287	0.15	4093.05
50	梁卡具	kg	30.76	3.55	109.20
51	C20 细石混凝土	m³	0.36	170.64	61.43
52	C30 混凝土	m³	2.578	176.31	454.53
53	预制水磨石板	m²	31.37	25.00	784.25
54	地砖	m²	10.04	35.00	351.40
55	麻袋	m²	73.28	8.00	586.24
56	石料锯片	片	10.77	68.00	732.36
57	水泥	kg	78.7	0.30	23.61
58	三角金刚石块	块	90.78	3.50	317.73
59	金刚石 200×75×50	块	9.08	8.60	78.09
60	3mm 玻璃	m²	16.28	16.00	260.48
61	草酸	kg	4.05	5.00	20.25
62	硬白蜡	kg	10.76	4.00	43.04
63	煤油	kg	16.16	2.00	32.32
64	棉纱头	kg	8.93	3.00	26.79
65	锯木屑	m³	3.00	5.00	15.00
66	粗砂	m³	0.008	40.00	0.32
67	30# 石油沥青	kg	1819.46	1.80	3275.03
68	木材	kg	2062.16	0.20	405.23
69	花岗岩板 600×600	m²	384.42	358.00	137622.36
70	不锈钢管 φ89×2.5	m	38.68	155.00	5995.40
71	不锈钢管 φ32×1.5	m	207.74	45.00	9348.30
72	焊丝	kg	4.67	6.00	28.02
73	氩气	m³	13.14	20.00	262.80
74	钨棒	kg	2.08	12.00	24.96
75	法兰盘 φ59	个	210.58	5.80	1221.36
76	环氧树脂	kg	5.47	18.20	99.55
77	不锈钢管 φ60×2	m	38.68	88.85	3436.72
78	UPVC 管 φ100	m	53.94	18.65	1005.98
79	UPVC 三通 100×50	个	18.60	16.00	297.60
80	螺栓 M6×22	套	54.10	0.96	51.94
81	铸铁雨水口	个	6.30	20.00	126.00
82	UPVC 水平	个	6.06	25.00	151.50
83	改性沥青油毡	m²	864.60	20.00	17292.00

序号	名 称	单 位	数 量	单价（元）	金额（元）
84	玛琋脂	kg	2.57	1.37	3.52
85	冷底子油	kg	178.08	2.10	373.97
86	粒砂	m³	1.89	50.00	94.50
87	350# 油毡	m²	1.45	2.00	2.90
88	沥青砂浆	m³	0.318	635.00	201.93
89	UPVC∅50	根	2.02	3.20	6.46
90	聚氨酯甲料	kg	6.88	10.20	70.18
91	聚氨酯乙料	kg	10.76	12.00	130.20
92	石碴	m³	0.02	40.00	0.80
93	二甲苯	kg	0.83	4.00	3.32
94	聚苯乙烯塑料板	m³	19.65	300.00	5895.00
95	石棉粉	kg	92.73	2.00	185.46
96	酒精	kg	909.34	10.00	9093.40
97	熟桐油	kg	0.68	13.00	8.84
98	石膏粉	kg	0.82	0.40	0.33
99	无光调和漆	kg	4.06	12.00	48.72
100	调和漆	kg	3.57	10.00	35.70
101	漆片	kg	0.01	60.00	0.60
102	催干剂	kg	0.17	12.00	2.04
103	80# 草板纸	张	553.37	0.90	498.03
104	隔离剂	kg	209.81	1.10	230.79
105	尼龙帽	个	197.48	0.70	138.24
106	嵌缝料	kg	21.83	1.80	39.29
107	混凝土地模	m²	0.11	2.60	0.29
108	电焊条	kg	248.47	8.00	1987.76
109	草袋子	m²	330.68	1.50	496.02
110	垫铁	kg	4.64	3.50	16.24
111	麻绳	kg	0.04	12.00	0.48
112	乳白胶	kg	3.01	13.00	39.13
113	麻刀石灰浆	m³	0.06	110.00	6.60
114	防腐油	kg	29.82	0.70	20.87
115	清油	kg	13.07	12.00	156.84
116	溶剂油	kg	3.57	1.50	5.36
117	乳胶漆	kg	0.07	13.00	6.27
118	合页 100mm	个	26	0.80	20.80
119	插销 100mm	个	11	0.30	3.30

序号	名　　称	单位	数　量	单价（元）	金额（元）
120	插销 150mm	个	2	0.50	1.00
121	插销 300mm	个	2	0.80	1.60
122	拉手 150mm	个	13	0.70	9.10
123	铁搭扣 100mm	个	11	0.80	8.80
124	木螺丝 38mm	个	208	0.04	8.32
125	木螺丝 25mm	个	52	0.03	1.56
126	木螺丝 19mm	个	179	0.03	5.37
127	3:7 灰土	m³	714.46	40.00	28578.40
128	1:6 水泥焦渣混凝土	m³	29.37	108.00	3171.96
129	砂纸	张	27.95	0.50	13.98
130	白布	m²	0.04	6.00	0.24
131	稀释剂	kg	4.57	15.00	68.55
132	滑石粉	kg	40.32	0.30	12.10
133	外墙底层涂料	kg	27.50	11.00	302.50
134	外墙中层涂料	kg	55.00	12.80	704.00
135	外墙面层涂料	kg	91.22	14.30	1304.45
136	107 胶	kg	28.79	1.10	31.67
137	毛石花岗岩板	m²	103.59	310.00	32112.90
138	射钉	个	369.89	0.20	73.98
139	瓷板砖	m²	39.89	25.00	997.25
140	自攻螺丝	个	6136.25	0.85	5215.81
141	铝塑板	m²	262.11	150.00	39316.50
142	铝塑板螺丝	个	6136.25	0.12	736.35
143	SY-19 胶	kg	2.57	26.00	66.82
144	松节油	kg	0.61	5.00	3.05
145	塑料膜	m²	28.43	0.30	8.53
146	铜丝	kg	7.92	6.20	49.10

四、全国统一建筑工程基础定额摘录（GJD—101—95）

办公营业楼所使用的部分全国统一建筑工程基础定额摘录见表 5-14 至表 5-47。

1. 人工挖土方淤泥流砂（表 5-14）

工作内容： ①挖土、装土、修理边底。

②挖淤泥、流砂，装淤泥、流砂，修理边底。

表 5-14

计量单位：100m³

定　额　编　号			1—1	1—2	1—3	1—4
项　　目	单　位		挖　土　方			挖淤泥流砂
			深度 1.5m 以内			
			一、二类土	三类土	四类土	
人　工	综合工日	工　日	18.05	32.64	50.04	110.00

2．回填土、打夯、平整场地（表 5-15）

工作内容：①回填土 5m 以内取土。

②原土打夯包括碎土、平土、找平、洒水。

③平整场地，标高在＋（－）30cm 以内的挖土找平。

表 5-15

定额编号			1—45	1—46	1—47	1—48
项 目		单 位	回 填 土		原土打夯	平整场地
			松 填	夯 填		
			100m³		100m²	
人 工	综合工日	工 日	8.57	29.40	1.42	3.15
机 械	电动打夯机	台 班		7.98	0.56	

3．挖掘机挖土自卸汽车运土方（表 5-16）

工作内容：①挖土、装车、运土、卸土、平整；

②修理边坡、清理机下余土；

③工作面内的排水及场内汽车行驶道路的养护。

表 5-16

计量单位：100m³

定额编号			1—168	1—169	1—170
项 目		单 位	反铲挖掘机运距		
			（km 以内）		
			5	10	20
人 工	综合工日	工 日	6.00	6.00	6.00
材料	水	m³	12.00	12.00	12.00
机械	反铲挖掘机 0.75m³	台 班	3.29	3.29	3.29
	自卸汽车 8t	台 班	23.50	34.60	63.30
	推土机 75kW 以内	台 班	2.96	2.96	2.96
	洒水车 4000L	台 班	0.60	0.60	0.60

4．砌块墙（表 5-17）

工作内容：①调、运、铺砂浆，运砌块。

②砌砌块包括窗台虎头砖、腰线、门窗套。

③安放木砖、铁件等。

表 5-17

计量单位：100m³

定额编号			4—33	4—34	4—35
项 目		单 位	小型空心砌块墙	硅酸盐砌块墙	加气混凝土砌块墙
人 工	综合工日	工 日	12.27	10.47	10.01

定 额 编 号			4—33	4—34	4—35
项 目		单位	小型空心砌块墙	硅酸盐砌块墙	加气混凝土砌块墙
材料	水泥混合砂浆 M10	m³	0.95	0.81	0.80
	空心砌块 390×190×190	块	539.90	—	—
	空心砌块 190×190×190	块	150.00	—	—
	空心砌块 90×190×190	块	115.00	—	—
	硅酸盐砌块 880×430×240	块	—	72.40	—
	硅酸盐砌块 580×430×240	块	—	22.00	—
	硅酸盐砌块 430×430×240	块	—	8.50	—
	硅酸盐砌块 280×430×240	块		25.25	
	普通黏土砖	千块	0.276	0.276	—
	加气混凝土块 600×240×150	块	—	—	460.00
	水	m³	0.700	1.000	1.000
机械	灰浆搅拌机 200L	台班	0.14	0.14	0.13

5. 零星砌体及砖地沟（表5-18）

表 5-18

定 额 编 号			4—60	4—61
项 目		单位	零 星 砌 体	砖 地 沟
			10m³	10m³
人工	综合工日	工日	23.00	12.44
材料	水泥混合砂浆 M5	m³	2.11	2.28
	普通黏土砖	千块	5.514	5.396
	水	m³	1.10	1.07
机械	灰浆搅拌机 200L	台班	0.35	0.38

6. 现浇混凝土模板（表5-19、表5-20）

（1）基础

工作内容：①木模板制作。

②模板安装、拆除、整理堆放及场内外运输。

③清理模板粘结物及模内杂物、刷隔离剂等。

表 5-19

计量单位：100m²

定 额 编 号		5—17	5—18
项 目	单位	独 立 基 础	
		组合钢模板	复合木模板
		木 支 撑	
人工 综合工日	工日	26.45	22.91
材料 组合钢模板	kg	69.66	2.06
复合木模板	m²	—	2.09
模板板方材	m³	0.095	0.095
支撑方木	m³	0.645	0.645
零星卡具	kg	25.89	25.89
铁钉	kg	12.72	12.72
镀锌钢丝 8#	kg	51.99	51.99
草板纸 80#	张	30.00	30.00
隔离剂	kg	10.00	10.00
水泥砂浆 1:2	m³	0.012	0.012
镀锌钢丝 22#	kg	0.18	0.18
机械 载重汽车 6t	台班	0.28	0.28
汽车式起重机 5t 以内	台班	0.08	0.08
木工圆锯机 500mm 以内	台班	0.07	0.07

表 5-20

计量单位：100m²

定 额 编 号		5—31	5—32	5—33	5—34
项 目	单位	满 堂 基 础		混凝土 基础垫层	人工挖孔 桩井壁
		有 梁 式			
		复合木模板		木模板	木模板 木支撑
		钢支撑	木支撑		
人工 综合工日	工日	27.67	27.58	12.84	60.08
材料 组合钢模板	kg	2.40	2.40	—	—
复合木模板	m²	2.01	2.01	—	—
模板板方材	m³	0.018	0.027	1.445	1.220
支撑钢管及扣件	kg	17.75	—	—	—
支撑方木	m³	0.042	0.401	—	0.019
零星卡具	kg	31.98	26.57	—	—
铁钉	kg	1.98	9.99	19.73	22.31
镀锌钢丝 8#	kg	22.54	29.61	—	—
铁件	kg	40.52	—	—	—
草板纸 80#	张	30.00	30.00	—	—
隔离剂	kg	10.00	10.00	10.00	10.00
尼龙帽	个	184	—	—	—
现浇混凝土	m³	0.590	0.590	—	—
水泥砂浆 1:2	m³	0.012	0.012	0.012	—
镀锌钢丝 22#	kg	0.18	0.18	0.18	—
机械 载重汽车 6t	台班	0.20	0.18	0.11	0.10
汽车式起重机 5t 以内	台班	0.13	0.08	—	—
木工圆锯机 500mm 以内	台班	0.02	0.02	0.16	2.14

（2）柱（表 5-21）

工作内容： ①木模板制作。

②模板安装、拆除、整理堆放及场内外运输。

③清理模板黏结物及模内杂物、刷隔离剂等。

表 5-21

计量单位：100m²

定 额 编 号			5—58	5—59	5—60	5—61
项 目		单位	矩 形 柱			
			组合钢模板		复合木模板	
			钢支撑	木支撑	钢支撑	木支撑
人工	综合工日	工日	41.00	41.00	34.80	34.80
材料	组合钢模板	kg	78.09	78.09	10.34	10.34
	复合木模板	m²	—	—	1.84	1.84
	模板板方材	m³	0.064	0.064	0.064	0.064
	支撑钢管及扣件	kg	45.94	—	45.94	—
	支撑方木	m³	0.182	0.519	0.182	0.519
	零星卡具	kg	66.74	60.50	66.74	60.50
	铁钉	kg	1.80	4.02	1.80	4.02
	铁件	kg	—	11.42	—	11.42
	草板纸 80#	张	30.00	30.00	30.00	30.00
	隔离剂	kg	10.00	10.00	10.00	10.00
机械	载重汽车 6t	台班	0.28	0.28	0.28	0.28
	汽车式起重机 5t 以内	台班	0.18	0.11	0.18	0.11
	木工圆锯机 500mm 以内	台班	0.06	0.06	0.06	0.06

（3）梁（表 5-22、表 5-23）

工作内容： ①木模板制作。

②模板安装、拆除、整理堆放及场内外运输。

③清理模板黏结物及模内杂物、刷隔离剂等。

表 5-22

计量单位：100m³

定 额 编 号			5—69	5—70	5—71	5—72
项 目		单位	基 础 梁			
			组合钢模板		复合木模板	
			钢支撑	木支撑	钢支撑	木支撑
人工	综合工日	工日	33.93	34.06	29.65	29.79
材料	组合钢模板	kg	76.67	76.67	5.33	5.33
	复合木模板	m²	—	—	2.05	2.05
	支撑方木	m³	0.281	0.613	0.281	0.613
	模板板方材	m³	0.043	0.043	0.043	0.043
	零星卡具	kg	31.82	31.82	31.82	31.82
	梁卡具	kg	17.15	—	17.15	—
	铁钉	kg	21.92	39.44	21.92	39.44
	镀锌钢丝 8#	kg	17.22	38.63	17.22	38.63
	草板纸 80#	张	30.00	30.00	30.00	30.00
	隔离剂	kg	10.00	10.00	10.00	10.00
	水泥砂浆 1:2	m³	0.012	0.012	0.012	0.012
	镀锌钢丝 22#	kg	0.18	0.18	0.18	0.18
机械	载重汽车 6t	台班	0.23	0.26	0.23	0.26
	汽车式起重机 5t 以内	台班	0.11	0.07	0.11	0.07
	木工圆锯机 500mm 以内	台班	0.04	0.04	0.04	0.04

表 5-23

计量单位：10m² 投影面

定 额 编 号			5—119	5—120	5—121	5—122	5—123
项 目		单位	楼 梯		悬挑板（阳台、雨篷）		台 阶
			直 形	圆弧形	直 形	圆弧形	
			木 模 板 木 支 撑				
人工	综合工日	工日	10.63	14.29	7.44	8.13	2.58
材料	模板板方材	m³	0.178	0.253	0.102	0.137	0.065
	支撑方木	m³	0.168	0.152	0.211	0.253	0.010
	铁钉	kg	10.68	12.98	11.60	12.24	1.48
	嵌缝料	kg	2.04	1.61	1.55	1.16	0.50
	隔离剂	kg	2.04	1.61	1.55	1.16	0.50
机械	木工圆锯机 500mm 以内	台班	0.50	0.56	0.35	0.28	0.02
	载重汽车 6t	台班	0.05	0.06	0.06	0.04	0.01

7．钢筋（表 5-24、表 5-25）

（1）现浇构件圆钢筋

工作内容：钢筋制作、绑扎、安装。

表 5-24

计量单位：t

定 额 编 号		单 位	5—294	5—295	5—296	5—297
项 目			Φ 6.5	Φ 8	Φ 10	Φ 12
人工	综合工日	工日	22.63	14.75	10.90	9.54
材料	钢筋Φ 10 以内	t	1.02	1.02	1.02	—
	钢筋Φ 10 以上	t	—	—	—	1.045
	镀锌钢丝 22#	kg	15.67	8.80	5.64	4.62
	电焊条	kg	—	—	—	7.20
	水	m³	—	—	—	0.150
机械	卷扬机单筒慢速 5t 以内	台班	0.37	0.32	0.30	0.28
	钢筋切断机 φ40 以内	台班	0.12	0.12	0.10	0.09
	钢筋弯曲机 φ40 以内	台班	—	0.36	0.31	0.26
	直流电焊机 30kW 以内	台班	—	—	—	0.45
	对焊机 75kVA 以内	台班	—	—	—	0.09

（2）预制构件圆钢筋

表 5-25

计量单位：t

定 额 编 号		单 位	5—330	5—331	5—332	5—333	5—334
项 目			Φ 14		Φ 16		Φ 18
			绑 扎	点 焊	绑 扎	点 焊	
人工	综合工日	工日	7.82	8.21	6.91	7.13	6.09
材料	钢筋Φ 10 以上	t	1.035	1.035	1.035	1.035	1.035
	镀锌钢丝 22#	kg	3.39	0.29	2.60	0.20	2.05
	电焊条	kg	7.20	7.20	7.20	7.20	9.60
	水	m³	0.150	2.420	0.150	1.840	0.120

定　额　编　号		单位	5—330	5—331	5—332	5—333	5—334
项　目			φ14		φ16		φ18
			绑扎	点焊	绑扎	点焊	
机械	卷扬机单筒慢速 5t 以内	台班	0.17	0.17	0.15	0.15	0.14
	钢筋切断机 φ40 以内	台班	0.08	0.08	0.09	0.09	0.08
	钢筋弯曲机 φ40 以内	台班	0.18	0.08	0.20	0.08	0.18
	点焊机长臂 75kVA 以内	台班	—	0.94	—	0.70	—
	直流电焊机 30kW 以内	台班	0.44	0.44	0.44	0.44	0.42
	对焊机 75kVA 以内	台班	0.09	0.09	0.09	0.09	0.07

（3）预制构件螺纹钢筋（表 5-26、表 5-27）

工作内容：制作、绑扎、安装。

表 5-26

计量单位：t

定　额　编　号		单位	5—341	5—342	5—343	5—344
项　目			φ10	φ12	φ14	φ16
人工	综合工日	工日	11.08	10.22	8.57	7.74
材料	螺纹钢筋	t	1.035	1.035	1.035	1.035
	镀锌钢丝 22#	kg	5.64	4.62	4.22	2.60
	电焊条	kg	—	7.20	7.20	7.20
	水	m³	—	0.150	0.150	0.150
机械	卷扬机单筒慢速 5t 以内	台班	0.29	0.27	0.20	0.16
	钢筋切断机 φ40 以内	台班	0.09	0.09	0.09	0.09
	钢筋弯曲机 φ40 以内	台班	0.27	0.23	0.18	0.20
	直流电焊机 30kW 以内	台班	—	0.53	0.53	0.53
	对焊机 75kVA 以内	台班	—	0.11	0.11	0.11

（4）箍筋

工作内容：制作、绑扎、安装。

表 5-27

计量单位：t

定　额　编　号		单位	5—354	5—355	5—356	5—357	5-358
项　目			φ5 以内	φ6	φ8	φ10	φ12
人工	综合工日	工日	40.87	28.88	18.67	13.27	10.26
材料	钢筋 φ10 以内	t	1.02	1.02	1.02	1.02	—
	钢筋 φ10 以上	t	—	—	—	—	1.02
	镀锌钢丝 22#	kg	15.67	15.67	8.80	5.64	4.62
机械	卷扬机单筒慢速 5t 以内	台班	—	0.37	0.32	0.30	0.28
	钢筋切断机 φ40 以内	台班	0.44	0.19	0.18	0.12	0.09
	钢筋弯曲机 φ40 以内	台班	—	—	1.23	0.85	0.65
	钢筋调直机 φ14 以内	台班	0.73	—	—	—	—

8．现浇混凝土（表 5-28）

（1）基础

工作内容：①混凝土水平运输。

②混凝土搅拌、捣固、养护。

表 5-28

计量单位：10m³

定 额 编 号			5—392	5—393	5—394
项 目		单 位	人工挖土桩护井壁混凝土	带 型 基 础	
				毛石混凝土	混凝土
人工	综合工日	工日	18.69	8.37	9.56
材料	现浇混凝土 C20	m³	10.15	8.63	10.15
	草袋子	m²	2.30	2.39	2.52
	水	m³	9.39	7.89	9.19
	毛石	m³	—	2.72	—
机械	混凝土搅拌机 400L	台班	1.00	0.33	0.39
	混凝土振捣器（插入式）	台班	2.00	0.66	0.77
	机动翻斗车 1t	台班	—	0.66	0.78

定 额 编 号			5—395	5—396	5—397
项 目		单 位	独 立 基 础		杯型基础
			毛石混凝土	混凝土	
人工	综合工日	工日	3.65	10.58	9.94
材料	现浇混凝土 C20	m³	8.63	10.15	10.15
	草袋子	m²	3.17	3.26	3.67
	水	m³	7.62	9.31	9.38
	毛石	m³	2.72	—	—
机械	混凝土搅拌机 400L	台班	0.33	0.39	0.39
	混凝土振捣器（插入式）	台班	0.66	0.77	0.77
	机动翻斗车 1t	台班	0.66	0.78	0.78

（2）柱（表 5-29）

工作内容：①混凝土水平运输。

②混凝土搅拌、捣固、养护。

表 5-29

计量单位：10m³

定 额 编 号			5—401	5—402	5—403	5—404
项 目		单 位	柱			升板柱帽
			矩形	圆形多边形	构造柱	
人工	综合工日	工日	21.64	22.43	25.62	30.90
材料	现浇混凝土 C25	m³	9.86	9.86	9.86	9.86
	草袋子	m²	1.00	0.86	0.84	
	水	m³	9.09	8.91	8.99	8.52
	水泥砂浆 1:2	m³	0.31	0.31	0.31	0.31
机械	混凝土搅拌机 400L	台班	0.62	0.62	0.62	0.62
	混凝土振捣器（插入式）	台班	1.24	1.24	1.24	1.24
	灰浆搅拌机 200L	台班	0.04	0.04	0.04	0.04

9. 镶板门、胶合板门（表 5-30）

表 5-30

计量单位：100m²

定额编号			7—65	7—66	7—67	7—68
项 目		单 位	无纱胶合板门单扇无亮			
			门框制作	门框安装	门扇制作	门扇安装
人工	综合工日	工日	8.39	17.14	27.63	9.65
材料	一等木方＜54cm²	m³	0.095	—	1.937	
	一等木方 55～100cm²	m³	2.019	0.369		
	胶合板（三夹）	m²	—		201.36	
	铁钉	kg	1.40	10.18	5.02	—
	乳白胶	kg	0.60		11.89	
	麻刀石灰浆	m³	—	0.28		
	防腐油	kg	—	30.83		
	木楔	m³	0.003		0.009	
	垫木	m³	0.001		0.001	
	清油	kg	0.46		1.29	
	油漆溶剂油	kg	0.27		0.74	
	板条 1000×30×8	百根	—	3.57		
机械	木工圆锯机 500mm 以内	台班	0.21	0.06	0.59	
	木工平刨床 450mm	台班	0.56		1.76	
	木工压刨床三面 400mm	台班	0.44		1.76	
	木工打眼机 500mm	台班	0.44		2.82	
	木工开榫机 160mm	台班	0.20		2.82	
	木工裁口机多面 400mm	台班	0.25		0.70	

木门窗五金配件表（表 5-31）。

表 5-31

计量单位：樘

定额编号			7—363	7—364	7—365	7—366
项 目		单 位	镶板、胶合板、半截玻璃门不带纱门			
			单扇有亮	双扇有亮	单扇无亮	双扇无亮
人工	综合工日	工日	—	—	—	—
材料	合页 100mm	个	2.00	4.00	2.00	4.00
	合页 63mm	个	4.00	4.00	—	—
	插销 100mm	个	2.00	2.00	1.00	1.00
	插销 150mm	个		1.00		1.00
	插销 300mm	个		1.00		1.00
	风钩 200mm	个	2.00	2.00		
	拉手 150mm	个	1.00	2.00	1.00	2.00
	铁塔扣 100mm	个	1.00	1.00	1.00	1.00
	木螺钉 38mm	个	16.00	32.00	16.00	32.00
	木螺钉 32mm	个	24.00	24.00	—	—
	木螺钉 25mm	个	4.00	8.00	4.00	8.00
	木螺钉 19mm	个	19.00	37.00	13.00	31.00

10．垫层（表5-32、表5-33）

工作内容：拌和、铺设、找平、夯实。

表 5-32

定　额　编　号		8—12	8—13	8—14	8—15
项　　　目	单　位	原土夯砾石	炉（矿）渣		
			干铺	水泥石灰拌和	石灰拌和
		100m²	10m³		
人工　综合工日	工日	5.52	3.83	13.23	13.23
材料 砾石 40	m³	5.08	—	—	—
炉（矿）渣	m³	—	12.18	—	—
水泥石灰炉（矿）渣	m³	—	—	10.10	—
石灰炉（矿）渣	m³	—	—	—	10.10
水	m³	—	2.00	2.00	2.00

工作内容：混凝土搅拌、捣固、养护。

表 5-33

计量单位：10m³

定　额　编　号		8—16	8—17
项　　　目	单　位	混凝土	炉（矿）渣混凝土
人工　综合工日	工日	12.25	9.08
材料 混凝土 C10	m³	10.10	—
炉（矿）渣混凝土	m³	—	10.20
水	m³	5.00	4.00
机械 混凝土搅拌机 400L	台班	1.01	1.02
混凝土振动器（平板式）	台班	0.79	0.79

注：混凝土垫层按不分格考虑，分格者另行处理。

11．找平层（表5-34）

工作内容：①清理基层、调运砂浆、抹平、压实。

②清理基层、混凝土搅拌、捣平、压实。

③刷素水泥浆。

表 5-34

计量单位：100m²

定　额　编　号		8—18	8—19	8—20	8—21	8—22
项　　　目	单　位	水泥砂浆			细石混凝土	
		混凝土或硬基层上	在填充材料上	每增减 5mm	30mm	每增减 5mm
		20mm				
人工　综合工日	工日	7.80	8.00	1.41	8.12	1.41
材料 水泥砂浆 1:3	m³	2.02	2.53	0.51	—	—
素水泥浆	m³	0.10	—	—	0.10	—
水	m³	0.60	0.60	—	0.60	—
细石混凝土 C20	m³	—	—	—	3.03	0.51
机械 灰浆搅拌机 200L	台班	0.34	0.42	0.09	—	—
混凝土搅拌机 400L	台班	—	—	—	0.30	0.05
混凝土振动器（平板式）	台班	—	—	—	0.24	0.04

12. 整体面层（表 5-35、表 5-36、表 5-37）

工作内容：清理基层、调运砂浆、刷素水泥浆、抹面、压光、养护。

表 5-35

计量单位：100m²

定 额 编 号			8—23	8—24	8—25	8—26	8—27
项 目		单位	水 泥 砂 浆				
			楼地面 20mm	楼梯 20mm	台阶 20mm	加浆抹光 随捣随抹 5mm	踢脚板底 12mm 面 8mm
							100m
人工	综合工日	工日	10.27	39.63	28.09	7.53	5.00
材料	水泥砂浆 1:2.5	m³	2.02	2.69	2.99	—	0.12
	水泥砂浆 1:3	m³	—	—	—	—	0.18
	素水泥浆	m³	0.10	0.13	0.15	—	—
	水泥砂浆 1:1	m³	—	—	—	0.51	—
	水	m³	3.80	5.05	5.62	3.80	0.57
	草袋子	m²	22.00	29.26	32.56	22.00	—
机械	灰浆搅拌机 200L	台班	0.34	0.45	0.50	0.09	0.05

注：水泥砂浆楼地面面层厚度每增减 5mm，按水泥砂浆找平层每增减 5mm 项目执行。

工作内容：清扫基层、调制石子浆、刷素水泥浆、找平抹面、磨光、补砂眼、理光、上草酸、打蜡、擦光、嵌条、调色，彩色镜面水磨石还包括油石抛光。

表 5-36

计量单位：100m²

定 额 编 号			8—28	8—29	8—30	8—31
项 目		单位	水 磨 石 楼 地 面			
			不嵌条	嵌 条	分格调色	彩色镜面
			15mm			20mm
人工	综合工日	工日	47.12	56.46	60.10	92.84
材料	水泥白石子浆 1:2.5	m³	1.73	1.73	—	—
	白水泥色石子浆 1:2.5	m³	—	—	1.73	2.49
	素水泥浆	m³	0.10	0.10	0.10	0.10
	水泥	kg	26.00	26.00	26.00	26.00
	金刚石三角	块	30.00	30.00	30.00	45.00
	金刚石 200×75×50	块	3.00	3.00	3.00	5.00
	玻璃 3mm	m²	—	5.38	5.38	5.38
	草酸	kg	1.00	1.00	1.00	1.00
	硬白蜡	kg	2.65	2.65	2.65	2.65
	煤油	kg	4.00	4.00	4.00	4.00
	油漆溶剂油	kg	0.53	0.53	0.53	0.53
	清油	kg	0.53	0.53	0.53	0.53
	棉纱头	kg	1.10	1.10	1.10	1.10
	草袋子	m²	22.00	22.00	22.00	22.00
	油石	块	—	—	—	63.00
	水	m³	5.60	5.60	5.60	8.90
机械	灰浆搅拌机 200L	台班	0.29	0.29	0.29	0.42
	平面磨面机	台班	10.78	10.78	10.78	28.05

注：彩色镜面磨石系指高级水磨石，除质量要求达到规范要求外，其操作工序一般应按"五浆五磨"研磨，七道"抛光"工序施工。

工作内容：清理基层、浇捣混凝土、面层抹灰压买。

　　　　　　菱苦土地面包括调制菱苦土砂浆、打蜡等。

表 5-37

计量单位：100m²

定 额 编 号			8—43	8—44	8—45
项　　目		单位	混凝土散水面层一次抹光厚60mm	水泥砂浆防滑坡道	菱苦土地面底15mm面10mm
人工	综合工日	工日	16.45	14.39	20.18
材料	混凝土 C15	m³	7.11	—	—
	水泥砂浆 1:1	m³	0.51	—	—
	水泥砂浆 1:2	m³	—	2.58	—
	素水泥浆	m³	—	0.10	—
	菱苦土	kg	—	—	1252.00
	氯化镁	kg	—	—	909.00
	粗砂	m³	0.01	—	0.50
	石油沥青 30#	kg	1.11	—	—
	木材	kg	0.40	—	—
	模板板方材	m³	0.04	—	—
	锯木屑	m³	0.60	—	2.63
	草袋子	m²	22.00	22.44	—
	色粉	kg	—	—	76.00
	硬白蜡	kg	—	—	2.65
	煤油	kg	—	—	3.96
	油漆溶剂油	kg	—	—	2.00
	清油	kg	—	—	6.00
	水	m³	3.80	3.88	—
机械	灰浆搅拌机 200L	台班	0.09	0.43	—
	混凝土搅拌机 400L	台班	0.71	—	—

13. 花岗石楼地面（表5-38）

工作内容：清理基层、锯板磨边、贴花岗石、擦缝、清理净面。

　　　　　　调制水泥砂浆、刷素水泥浆。

表 5-38

计量单位：100m²

定 额 编 号			8—57	8—58	8—59	8—60
项　　目		单 位	楼地面	楼梯	台阶	零星装饰
			水 泥 砂 浆			
人工	综合工日	工日	24.17	63.07	50.14	57.40
材料	花岗石板	m²	101.50	144.69	156.88	117.66
	水泥砂浆 1:2.5	m³	2.02	2.76	2.99	2.24
	素水泥浆	m³	0.10	0.14	0.15	0.11
	白水泥	kg	10.00	14.00	15.00	11.00
	麻袋	m²	22.00	30.03	32.56	—
	棉纱头	kg	1.00	1.37	1.48	2.00
	锯木屑	m³	0.60	0.82	0.90	0.67
	石料切割锯片	片	1.68	1.2	1.61	1.91
	水	m³	2.60	3.55	3.85	2.89
机械	灰浆搅拌机 200L	台班	0.34	0.46	0.50	0.37
	石料切割机	台班	1.60	6.84	6.72	6.84

14．块料面层（表 5-39）

彩釉砖

工作内容：清理基层、锯板磨边、贴彩釉砖、擦缝、清理净面。
调制水泥砂浆、刷素水泥浆。

表 5-39

计量单位：100m²

定 额 编 号		8—72	8—73	8—74
项 目	单 位	楼地面（每块周长 mm）		
		600 以内	800 以内	800 以外
		水 泥 砂 浆		
人工　综合工日	工日	37.17	32.70	28.97
材料　彩釉砖	m²	102.00	102.00	102.00
材料　水泥砂浆 1:2	m³	1.01	1.01	1.01
材料　素水泥浆	m³	0.10	0.10	0.10
材料　白水泥	kg	10.00	10.00	10.00
材料　棉纱头	kg	1.00	1.00	1.00
材料　锯木屑	m³	0.60	0.60	0.60
材料　石料切割锯片	片	0.32	0.32	0.32
材料　水	m³	2.60	2.60	2.60
机械　灰浆搅拌机 200L	台班	0.17	0.17	0.17
机械　石料切割机	台班	1.26	1.26	1.26

15．花岗岩墙柱面（表 5-40）

工作内容：①清理、修补基层表面、刷浆、预埋铁件、制作安装钢筋网、电焊固定。
②选料湿水、钻孔成槽、镶贴面层及阴阳角、穿丝固定。
③调运砂浆、磨光、打蜡、擦缝、养护。

表 5-40

计量单位：100m²

定 额 编 号		11—126	11—127	11—128	11—129
项 目	单 位	挂贴花岗石（灌缝砂浆 50mm 厚）			
		砖墙	混凝土墙面	砖柱面	混凝土柱面
人工　综合工日	工日	70.55	72.11	91.99	101.89
材料　水泥砂浆 1:2.5	m³	5.55	5.55	5.92	6.09
材料　素水泥浆	m³	0.10	0.10	0.10	0.10
材料　花岗石板 500×500	m²	102.00	102.00	127.19	132.09
材料　钢筋 Φ6	t	0.11	0.11	0.15	0.15
材料　铁件	kg	34.87	—	30.58	—
材料　膨胀螺栓	套	—	524	—	920
材料　铜丝	kg	7.77	7.77	7.77	7.77
材料　电焊条	kg	1.51	1.51	1.33	2.66
材料　白水泥	kg	15.00	15.00	19.00	19.00
材料　合金钢钻头 20	个	—	6.55	—	11.50
材料　石料切割锯片	片	4.21	4.21	5.25	5.45
材料　硬白蜡	kg	2.65	2.65	3.30	3.43
材料　草酸	kg	1.00	1.00	1.25	1.30

定 额 编 号		11—126	11—127	11—128	11—129
项 目	单 位	挂贴花岗石（灌缝砂浆 50mm 厚）			
		砖墙	混凝土墙面	砖柱面	混凝土柱面
人工 综合工日	工日	70.55	72.11	91.99	101.89
材料 煤油	kg	4.00	4.00	4.99	5.18
清油	kg	0.53	0.53	0.66	0.69
松节油	kg	0.60	0.60	0.75	0.78
棉纱头	kg	1.00	1.00	1.25	1.33
水	m³	1.41	1.41	1.55	1.59
塑料薄膜	m²	28.05	28.05	28.05	28.05
松厚板	m³	0.005	0.005	0.005	0.005
机械 灰浆搅拌机 200L	台班	0.93	0.93	0.99	1.02
石料切割机	台班	5.10	5.10	6.36	6.60
电锤	台班	—	6.55	—	11.50
钢筋调直机 Φ14 以内	台班	0.05	0.05	0.07	0.07
钢筋切断机 Φ40 以内	台班	0.05	0.05	0.07	0.07

16．镶贴瓷板（表 5-41）

工作内容： 1．清理修补基层表面、打底抹灰、砂浆找平

2．选料、抹结合层砂浆、贴瓷板、擦缝、清洁表面。

表 5-41

计量单位：100m²

定 额 编 号		11—168	11—169	11—170
项 目	单 位	瓷板（砂浆粘贴）		
		墙面、墙裙	柱（梁）面	零星项目
人工 综合工日	工日	64.33	67.54	81.51
材料 水泥砂浆 1:3	m³	1.11	1.17	1.23
混合砂浆 1:0.2:2	m³	0.82	0.86	0.91
瓷板 152×152	千块	4.48	4.70	4.96
素水泥浆	m³	0.10	0.11	0.11
白水泥	kg	15.00	16.00	17.00
阴阳角瓷片	千块	0.38	0.40	0.42
压顶瓷片	千块	0.47	0.49	0.52
108 胶	kg	2.21	2.32	2.45
石料切割锯片	片	0.96	1.01	1.07
棉纱头	kg	1.00	1.05	1.11
水	m³	0.81	0.99	1.21
松厚板	m³	0.005	0.005	
机械 灰浆搅拌机 200L	台班	0.32	0.34	0.36
石料切割机	台班	1.48	1.64	1.65

17．顶棚抹灰面层（表 5-42）

工作内容： 1．清理修补基层表面、堵眼、调运砂浆、清扫落地灰。

2．抹灰找平、罩面及压光，包括小圆角抹光。

207

表 5-42

计量单位：100m²

定 额 编 号		11—286	11—287	11—288	11—289
项 目	单位	混凝土面顶棚			
		混 合 砂 浆		水 泥 砂 浆	
		现 浇	预 制	现 浇	预 制
人工 综合工日	工日	13.91	15.19	15.82	17.71
材料 素水泥浆	m³	0.10	0.10	0.10	0.10
纸筋石灰浆	m³	0.20	0.20	—	—
混合砂浆 1:3:9	m³	0.62	0.72	—	—
混合砂浆 1:0.5:1	m³	0.90	1.12	—	—
水泥砂浆 1:2.5	m³			0.72	0.82
水泥砂浆 1:3	m³			1.01	1.23
108 胶	kg	2.76	2.76	2.76	2.76
水	m³	0.19	0.19	0.19	0.19
松厚板	m³	0.016	0.016	0.016	0.016
机械 砂浆搅拌机 200L	台班	0.29	0.34	0.29	—

18．木材面清漆（表 5-43）

工作内容：清扫、磨砂纸、点漆片、刮腻子、刷底油一遍、调和漆二遍等。

表 5-43

计量单位：100m²

定 额 编 号		11—409	11—410	11—411	11—412
项 目	单位	底油一遍、刮腻子、调和漆二遍			
		单层木门	单层木窗	木扶手不带托板	其 他木材面
				100m	
人工 综合工日	工日	17.69	17.69	4.35	12.20
材料 熟桐油	kg	4.25	3.54	0.41	2.14
油漆溶剂油	kg	11.14	9.28	1.07	5.62
石膏粉	kg	5.04	4.20	0.48	2.54
无光调和漆	kg	24.96	20.80	2.39	12.58
调和漆	kg	22.01	18.34	2.11	11.10
清油	kg	1.75	1.46	0.17	0.88
漆片	kg	0.07	0.06	0.01	0.04
酒精	kg	0.43	0.36	0.04	0.22
催干剂	kg	1.03	0.86	0.10	0.52
砂纸	张	42.00	35.00	4.00	21.00
白布 0.9m	m²	0.25	0.25	0.06	0.17

19．建筑物垂直运输（表 5-44）

20m（6 层）以内卷扬机施工

工作内容：包括单位工程在合理工期内完成全部工程项目所需要的卷扬机台班。

表 5-44

计量单位：100m²

定 额 编 号		13—1	13—2	13—3	13—4
项 目	单 位	住 宅		教学及办公用房	
		混合结构	现浇框架	混合结构	现浇框架
人工　综合工日	工日	—	—	—	—
机械　卷扬机单筒快速2t以内	台班	11.70	15.60	12.00	17.70

定 额 编 号		13 5	13—6	13—7	13—8
项 目	单 位	医院、宾馆、图书馆		影 剧 院	
		混合结构	现浇框架	混合结构	现浇框架
人工　综合工日	工日	—	—	—	—
机械　卷扬机单筒快速2t以内	台班	18.90	23.10	39.75	40.50

20. 低流动混凝土（表5-45）

适用范围：适用于现浇梁、板、柱等。

表 5-45

计量单位：m³

定 额 编 号		15—59	15—60	15—61	15—62
项 目	单 位	砾 石 粒 径 10mm			
		C20		C25	
材料　水泥 32.5 等级	kg	374.00	—	429.00	—
水泥 42.5 等级	kg	—	331.00	—	374.00
砂	m³	0.46	0.49	0.42	0.44
砾石 10	m³	0.82	0.83	0.82	0.85
水	m³	0.20	0.20	0.20	0.20

定 额 编 号		15—63	15—64	15—65	15—66
项 目	单 位	砾 石 粒 径 10mm			
		C30		C35	C40
材料　水泥 32.5 等级	kg	470.00	—	—	—
水泥 42.5 等级	kg	—	404.00	439.00	481.00
砂	m³	0.38	0.42	0.41	0.41
砾石 10	m³	0.84	0.84	0.83	0.83
水	m³	0.20	0.20	0.20	0.20

定 额 编 号		15—67	15—68	15—69	15—70
项 目	单 位	砾 石 粒 径 20mm			
		C15	C20		C25
材料　水泥 32.5 等级	kg	303.00	336.00	—	386.00
水泥 42.5 等级	kg	—	—	298.00	—
砂	m³	0.47	0.42	0.49	0.41
砾石 20	m³	0.86	0.89	0.85	0.88
水	m³	0.18	0.18	0.18	0.18

定 额 编 号			15—71	15—72	15—73	15—74	15—75
项 目		单位	砾 石 粒 径 20mm				
			C25	C30		C35	C40
材料	水泥 32.5 等级	kg	—	423.00	—	—	—
	水泥 42.5 等级	kg	337.00	—	364.00	395.00	434.00
	砂	m³	0.42	0.36	0.43	0.40	0.36
	砾石 20	m³	0.89	0.89	0.86	0.87	0.88
	水	m³	0.18	0.18	0.18	0.18	0.18

定 额 编 号			15—76	15—77	15—78	15—79
项 目		单位	砾 石 粒 径 40mm			
			C15	C20		C25
材料	水泥 32.5 等级	kg	286.00	318.00	—	366.00
	水泥 42.5 等级	kg	—	—	282.00	—
	砂	m³	0.47	0.45	0.49	0.40
	砾石 40	m³	0.88	0.88	0.86	0.89
	水	m³	0.17	0.17	0.17	0.17

21. 抹灰砂浆配合比表（表 5-46）

表 5-46

计量单位：m³

定 额 编 号			15—213	15—214	15—215	15—216	15—217
项 目		单位	水 泥 砂 浆				
			1:1	1:1.5	1:2	1:2.5	1:3
材料	水泥 32.5 等级	kg	765.00	644.00	557.00	490.00	408.00
	粗砂	m³	0.64	0.81	0.94	1.03	1.03
	水	m³	0.30	0.30	0.30	0.30	0.30

定 额 编 号			15—227	15—228	15—229	15—230	15—231
项 目		单位	混 合 砂 浆				
			1:2:1	1:0.5:4	1:1:2	1:1:6	1:0.5:1
材料	水泥 32.5 等级	kg	340.00	306.00	382.00	204.00	583.00
	石灰膏	m³	0.56	0.13	0.32	0.17	0.24
	粗砂	m³	0.29	1.03	0.64	1.03	0.49
	水	m³	0.60	0.60	0.60	0.60	0.60

22. 砌筑砂浆配合比表（表 5-47）

表 5-47

计量单位：m³

定 额 编 号			15—249	15—250	15—251	15—252	15—253
项 目		单位	水 泥 砂 浆				
			中 砂				
			M2.5	M5	M7.5	M10	M15
材料	水泥 32.5 等级	kg	150	210	268	331	445
	中砂（干净）	m³	1.02	1.02	1.02	1.02	1.02
	水	m³	0.22	0.22	0.22	0.22	0.22

定 额 编 号		15—254	15—255	15—256	15—257	15—258
项　目	单位	混 合 砂 浆				
		中　砂				
		M1	M2.5	M5	M7.5	M10
材料　水泥 32.5 等级	kg	—	117	194	261	326
中砂（干净）	m³	1.02	1.02	1.02	1.02	1.02
石灰膏	m³	0.23	0.18	0.14	0.09	0.04
水	m³	0.60	0.60	0.40	0.40	0.40

复 习 思 考 题

1．什么是直接费？

2．直接工程费与直接费有区别吗？

3．直接费由哪些费用构成？

4．计算直接费常采用哪两种方法？

5．叙述单位估价法计算直接费的过程。

6．叙述实物金额法计算直接费的过程。

7．为什么要调整材料价差？如何调整？

8．叙述综合系数调整材料价差的过程。

第六章 建筑安装工程费用

第一节 建筑安装工程费用构成与内容

一、建筑安装工程费用的构成

为了加强基本建设的管理和适应建筑业的发展，有利于合理确定和控制工程造价，提高基本建设投资效益，国家统一了建筑安装工程费用划分的口径。这一做法，使得业主、承包商、监理公司、政府主管及监督部门各方，在编制工程概预算、工程结算、工程招投标文件、计划统计、工程成本核算等方面有了统一的标准。

按照现行规定，建筑安装工程费用由直接工程费、间接费、利润、税金等四部分构成（见图6-1）。其中，直接工程费与间接费之和称为工程预算成本。

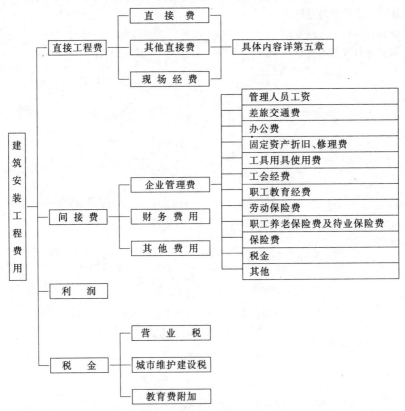

图 6-1　建筑安装工程费用构成示意图

二、建筑安装工程费用的内容

1. 直接工程费

具体内容详见第五章。

2．间接费

间接费由企业管理费、财务费用和其他费用组成。

（1）企业管理费

是指施工企业为组织生产经营活动所发生的管理费用，内容包括：

①管理人员工资

包括管理人员基本工资、工资性补贴及按规定计提的职工福利费等。

②差旅交通费

是指企业职工因公出差、工作调动的差旅费，住勤补助费，市内交通费及误餐补助费；职工探亲路费，劳动力招募费，离退休职工一次性路费，交通工具油料、燃料、牌照、养路费等。

③办公费

指企业办公用文具、纸张、账表、印刷、邮电、书报、会议、水、电、燃煤（气）等费用。

④固定资产折旧修理费

是指企业属于固定资产的房屋、设备、仪器等折旧维修等费用。

⑤工具用具使用费

是指企业管理使用的不属于固定资产的工具、用具、家具、交通工具、检验、试验、消防等的摊销及维修费用。

⑥工会经费

是指企业按职工工资总额一定百分比计提的工会经费。

⑦职工教育经费

是指企业为职工学习先进技术和提高文化水平，按职工工资总额的一定百分比计提的费用。

⑧劳动保险费

是指企业支付离退休职工的退休金（包括提取的离退休职工劳保统筹基金）、价格补贴、医药费、异地安家补助费、职工退休金、六个月以上的病假人员工资、职工死亡丧葬补助费，抚恤费，按规定支付给离休干部的各项费用。

⑨职工养老保险及待业保险费

是指职工退休养老金的积累及按规定标准计取的职工待业保险费。

⑩保险费

指企业财产保险、管理用车辆等保险费用。

⑪税金

是指企业按规定交纳的房产税、车船使用税、土地使用税、印花税及土地使用费等。

⑫其他

包括技术转让费、技术开发费、业务招待费、排污费、绿化费、广告费、公证费、法律顾问费、审计费、咨询费等。

（2）财务费用

是指企业为筹集资金而发生的各项费用，包括企业经营期间发生的短期贷款利息净支出、汇兑净损失、调剂外汇手续费、金融机构手续费，以及企业筹集资金发生的其他财务费用。

（3）其他费用

是按规定支付工程造价管理部门的定额编制管理费及劳动定额管理部门的定额测定费，以及按有关部门规定支付的上级管理费。

3．利润

是指按规定应计入建筑安装工程造价的利润。计算时应根据不同投资来源或工程类别实施差别利润率。

4．税金

是指按国家税法规定应计入建筑安装工程造价的营业税、城市维护建设税及教育费附加。

第二节　建筑安装工程费用计算方法

一、建筑安装工程费用理论计算方法

建筑安装工程费用计算也称建筑安装工程造价计算。

根据本书第一章中建筑安装工程预算编制原理、工程造价理论计算公式和建筑安装工程费用构成，可以确定以下理论计算方法。见表 6-1。

建筑安装工程费用（造价）理论计算方法　　　　　　　　　　　　表 6-1

序号	费用名称	计　算　式
（一）	定额直接费	Σ（分项工程量×预算定额基价）
（二）	其他直接费及现场经费	定额直接费×（其他直接费费率＋现场经费费率） 或：定额人工费×（其他直接费费率＋现场经费费率）
（三）	间接费	［（一）＋（二）］×间接费费率（或：（一）×间接费费率）或：定额人工费×间接费费率
（四）	利润	［（一）＋（二）＋（三）］×利润率（或：（一）×利润率）或：定额人工费×利润率
（五）	税金	营业税＝［（一）＋（二）＋（三）＋（四）］× $\dfrac{\text{营业税率}}{1-\text{营业税率}}$ 城市维护建筑税＝营业税×城市建设维护税税率 教育费附加＝营业税×教育费附加税率
	工程造价	（一）＋（二）＋（三）＋（四）＋（五）

二、计算建筑安装工程费用的原则

定额直接费根据预算定额基价计算，这在定额计价模式下，具有较强的规范性。按照这一思路，对于其他直接费、现场经费、企业管理费、财务费用等费用的计算也应该遵循其规范，以保证建筑安装工程造价的社会必要劳动量的水平。为此，工程造价管理部门对各项费用的计算作了明确的规定：

1．建筑工程一般以定额直接费为基础计算各项费用；

2．装饰工程一般以定额人工费计算各项费用；

3．安装工程一般以定额人工费计算各项费用；

4．材料价差不能作为计算间接费等费用的基础。

上述规定主要有以下几点考虑：

首先要保证计算出的其他直接费、间接费等各项费用的水平具有稳定性。其他直接费、间接费等费用是按一定的取费基础乘以规定的费率确定的。当费率事先确定后，则要求计算基础相对稳定。因而，以定额直接费或定额人工费为取费基础，具有较好的稳定性，不管工程在定额执行范围内的什么地方施工，不管由哪个施工单位施工，都能确保计算出的直接费、间接费水平具有一致性。

其次，以定额直接费作为取费基础，既考虑了人工消耗与管理费用的内在关系，又考虑了施工机械的使用对施工企业机械化水平提高的推动作用。

再者，由于安装工程、建筑装饰工程的材料、设备等，由于设计要求的不同，所使用的规格、型号、名牌变化幅度较大，而定额人工费具有相对稳定性。再加上其他直接费、现场经费、间接费等费用与人员的管理幅度有直接联系，所以，安装工程、建筑装饰工程采用定额人工费为基础计算各项费用较合理。

三、建筑安装工程费用计算程序

建筑安装费用计算程序亦称建筑安装工程造价计算程序，是指计算建筑安装工程费用有规律的顺序。

建筑安装工程费用计算程序，没有全国统一的格式，一般由省、市、自治区工程造价管理部门结合本地区具体情况确定。

1．建筑安装工程费用计算程序的拟定

拟定建筑安装工程费用计算程序主要有两个方面的内容，一是拟定费用项目和计算顺序；二是拟定取费基础和各项费率。

（1）建筑安装工程费用项目及计算顺序拟定

各地区应根据国家主管部门的有关规定，结合本地区实际情况拟定费用项目和计算顺序，并颁布在本地区使用的建筑安装工程费用计算程序。

（2）费用计算基础和费率的拟定

在拟定建筑安装工程费用计算基础时，要注意两个方面的问题。一是要遵循确定工程造价的客观经济规律；二是要遵守国家的有关规定，使工程造价的计算结果较准确地反映本行业的生产力水平。

2．建筑安装工程费用计算程序实例

某地区建筑安装工程费用计算程序的规定在国家规定项目的基础上，结合具体情况，调整了有关费用项目，列出了以下需要单项计算的费用项目：

（1）单项材料价差调整；

（2）综合系数调整材料价差；

（3）施工图预算包干费；

（4）劳动保险费；

（5）安全文明施工增加费；

（6）赶工补偿费；

（7）定额管理费。

某地区建筑安装工程费用计算程序见表6-2。

费用类别	序号	费用名称	计 算 式	
			以定额直接费为计算基础	以定额人工费为计算基础
直接工程费	（一）	定额直接费	Σ（分项工程量×定额基价）	同左
	（二）	其他直接费	（一）×其他直接费费率	定额人工费×其他直接费费率
	（三）	现场经费	（一）×现场经费费率	定额人工费×现场经费费率
	（四）	单项材料价差调整	Σ［单位工程某材料用量×（现行材料单价－定额材料单价）］	同左（含主材费、辅材费）
	（五）	综合系数调整材料价差	定额材料费×综调系数	同左
	（六）	施工图预算包干费	（一）×施工图预算包干费费率	定额人工费×施工图预算包干费费率
	（七）	安全文明施工增加费	（一）×安全文明施工增加费费率	定额人工费×安全文明施工增加费费率
	（八）	赶工补偿费	（一）×赶工补偿费费率	定额人工费×赶工补偿费费率
间接费	（九）	企业管理费	（一）×企业管理费费率	定额人工费×企业管理费费率
	（十）	财务费用	（一）×财务费用费率	定额人工费×财务费用费率
	（十一）	劳动保险费	（一）×劳动保险费费率	定额人工费×劳动保险费费率
	（十二）	定额管理费	（一）×定额管理费费率	同左
利润	（十三）	利润	（一）×利润率	定额人工费×利润率
税金	（十四）	营业税	［（一）～（十三）之和］×$\dfrac{营业税税率}{1-营业税税率}$	同左
	（十五）	城市维护建设税	（十四）×城市维护建设税税率	同左
	（十六）	教育费附加	（十四）×教育费附加税率	同左
工程造价		工程造价	（一）～（十六）之和	同左

四、确定计算建筑安装工程费用的条件

现行规定，计算建筑安装工程费用，要根据工程类别和企业取费等级确定各项费率。

1. 建设工程类别划分

建设工程类别划分见表 6-3、表 6-4。

建筑工程类别划分标准　　　　　　表 6-3

一类工程	(1) 跨度 30m 以上的单层工业厂房；建筑面积 9000m² 以上的多层工业厂房 (2) 单炉蒸发量 10t/h 以上或蒸发量 30t/h 以上的锅炉房 (3) 层数 30 层以上高层建筑 (4) 跨度 30m 以上的钢网架、悬索、薄壳屋盖建筑 (5) 建筑面积 12000m² 以上的公共建筑，20000 个座位以上的体育场 (6) 高度 100m 以上的烟囱；高度 60m 以上或容积 100m³ 以上的水塔；容积 4000m³ 以上的池类

二类 工程	(1) 跨度 30m 以内的单层工业厂房；建筑面积 6000m² 以上的多层工业厂房
	(2) 单炉蒸发量 6.5t/h 以上或蒸发量 20t/h 以上的锅炉房
	(3) 层数 16 层以上高层建筑
	(4) 跨度 30m 以内的钢网架、悬索、薄壳屋盖建筑
	(5) 建筑面积 8000m² 以上的公共建筑，20000 个座位以内的体育场
	(6) 高度 100m 以内的烟囱；高度 60m 以内或容积 100m³ 以内的水塔；容积 3000m³ 以上的池类
三类 工程	(1) 跨度 24m 以内的单层工业厂房；建筑面积 3000m² 以上的多层工业厂房
	(2) 单炉蒸发量 4t/h 以上或蒸发量 10t/h 以上的锅炉房
	(3) 层数 8 层以上高层建筑
	(4) 建筑面积 5000m² 以上的公共建筑
	(5) 高度 50m 以内的烟囱；高度 40m 以上或容积 50m³ 以内的水塔；容积 1500m³ 以上的池类
	(6) 栈桥、混凝土贮仓、料斗
四类 工程	(1) 跨度 18m 以内的单层工业厂房；建筑面积 3000m² 以内的多层工业厂房
	(2) 单炉蒸发量 4t/h 以内或蒸发量 10t/h 以内的锅炉房
	(3) 层数 8 层以内多层建筑
	(4) 建筑面积 5000m² 以内的公共建筑
	(5) 高度 30m 以内的烟囱；高度 25m 以内的水塔；容积 1500m³ 以内的池类
	(6) 运动场、混凝土挡土墙、围墙、保坎、砖、石挡土墙

注：1. 跨度：指按设计图标注的相邻两纵向定位轴线的距离，多跨厂房或仓库按主跨划分

2. 层数：指建筑分层数。地下室、面积小于标准层 30% 的顶层、2.2m 以内的技术层，不计层数

3. 面积：指单位工程的建筑面积

4. 公共建筑：指 (1) 礼堂、会堂、影剧院、俱乐部、音乐厅、报告厅、排演厅、文化宫、青少年宫。(2) 图书馆、博物馆、美术馆、档案馆、体育馆。(3) 火车站，汽车站的客运楼、机场候机楼、航运站客运楼。(4) 科学实验研究楼、医疗技术楼、门诊楼、住院楼、邮电通讯楼、邮政大楼、大专院校教学楼、电教楼、试验楼。(5) 综合商业服务大楼，多层商场，贸易科技中心大楼、食堂、浴室、展销大厅

5. 冷库工程和建筑物有声、光、超净、恒温、无菌等特殊要求者按相应类别的上一类取费

6. 工程分类均按单位工程划分，内部设施，相连裙房及附属于单位工程的零星工程（如化粪池、排水、排污沟等），如为同一企业施工，应并入该单位工程一并分类

装饰工程类别划分   表 6-4

一类工程	每平方米（装饰建筑面积）定额直接费（含未计价材料费）1600 元以上的装饰工程；外墙面各种幕墙、石材干挂工程
二类工程	每平方米（装饰建筑面积）定额直接费（含未计价材料费）1000 元以上的装饰工程；外墙面二次块料面层单项装饰工程
三类工程	每平方米（装饰建筑面积）定额直接费（含未计价材料费）500 元以上的装饰工程
四类工程	独立承包的各类单项装饰工程；每平方米（装饰建筑面积）定额直接费（含未计价材料费）500 元以下的装饰工程；家庭装饰工程

注：除一类装饰工程外，有特殊声光要求的装饰工程，其类别按上表规定相应提高一类。

2. 施工企业取费级别评审条件

某地区施工企业取费级别评审条件如下：

(1) 特级取费

①企业具有特级资质证书。

②企业近五年来承担过两个以上一类工程。

③企业参加了社会劳保统筹，退（离）休职工人数占在册职工人数30％以上。

（2）一级取费

①企业具有一级资质证书。

②企业近五年来承担过两个二类及其以上工程。

③企业参加了社会劳保统筹，退（离）休职工人数占在册职工人数20％以上。

（3）二级取费

①企业具有二级资质证书。

②企业近五年来承担过两个三类及其以上工程。

③企业参加了社会劳保统筹，退（离）休职工人数占在册职工人数10％以上。

（4）三级取费

①企业具有三级资质证书。

②企业近五年来承担过两个四类及其以上工程。

③企业参加了社会劳保统筹，退（离）休职工人数占在册职工人数10％以下。

（5）凡不符合评审条件各款②、③条者，按下一级核定。

五、建筑安装工程费用费率实例

1．某地区其他直接费、现场经费标准见表6-5，表6-6。

（1）建筑工程

表 6-5

工程类别	计算基础	其他直接费（％）	临时设施费（％）	现场管理费（％）	合计（％）
一类	定额直接费	4.26	2.80	3.29	10.35
二类	定额直接费	3.84	2.62	3.06	9.52
三类	定额直接费	3.17	2.34	2.72	8.23
四类	定额直接费	2.45	2.05	2.26	6.76

（2）装饰、安装工程

表 6-6

工程类别	计算基础	其他直接费（％）	临时设施费（％）	现场管理费（％）	合计（％）
一类	定额人工费	22.76	10.78	20.27	53.81
二类	定额人工费	20.67	10.04	19.08	49.79
三类	定额人工费	18.87	9.95	17.32	46.14
四类	定额人工费	15.87	9.19	14.36	39.42

2．某地区企业管理费标准，见表6-7，表6-8。

（1）建筑工程

表 6-7

项　目		计算基础	企业管理费（%）
建筑工程	一类工程	定额直接费	7.54
	二类工程	定额直接费	6.91
	三类工程	定额直接费	5.92
	四类工程	定额直接费	5.03

（2）装饰、安装工程

表 6-8

项　目		计算基础	企业管理费（%）
装饰工程 安装工程	一类工程	定额人工费	38.07
	二类工程	定额人工费	35.25
	三类工程	定额人工费	32.50
	四类工程	定额人工费	27.58

3. 某地区财务费用标准，见表 6-9。

表 6-9

取费级别	财务费用标准			
	计算基础	财务费用（%）	计算基础	财务费用（%）
特级取费	定额直接费	1.15	定额人工费	4.35
一级取费	定额直接费	1.04	定额人工费	4.00
二级取费	定额直接费	0.85	定额人工费	3.40
三级取费	定额直接费	0.71	定额人工费	2.80

4. 某地区劳动保险费标准，见表 6-10。

表 6-10

取费级别	劳动保险费标准			
	计算基础	劳动保险费（%）	计算基础	劳动保险费（%）
特级取费	定额直接费	3.0~4.5	定额人工费	15.0~22.5
一级取费	定额直接费	2.5~3.0	定额人工费	12.5~15.0
二级取费	定额直接费	2.0~2.5	定额人工费	10.0~12.5
三级取费	定额直接费	1.5~2.0	定额人工费	7.5~10.0

5. 某地区安全文明施工增加费标准，见表 6-11。

表 6-11

项　目	计算基础	安全文明施工增加费%
以定额直接费为取费基础的工程	定额直接费	0.4~1.0
以定额人工费为取费基础的工程	定额人工费	0.8~4.0

6. 某地区赶工补偿费标准，见表 6-12。

表 6-12

项　　目	计算基础	赶工补偿费 %
以定额直接费为取费基础的工程	定额直接费	1.1~2.8
以定额人工费为取费基础的工程	定额人工费	4.4~11.2

7. 某地区利润标准，见表 6-13。

表 6-13

取费级别		计算基础	利润 %	计算基础	利润 %
特级取费	Ⅰ	定额直接费	10	定额人工费	55
	Ⅱ	定额直接费	9	定额人工费	50
一级取费	Ⅰ	定额直接费	8	定额人工费	44
	Ⅱ	定额直接费	7	定额人工费	39
二级取费	Ⅰ	定额直接费	6	定额人工费	33
	Ⅱ	定额直接费	5	定额人工费	28
三级取费	Ⅰ	定额直接费	4	定额人工费	22
	Ⅱ	定额直接费	3	定额人工费	17

8. 某地区其他费用标准，见表 6-14。

表 6-14

费用名称	工程类别	计算基础	费率
施工图预算包干费	建筑工程	定额直接费	1.5%
	装饰、安装工程	定额人工费	15%
定额管理费	建筑、装饰、安装工程	定额直接费	1.8‰

9. 税率

表 6-15

费用名称	工程类别	计算基础	费率
营业税	建筑、装饰、安装	除税金外的全部费用	$\dfrac{3\%}{1-3\%}$
城市维护建设税	同上	营业税	市区：7% 县、城镇：5% 不在城镇：1%
教育费附加	同上	营业税	2%

第三节　建筑工程费用计算实例

根据第五章中办公营业楼工程的直接费数据和下列条件计算该工程的工程造价。

一、有关条件

根据施工图和施工现场及施工单位的具体情况，有关条件确定如下：

1. 建筑层数：2 层（四类工程）；

2. 施工企业取费等级：一级Ⅰ挡；

3．直接费：765037.98

其中：人工费　115805.25

材料费　606596.59

机械费　42636.14

4．合同规定收取施工图预算包干费；

5．合同规定按费率下限收取安全文明施工增加费；

6．工程在市区。

二、各项费用的费率确定

查第二节中各费用标准，确定的费率如下：

1．其他直接费费率：2.45%

2．现场经费费率：2.05% ＋ 2.26% ＝ 4.31%

3．企业管理费费率：5.03%

4．财务费用费率：1.04%

5．劳动保险费费率：2.5%

6．安装文明施工增加费费率：0.4%

7．利润率：8%

8．施工图预算包干费费率：1.5%

9．定额管理费费率：1.8‰

10．营业税率：3.0928%

11．城市维护建设税率：7%

12．教育费附加税率：2%

三、办公营业楼工程造价计算

办公营业楼工程造价计算表　　　　　　　　表 6-16

序　号	费 用 名 称	计 算 式	金额（元）
（一）	直接费	见直接费计算表	765037.98
（二）	其他直接费	765037.98×2.45%	18743.43
（三）	现场经费	765037.98×4.31%	32973.14
（四）	单项材料价差调整	—	—
（五）	综合系数调整材料价差	—	—
（六）	施工图预算包干费	765037.98×1.5%	11475.57
（七）	安全文明施工增加费	765037.98×0.4%	3060.15
（八）	赶工补偿费	—	—
（九）	企业管理费	765037.98×5.03%	38481.41
（十）	财务费用	765037.98×1.04%	7956.39
（十一）	劳动保险费	765037.98×2.5%	19125.95
（十二）	定额管理费	765037.98×1.8‰	1377.07
（十三）	利润	765037.98×8%	61203.04
（十四）	营业税	959434.13×3.0928%	29673.38
（十五）	城市维护建设税	29673.38×7%	2077.14
（十六）	教育费附加	29673.38×2%	593.47
	工程造价		991778.12

四、编制说明

办公营业楼建筑工程施工图预算编制说明：

1. 本预算根据办公营业楼施工图编制。

2. 本预算采用某地区建筑工程预算定额和费用定额。

3. 本预算人工单价按定额规定计算，材料单价根据市场价确定，机械台班预算价格按预算定额的台班单价确定。

4. 本工程女儿墙暂按标准砖砌筑，如实际施工发生变化时，按实调整。

5. 本预算按实物金额法编制，通过测算，工程材料费与预算定额的材料费水平持平，故按以定额直接费为基础的方法计算各项费用。

复 习 思 考 题

1. 现场经费是企业管理费的组成部分吗？

2. 计算建筑安装工程费用有哪些原则？

3. 叙述建筑安装工程费用的计算程序。

4. 建设工程划分为几类？

5. 为什么要按定额直接费为基础计算其他各项费用？

6. 用定额人工费为基础计算其他各项费用有何意义？

7. 定额管理费属于间接费吗？为什么？

第七章 工程量清单计价

建设部颁发的《建设工程工程量清单计价规范》于 2003 年 7 月 1 日起实施。工程量清单计价是一种全新的计价模式，是适应建设工程招标投标所进行的工程造价计价模式改革的成果，也是国际上多数国家采用的计价方法。

第一节 工程量清单计价模式概述

一、工程量清单

工程量清单是以一个单位工程为对象，用于招标投标工程计价的全部清单项目及工程数量的列表。从范围上讲，清单项目是扩大了的预算定额项目。例如，清单项目的预制过梁，综合了预算定额中过梁的预制、运输、安装等内容。工程量清单项目具有以下特征：

1. 工作内容的相对完整性

每个清单项目的工作内容包括了该项目较完整的施工过程。例如，上述预制过梁的清单项目内容。

2. 计价和承包的相对独立性

每个清单项目可以单独计价，可以交由承包人独立完成。

我们把能形成工程实体，可以单独计价与承包，适用于工程招标投标和遵守一定规则列出的，以单位工程为对象的全部清单项目的组合，称为工程量清单。

二、工程量清单项目设置规则

为了实行工程量清单招标投标，规范建筑市场工程造价计价行为，就需要制定工程量清单设置规则。

1. 清单项目设置基本原则

清单项目设置规则以形成工程实体为基本原则，按部位、材料、施工工艺等因素划分项目。例如，屋面柔性防水清单项目包括：屋面高分子卷材、找平层、保护层等内容。

2. 工程量清单与预算定额的关系

（1）一个清单项目对应于若干个预算定额子目

在工程量清单项目设置规则中，明确规定了每个清单项目与预算定额子目相对应的关系。这一要求是规范计价行为，确保工程计价内容一致性的基本保证。

某地区工程量清单项目与预算定额子目的对应关系见表 7-1。

（2）清单项目的内容组合动态性

从预制混凝土楼梯清单项目中可以看到，每个清单项目可以由几个预算定额子目组成，清单项目设置规则的作用是列出了可供组合的基本内容。实际操作时，选择哪些子目组合，要根据具体的施工图和相关的施工条件确定，并且这种组合会随施工现场条件的变化而改变。因此，清单项目的内容组合具有动态性。

3．统一清单项目编码

清单项目与预算定额子目对应关系　　　　　　　　　　　　　　表 7-1

清单编码	清单项目名称	单位	可组合的内容				对应的预算定额子目
03—052—	预制楼梯 （应注明构件名称、混凝土强度、骨料粒径、搅拌方式、构件运距）	m³	1	楼梯制作	1.1	楼梯段（包括梯梁与平台）	3—215 3—216
					1.2	楼梯斜梁	3—217
					1.3	楼梯踏步	3—218
			2	混凝土制作	2.1	现场搅拌站搅拌	3—97
					2.2	现场搅拌机搅拌	3—98
					2.3	商品混凝土	3—99
			3	楼梯安装	3.1	楼梯段及斜梁	3—246
					3.2	楼梯踏步	3—247
			4	楼梯运输	4.1	构件体积 1m³ 以内	3—253
					4.2	构件体积 1m³ 以外	3—255
					4.3	运距每增加 1km	3—254 3—256

统一清单项目编码的目的也是规范计价行为的基本要求。

当一个清单项目的内容确定后，就应该有一个唯一的编码与之相对应。

清单项目的编码规则是人们事先约定的。例如，某地区清单项目编码用 12 位数来表示。第 1、2 位数表示工程类型代码（如建筑工程、安装工程等）；第 3、4 位数表示专业顺序代码；第 5、6 位数表示章（分部）顺序代码；第 7、8、9 位数表示项目顺序代码；第 10、11、12 位表示子目顺序代码。例如，"楼地面铺花岗岩板材"清单项目的编码为：

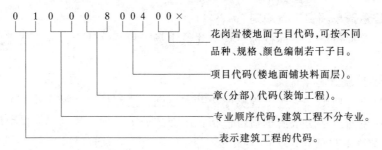

上述清单项目编码可以写为：01000800400×

三、统一工程量清单计价规则

实行工程量清单计价模式，除了有"统一工程量清单项目设置规则"和"统一清单项目编码规则"外，还应该有"统一工程量清单计价规则"。具体要求如下。

1．统一清单项目包含的内容

是指要统一规定每个清单项目所包含的主要工作内容。例如，砖砌明沟清单项目包括的主要工作内容为：砌块试验、砂浆试块制作、运输及检验；土方挖、运、填，基底平整夯实、运料、淋砖，垫层拌制、浇筑、养护，调铺砂浆，砌砖、水泥砂浆抹面等。

2．统一工程量计算规则

由于清单项目的内容范围不同于预算定额子目的内容范围，所以要单独制定工程量计算规则。

3．统一计量单位

清单项目在预算定额子目上综合后，可能要改变计量单位才能较准确地表达项目的内容。所以要制定统一的计量单位。

4．统一计价格式

由于工程量清单计价模式有较大的变化，完全不同于定额计价模式，所以要规定统一的计价格式。

第二节　工程量清单计价模式的实施

一、实施工程量清单计价模式的基本思路

结合我国国情实施工程量清单计价模式的基本思路是：统一计价规则、有效控制耗量、彻底放开价格，正确引导报价，通过有序的市场竞争形成工程造价。

1．统一计价规则

前面已介绍了统一计价规则，此处不再叙述。

2．有效控制耗量

有效控制消耗量是指为了防止施工企业盲目或随意大幅度地减少或扩大工程消耗量，工程造价管理部门通过发布建筑工程综合（预算）定额，统一人工、材料、机械台班消耗量标准，为企业提供一个完成工程施工任务劳动消耗的社会平均尺度，从而在总体上达到有效控制消耗量和保证工程质量的目的。

3．彻底放开价格

消耗量统一后，在投标中确定构成工程实体的量不会有太大的变化。但是，市场竞争法则要求有变化。所以，彻底放开价格，自主报价成为新的计价模式的重要特点。价格放开后，各承包商根据工程造价主管部门定期发布的人工、材料参考价以及市场价进行自主定价。

4．正确引导企业自主报价

工程造价管理部门向全社会提供各项费用的构成标准，引导企业根据自身的特点和技术专长、材料采购渠道、机械设备配置、管理水平和竞争能力等情况自主报价。

5．通过市场有序竞争形成工程造价

通过市场充分竞争形成价格，以合理低价承接工程，符合市场经济规律，达到了通过招标投标合理承发包工程的目的。合理低价具有不确定性。但是我们可以根据综合（预算）定额、费用构成及标准、材料的社会平均价格，能制定出衡量投标报价合理性的基础标准，用以审定报价的合理程度。

二、工程量清单计价模式的特点

工程量清单计价模式较彻底的走出了传统定额计价模式的框框，提高建设项目投资效益，推动了施工企业劳动生产力水平和经营管理水平的发展。作为全新的计价模式，具有以下特点：

1．企业自主报价

将以前的工程造价由政府定价改为由企业自主报价，通过市场竞争形成工程造价。

2．工程报价的直观性

工程量清单计价模式的费用构成直观简单，业主可以通过承包商的报价单，简单直观地了解工程报价情况，可以及时与建筑市场同类工程的造价进行对比分析，做到心中有数。

三、工程量清单计价依据的内容

1．建筑工程计价办法

包括，计价办法条文说明，计价标准格式，建筑面积计算规则，工程量计算规则等。

2．建筑工程量清单设置规则

包括，清单项目的设置规定，清单项目与定额子目的对应关系等。

3．建筑工程综合定额

包括，实体项目，措施项目，利润，行政事业性收费等等。

工程量清单计价依据示意图见图7-1。

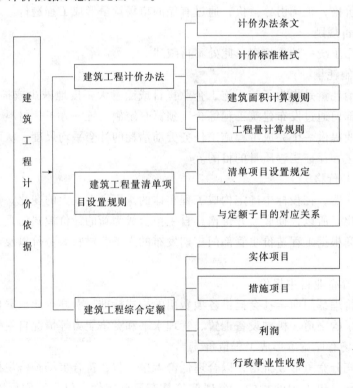

图7-1　工程量清单计价依据示意图

四、工程量清单计价依据的编制原则

1．"量价分离"和"量价费合一"

"量价分离"是指工程定价时，消耗量可以统一，而各种价格由企业自立确定；"量价费合一"是指综合定额给出了含有管理费等经营性费用的定额基价（包括人工费、材料费和机械费）。

实行量价分离的计价办法，采用"量价费合一"的表现形式，既能体现"量"的地区统一性，又能体现"价"的各企业报价的差异性，有利于区分不同地区、不同企业的差别，合理确定工程造价和有效控制建设投资。

2. 单独设置工程量清单项目

按工程量清单计价，要单独设置统一的工程量清单项目，其基本要求是：

（1）清单项目划分按章来处理，同一章采用同一种项目设置方法，即按部位或按材料来设置。

（2）尽量与国际通行的项目设置接口。

（3）清单项目包括的内容与综合定额包括的了目内容有完全的对应关系，个留活口。

（4）要以是否形成主项实体作为衡量是否设置清单项目的标准。

3. 实体项目与措施项目分离

将原直接费定额中实体与非实体合一的表现形式，分解为实体项目与技术措施项目两类。例如，将脚手架使用费、大型机械安拆费等设置为技术措施项目费。

4. 费用定额的分解

将原有费用定额分解为经营性费用、其他措施性费用。

经营性费用按各章、节在工程造价中占的比重，逐项分摊到各定额子目中，形成工、料、机、费合一的形式。具体例子见表7-2，表7-3。

综 合 定 额 摘 录

表 7-2

定 额 编 号			1—8	1—9	1—10
子 目 名 称			人工挖沟槽、基坑		
			三 类 土		
			深度在 2m 内	深度在 4m 内	深度在 6m 内
基价（元）		一类	1104.38	1211.08	1327.69
		二类	1066.82	1169.90	1282.54
		三类	1051.29	1152.86	1263.87
其中		人工费（元）	963.18	1056.24	1157.94
		材料费（元）	—	—	—
		机械费（元）	—	—	—
	管理费（元）	一类	141.20	154.84	169.75
		二类	103.64	113.66	124.60
		三类	88.11	96.62	105.93
编 码	名 称	单位	单价（元）	消 耗 量	
000003	三类工	工日	18.00	53.51	58.68	64.33

技术措施项目和其他措施项目合并成措施项目。

生产性费用（其他直接费）分配到相关定额子目中，变为其他材料费和其他机械费。

5. 各定额子目管理费分摊

综合定额将现场管理费、企业管理费组合在了每个定额子目内，其分摊费率见表7-4。

五、工程量清单计价费用标准

（一）其他措施项目费用标准

定　额　编　号			1—100	1—101	1—102	103
子　目　名　称			人工装汽车运土、石方			
			土　方		石　方	
			运距 1km	每增加 1km	运距 1km	每增加 1km
基价（元）		一类	1525.57	170.58	2280.21	245.51
		二类	1473.69	164.78	2202.66	237.16
		三类	1452.23	162.38	2170.59	233.71
其中	人工费（元）		291.06	16.20	388.80	24.30
	材料费（元）		—	—	—	—
	机械费（元）		1039.46	132.57	1599.87	189.82
	管理费（元）	一类	195.05	21.81	291.54	31.39
		二类	143.17	16.01	213.99	23.04
		三类	121.71	13.61	181.92	19.59
编码	名　称	单位	单价（元）	消　耗　量		
000003	三类工	工日	18.00	16.17	0.90	21.60	1.35
904005	载重汽车 8t	台班	301.29	3.45	0.44	5.31	0.63

各定额章节子项管理费分摊费率表　　　　　表 7-4

序　号	章节名称	计算基础	分摊费率（％）
1	土石方工程	人工费＋机械费	14.66
2	桩基础工程	人工费＋机械费	16.24
3	混凝土及钢筋混凝土工程	人工费＋机械费	24.62
4	砌筑工程	人工费＋机械费	14.14
5	门窗及木结构工程	人工费＋机械费	14.27
6	屋面及防水防腐保温工程	人工费＋机械费	13.51
7	金属结构工程	人工费＋机械费	13.38
8	湿装饰工程	人工费＋机械费	17.26
9	干装饰工程	人工费＋机械费	14.67
10	脚手架工程	人工费＋机械费	14.41
11	垂直运输工程	人工费＋机械费	16.55
12	超高人工、机械降效	人工费＋机械费	9.98

注：表中费率为一类城市标准，二类城市乘以系数 0.734，三类城市乘以系数 0.624

1．临时设施费

临时设施费根据工程建筑面积计算，其费率见表 7-5。

2．文明施工费

文明施工费以工程量清单项目费为基础，按 0.20％～0.50％计算。

3．工程保险费

以工程量清单项目费为基础，按 0.02％～0.04％计算。

4．工程保修费

以工程量清单项目费为基础，按 0.10% 计算。

5. 赶工措施费

当发包人要求的合同工期小于定额工期时，可计算因赶工所发生的措施费用，以清单项目费为基础计算，费率见表 7-6。

临时设施费费率表　　表 7-5

序　号	建筑面积（m²）	临时设施费率（%）
1	<5000	1.60
2	5000~15000	1.50
3	15000~25000	1.40
4	>25000	1.30

赶工措施费费率表　　表 7-6

序　号	合同工期/定额工期（δ）	赶工措施费率（%）
1	$0.9 \leq \delta < 1$	0.00
2	$0.8 \leq \delta < 0.9$	0.40
3	$0.7 \leq \delta < 0.8$	0.80

6. 总包服务费

发包人将总承包人没有资质的专业工程发包给其他承包人时，发包人应向总承包人支付的费用。其费用按再发包专业工程合同价的 1%~4% 计算。

7. 预算包干费

按清单项目费的 1%~3% 计算。

8. 其他费用

如，特殊安全施工措施费、特殊工种培训费等。根据工程和施工现场需要发生的其他费用，按实际发生或经批准的施工组织设计方案计算。

说明：

（1）其他措施项目是指技术措施项目以外的，工程可能发生的措施项目。

（2）其他措施项目费已包含了利润，属于指导性费用，供工程承发包双方参考，按合同约定执行。

（3）在工程计价中，其他措施项目费用以"综"或"项"形式，由承包人自报费用。在工程承发包合同中，承包人必须列出所需费用项目，若没有列出，视为已包括在承包价内，发包人不另予支付。

（4）有上下限费用标准的其他措施项目费，发包人编制工程标底价或施工图预算时，工程量清单计价按其上下限平均值费用标准计算。

（二）利润标准

利润是工程造价的组成部分，它反映了承包工程应收取的合理酬金。

建筑工程、土石方工程，均以人工费为基础计算各工程利润，其利润率见表 7-7。

（三）行政事业性收费标准

行政事业性收费是政府部门规定收取和履行社会义务的费用，是工程造价的组成部分。

行政事业性收费是强制性费用，在工程计价时，必须按工程所在地规定列出费用名称和标准。

行政事业性收费包括以下内容，除注明者外，按清单项目费加措施项目费为基础计算。

1. 社会保险费

社会保险费由地方税务机关征收，在编制工程标底或预算时，按表7-8标准计算。

利 润 标 准　表7-7

序 号	费用标准　工程名称　工程类别	建筑工程、土石方工程
1	一类工程	45
2	二类工程	35
3	三类工程	30
4	四类工程	25

各类工程社会保险费用取费标准　表7-8

费用标准　工程名称　工程类别	建筑工程	土石方工程
一类	7.00	6.00
二类	6.50	5.50
三类	5.00	4.00
四类	2.50	1.50

2．住房公积金

按清单项目费加措施项目费的1.28%计算。

3．定额编制管理费

按清单项目费加措施项目费的0.08%～0.10%计算。

4．劳动定额测定费

按清单项目费加措施项目费的0.03%计算。

5．建筑企业管理费

按清单项目费加措施项目费的0.4%计算。

6．工程排污费

按清单项目费加措施项目费为基础计算，各项费率见表7-9。

各类工程排污费用取费标准　表7-9

费用标准　工程名称　工程类别	建筑工程	土石方工程	费用标准　工程名称　工程类别	建筑工程	土石方工程
一类	0.40	0.35	三类	0.30	0.25
二类	0.35	0.30	四类	0.25	0.20

7．施工噪音排污费

按工程所在地规定的标准计算。

8．防洪工程维护费

按工程所在地规定的标准计算。

六、工程量清单计价程序

1．各项费用对应关系

工程量清单计价的计算内容与预算定额造价计算的计算内容对照见表7-10。

各项费用对应关系　表7-10

序 号	工程量清单计价计算内容	预算定额计价计算内容
1	工程清单项目费（实体项目费）	定额直接费 其他直接费 现场管理费 企业管理费 财务费用 利润

序 号	工程量清单计价计算内容		预算定额计价计算内容
2	措施项目费	技术措施项目费	脚手架使用费 垂直运输机械使用费 建筑物超高人工、机械增加费 大型机械安拆费、场外运输费
		其他措施项目费	临时设施费 安全文明施工增加费 赶工补偿费 施工图预算包干费
3	行政事业性收费		劳动保险费 定额编制及管理费
4	税金		营业税 教育费附加 城市维护建设税

2．工程量清单计价程序及示意图

工程量清单计价模式计价程序　　　　　　　　表 7-11

序 号	名 称		计 算 办 法
1	工程清单项目费（实体项目费）		Σ（清单工程量×综合单价）
2	措施项目费	技术措施项目费	Σ（技术措施工程量×综合单价）
		其他措施项目费	（项目包括利润）
3	行政事业性收费		（1＋2）×费率
4	不含税工程造价		1＋2＋3
5	税金		4×税金
6	含税工程造价		4＋5

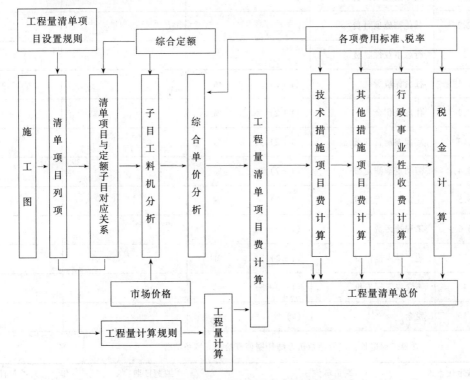

图 7-2　工程量清单计价模式计价程序示意图

七、工程量清单计价标准格式

表 7-12

工 程 总 说 明

1. 工程概况：

   建设单位、工程名称、工程地点、建筑面积、占地面积、建筑高度、经济指标、层高、层数、结构形式、基础形式、装饰标准等。

2. 编制依据：

   采用的计价办法、施工图纸、规范、施工方案等。

3. 特殊材料、设备情况说明。

4. 其他需特殊说明的问题。

工程量清单总价表　　　　　　　　　　　表 7-13

工程名称：　　　　　　　　　　　　　　　　　　第　页共　　页

序　号	名　　称	计　算　办　法	金　额（元）	备　注
1	工程量清单项目费			
2	措施项目费			
2.1	技术措施项目费			
2.2	其他措施项目费			
3	行政事业性收费			
3.1	社会保险费	(1+2)×　　%		
3.2	住房公积金	(1+2)×　　%		
3.3	定额编制管理费	(1+2)×　　%		
3.4	劳动定额测定费	(1+2)×　　%		
3.5	建筑企业管理费	(1+2)×　　%		
3.6	工程排污费	(1+2)×　　%		
3.7	施工噪声排污费	(1+2)×　　%		
4	不含税工程造价	(1+2+3)		
5	税金	(4)×　　%		
含税工程造价：贰佰肆拾伍万陆仟捌佰壹拾柒元捌角陆分			Y：	
法定代表人：　　　　编制单位：　　　　编制日期：　　年　月　日				

分部工程清单项目汇总表

表 7-14

工程名称：　　　　　　　　　　　　　　　　　　　　　　第　页共　页

序 号	名 称 及 说 明	金 额 （元）	备 注
1	土石方工程		
2	桩基础工程		
3	混凝土及钢筋混凝土工程		
4	砌筑工程		
5	门窗及木结构工程		
6	屋面及防水防腐保温工程		
7	金属结构工程		
8	湿装饰工程		
9	干装饰工程		
10	暂定项目		
	合 计		

编制人：　　　　　证号：　　　　　　　　　编制日期：　　　年　月　日

分项工程清单项目费汇总表

表 7-15

工程名称：　　　　　　　　　　　　　　　　　　　　　　第　页共　页

序号	清单编码	名称及说明	单位	工程量	综合单价（元）	合 价（元）	备 注

编制人：　　　　　证号：　　　　　　　　　编制日期：　　　年　月　日

技术措施项目费汇总表

表 7-16

工程名称：　　　　　　　　　　　　　　　　　　　　　　　第　　页共　　页

序　号	名　称　及　说　明	单　位	合　价（元）	备　注
1	脚手架使用费	宗		
2	垂直运输机械使用费	宗		
3	建筑物超高人工、机械增加费	宗		
4	大型机械安拆费、场外运输费	宗		
	合　计			

编制人：　　　　　　证号：　　　　　　　　　编制日期：　　　年　　月　　日

分项工程费汇总表（技术措施项目）

表 7-17

工程名称：　　　　　　　　　　　　　　　　　　　　　　　第　　页共　　页

序号	定额编号	名称及说明	单位	数　量	单价（元）		合　价（元）	备　注
					基价	利润		

工程名称：   第   页共   页

序号	名称及说明	单位	合价（元）	备注
1	临时设施费	宗		附合价说明
2	文明施工费	宗		附合价说明
3	工程保险费	宗		附合价说明
4	工程保修费	宗		附合价说明
5	赶工措施费	宗		附合价说明
6	总包服务费	宗		附合价说明
7	预算包干费	宗		附合价说明
8	其他费用	宗		附合价说明
	合计			

编制人：   证号：   编制日期：   年 月 日

工程名称：   第   页共   页

序号	材料编码	材料名称	规格	单位	编制价（元）	产地	厂家	备注

编制人：   证号：   编制日期：   年 月 日

综合单价分析表

表 7-20

工程名称：
第　页共　页

清单编码	清单项目	计量单位	清单项目工程量	综合单价（元）= $\dfrac{\text{子目单价}}{\text{清单项目工程量}}$			

定额编号	定额子目	单位	工程量	子目综合单价分析						子目综合单价	合计
				人工费	材料费	机械费	工料机小计	管理费	利润		
子目合价											
备注											

编制人：　　　　　证号：　　　　　编制日期：　　　年　月　日

子目工料机分析表

表 7-21

工程名称：
第　页共　页

清单编码	清单项目	定额编号	定额子目	定额子目计量单位

工料机编码	工料机名称	单位	单价（元）	消耗量	合价（元）

人工费	材料费	机械费	工料机小计	分析表序号
备注				

编制人：　　　　　证号：　　　　　编制日期：　　　年　月　日

236

第三节 工程量清单计价实例

以某办公楼建筑工程的土石方分部为例，介绍工程量清单计价的计算过程。

一、熟悉清单项目设置规则

办公楼基础施工图所示，该工程有挖2m内深的沟槽土方项目，首先要查工程量项目设置规则，然后才能确定清单项目的内容。

人工挖沟槽、基坑土方的清单项目内容和规则如下：

1. 计量单位

计量单位为 m^3。

2. 计量方法

其组合内容的工程量按相应项目的工程量计算规则计算。

3. 挖运沟槽、基坑土方内容的组合

挖运沟槽、基坑土方工程按表7-22所示列出的内容不同组合后列出清单项目。

4. 清单项目名称和编码

(1) 清单项目名称：挖运沟槽、基坑土方

(2) 清单项目编码：010001002001

5. 主要工作内容

(1) 挖土、抛土、整修底边、边坡。

(2) 围护、支撑及其随后的拆除（深基坑除外）。

(3) 排除积水。

(4) 场内外运输。

清单项目不同组合内容表　　　表7-22

组	内　　容
A	挖土类别、方式、深度
B	围护、支撑
C	特殊要求挖土
D	运输距离
E	其他

6. 清单项目与定额子目对应关系

人工挖运沟槽、基坑土方清单项目与定额子目的对应关系见表7-23。

清单项目与定额子目对应表　　　　　　　表7-23

清单编码	清单项目	单位	可组合的主要内容				对应定额子目
010001002001	挖运沟槽、基坑土方（注明土类别、开挖方式、深度及运输距离）	m^3	1	挖土方	1.1	人工挖沟槽、基坑	1—5～1—13
			2	围护、支撑	2.1	支挡土板	1—28～1—31
			3	特殊要求挖土	3.1	沟槽、基坑挖桩间土	说明一、（　）和说明二、（　）
			4	场内外运输	4.1	人工或人力车运土方、淤泥	1—20～1—27
					4.2	机械运土方	1～100～1—105
			5	其他			

二、确定清单项目内容

根据上述工程量清单设置规则和办公楼工程施工图，人工挖运沟槽、基坑土方清单项目的组合内容及与定额子目的对应关系见表 7-24。

人工挖运沟槽、基坑场清单项目组合内容及与定额子目对应关系 **表 7-24**

序 号	组 合 内 容	对应的定额子目
1	人工挖沟槽、基坑土方（2m 内深、三类土）	1—8
2	汽车运土方 1km	1—100
3	汽车运土方增运 4km	1—101

三、工程量计算

根据办公楼工程施工图和工程量计算规则，人工挖运土方的工程量计算结果为：

1．人工挖沟槽、基坑土方

工程量：156.50m^3

2．汽车运土方

工程量：92m^3

四、综合单价分析计算

综合单价分析表中的各项数据来源如下：

1．工料机小计

子目综合单价分析栏内的工料机小计是根据对应定额子目基价中抄写过来后加总的结果。

2．管理费

管理费＝工料机小计×管理费率（管理费率查表 7-4）

3．利润

利润＝工料机小计×利润率（利润率见表 7-7）

4．子目综合单价

子目综合单价＝工料机小计＋管理费＋利润

5．合计

合计＝工程量×子目综合单价

6．子目合价

子目合价＝Σ子目综合单价

7．综合单价

$$综合单价 = \frac{子目合价}{清单项目工程量}$$

上述计算过程的数据见表 7-25。

五、分项工程清单项目费计算与汇总

办公楼工程的分项工程清单项目费计算与汇总见表 7-26。

六、分部工程清单项目费汇总

办公楼工程分部工程清单项目费见表 7-27。

工程名称：办公楼工程（三类工程）　　　　　　　　　第　页共　页

清单编码	清单项目	计量单位	清单项目工程量	综合单价（元）$\left(综合单价 = \dfrac{子目合价}{清单项目工程量} \right)$	
01000-1002001	人工挖沟槽机坑，三类土、深2m内、汽车运5km	m³	156.50	$\dfrac{4743.28}{156.50} = 30.31$ 元/m³	

定额编号	定额子目	单位	工程量	子目综合单价分析						子目综合单价	合计
				人工费	材料费	机械费	工料机小计	管理费	利润		
1—8	人工挖沟槽机坑、深2m内	100m³	1.565	963.18			963.18	141.20	288.95	1393.33	2180.56
1—100	汽车运土方1km	100m³	0.92	291.06		1039.46	1330.52	195.05	399.16	1924.73	1770.75
1—101×4	汽车运土方增4km	100m³	0.92	64.80		530.28	595.08	87.24	178.52	860.84	791.97
子目合价			4743.28								

备注：管理费率：14.66%；利润率：30%。

编制人：　　　　　证号：　　　　　　　　编制日期：　　年　月　日

注：(1) 管理费计算　　　　　　　　　　　(2) 利润计算

1—8 定额号：963.18×14.66%＝141.20元　　963.18×30%＝288.95元

1—100 定额号：1330.52×14.66%＝195.05元　　1330.52×30%＝399.16元

1—101 定额号：595.08×14.66%＝87.24元　　595.08×30%＝178.52元

管理费率取定见表7-4。　　　　　　　　　利润率取定见表7-7。

分项工程清单项目费汇总表　　　　　　　　　　表 7-26

工程名称：办公楼工程　　　　　　　　　　　　　　第　页共　页

序号	清单编码	名称及说明	单位	工程量	综合单价（元）	合价（元）	备注
		一、土石方工程					
1	0100010-02001	人工挖沟槽机坑，深2m内汽车运5km	m³	156.50	30.31	4743.52	
2	0100010-02002	人工挖沟槽机坑，深4m内汽车运5km	m³	759.2	33.25	25243.40	
3	0100010-03001	平整场地	m²	983.4	0.82	806.39	
		分部小计				30793.31	
		二、混凝土工程					
4	0100030-24001	C20混凝土基础梁	m³	38.98	222.43	8670.32	

序号	清单编码	名称及说明	单位	工程量	综合单价（元）	合 价（元）	备注
		◦◦◦◦◦◦◦					
		合 计				2040198.14	

编制人： 证号： 编制日期： 年 月 日

分部工程清单项目费汇总表 表 7-27

工程名称：办公楼工程 第 页共 页

序 号	名称及说明	金额（元）	备 注
1	土石方工程	30793.31	
2	桩基础工程	272540.40	
3	混凝土及钢筋混凝土工程	952759.65	
4	砌筑工程	109571.83	
5	门窗及木结构工程	110043.06	
6	屋面及防水防腐保温工程	29735.35	
7	金属结构工程	—	
8	湿装饰工程	504047.09	
9	干装饰工程	30707.45	
10	暂定项目	—	
	合 计	2040198.14	

编制人： 证号： 编制日期： 年 月 日

七、技术措施项目费计算

办公楼工程技术措施项目费计算见表 7-28 和表 7-29。

技术措施项目费汇总表 表 7-28

工程名称：办公楼工程　　　　　　　　　　　　　　　　　　　　第　页共　　页

序号	名称及说明	单位	合价（元）	备注
1	脚手架使用费	宗	32896.79	
2	垂直运输机械使用费	宗	51491.00	
3	建筑物超高人工、机械增加费	宗	—	
4	大型机械安拆费、场外运输费	宗	12019.74	
	合计		96407.53	

编制人：　　　　　　　　证号：　　　　　　　　　　　编制日期：　　年　月　日

分项工程费汇总表（技术措施项目）　　　　　　表 7-29

工程名称：办公楼工程　　　　　　　　　　　　　　　　　　　　第　页共　　页

序号	定额编号	名称及说明	单位	数量	单价（元）		合价（元）	备注
					基价	利润		
		脚手架使用费						
1	10—4	综合脚手架高30m以内	m²	3410	8.40	0.63	30792.30	利润＝人工费×30%
2	10—33	满堂脚手架基本层	m²	389	4.87	0.54	2104.49	同上
		小计					32896.79	
		垂直运输机械使用费						
3	11—11	建筑物30m以内	m²	3410	14.64	0.46	51491.00	同上
		小计					51491.00	
		大型机械安拆费、场外运输费						
4	按实	6t塔吊安拆费	宗	1	5628.28	487.50	6115.78	同上
5	按实	6t塔吊场外运输费	宗	1	5703.86	200.10	5903.96	同上
		小计					12019.74	

八、其他措施项目费计算

其他措施项目费的计算是以工程清单项目费为基础确定的，见表7-30。

其他措施项目费用汇总表 表7-30

工程名称：办公楼工程　　　　　　　　　　　　　　　　第　页共　　页

序号	名称及说明	单位	合价（元）	备　注
1	临时设施费	宗	32643.17	按实体项目费的1.60%计算
2	文明施工费	宗	4080.40	按实体项目费的0.20%计算
3	工程保险费	宗	408.04	按实体项目费的0.02%计算
4	工程保修费	宗	2040.20	按实体项目费的0.10%计算
5	赶工措施费	宗	—	附合价说明
6	总包服务费	宗	—	附合价说明
7	预算包干费	宗	40803.96	按实体项目费的2%计算
8	其他费用	宗	—	附合价说明
	合计		79975.77	

编制人：　　　　　证号：　　　　　　　　　编制日期：　　　年　月　日

九、工程量清单总价计算

办公楼工程量清单总价计算见表7-31。

工 程 量 清 单 总 价 表 表7-31

工程名称：办公楼工程　　　　　　　　　　　　　　　　第　页共　　页

序号	名　称	计算办法	金额（元）	备　注
1	工程量清单项目费		2040198.14	
2	措施项目费		176383.30	
2.1	技术措施项目费		96407.53	
2.2	其他措施项目费		79975.77	
3	行政事业性收费		157155.62	
3.1	社会保险费	(1+2)×5%	110829.07	三类工程
3.2	住房公积金	(1+2)×1.28%	28372.24	
3.3	定额编制管理费	(1+2)×0.08%	1773.27	
3.4	劳动定额测定费	(1+2)×0.03%	664.97	

242

序 号	名 称	计 算 办 法	金 额（元）	备 注
3.5	建筑企业管理费	(1+2)×0.4%	8866.33	
3.6	工程排污费	(1+2)×0.30%	6649.74	
3.7	施工噪声排污费	(1+2)××%	—	
4	不含税工程造价	(1+2+3)	2373737.06	
5	税金	(4)×3.5%	83080.80	

含税工程造价：贰佰肆拾伍万陆仟捌佰壹拾柒元捌角陆分	Ұ：2456817.86

法定代表人：　　　　　编制单位：　　　　　　　　编制日期：　　　年　月　日

注：各项取费费率分别查前面对应的费率表

复 习 思 考 题

1. 什么是工程量清单？
2. 工程量清单包括哪些内容？
3. 工程量清单有何用途？
4. 工程量清单与预算定额有什么关系？
5. 工程量清单项目的编码是怎样编排的？
6. 叙述工程量清单计价模式的特点。
7. 叙述工程量清单计价的费用构成。
8. 叙述工程量清单计价模式的计价程序。

第八章 施 工 预 算

第一节 概 述

一、施工预算的概念

施工预算是为了适应工程量清单报价和企业内部管理的需要，根据施工图纸、施工定额、施工方案，考虑挖掘企业内部潜力，供投标报价和加强企业管理使用的预算文件。

二、施工预算与施工图预算的区别

1. "两算"的消耗量水平不同

施工预算反映了完成单位工程所需的企业个别成本；施工图预算反映了完成该单位工程所需的社会成本。两者的劳动消耗量水平不同。

2. "两算"的编制依据不同

施工图预算与施工预算虽然根据同一施工图编制，但两者使用的定额依据不同。前者根据预算定额编制，后者根据施工定额编制。

3. "两算"的编制方法和粗细程度不同

施工图预算一般采用单位估价法，定额项目的综合程度较大。施工预算一般采用实物法和实物金额法，定额项目按工种划分，其综合程度较小。由于施工预算要满足按工种进行定额管理和班组核算的要求。所以，项目划分较细，能满足按工程的分层分段编制的要求。

三、施工预算的作用

施工预算的主要作用包括：

1. 施工预算是工程量清单报价的依据。
2. 施工预算是编制施工组织设计、施工作业计划的依据。
3. 施工预算是工程项目部向工人班组签发施工任务单和限额领料单的依据。
4. 施工预算是促进推广先进施工技术，采取节约措施的有效方法。
5. 是施工企业进行经济活动分析，对承包消耗量与施工预算消耗量进行对比分析的依据。

第二节 施工预算的基本内容和编制要求

一、基本内容

施工预算的基本内容由"编制说明"和"计算表格"两部分组成。

1. 编制说明

(1) 编制依据

包括说明采用的施工图、施工定额、工日单价、材料单价、机械台班单价、施工方案等内容。

(2) 所编施工预算的工程内容范围。

(3) 根据现场勘察资料考虑了哪些因素。

(4) 根据施工方案考虑了哪些施工技术组织措施。

(5) 说明有哪些暂估项目和遗留问题，说明其原因和处理方法。

(6) 还存在和需要解决哪些问题。

(7) 其他需要说明的问题。

2．计算表格

(1) 工程量计算表

是施工预算的主要表格。主要反映了分部分项工程名称、工程数量、计算式等。

(2) 工料分析表

是施工预算的重要表格。主要反映分部分项工程中的各工种人工、不同等级的用工数量以及各种材料、机械台班的消耗量。

(3) 人工消耗量汇总表

该表是编制劳动力计划及合理调配劳动力的依据。它由"工料分析表"上的人工数，按不同分部工程和技术等级分别汇总而成。

(4) 材料消耗量汇总表

该表是编制材料需用量计划的依据。它由"工料分析表"上的材料量，按不同品种、规格，按现场耗用与加工厂耗用分类后汇总而成。

(5) 机械台班使用量汇总表

该表是计算施工机械使用费的依据。是根据施工方案确定的实际进场施工机械，按其种类、型号、台数、工期等计算出台班数量汇总而成。

(6) 承包消耗量与施工预算消耗量对比表

施工预算编制完成后，将其算出的人工、材料、机械台班消耗量以及人工费、材料费、机械使用费、其他直接费等，按单位工程或分部工程为对象，与工程承包价的消耗量进行对比分析，找出节约或超支的原因，作为施工中进一步采取降低工程成本的依据。

此外，还有钢筋混凝土构件、金属构件、门窗木作构件的加工订货表，钢筋、铁件加工表等等，根据各单位的业务分工和具体编制内容而定。

二、编制要求

施工预算的编制要求与施工预算的作用紧密相关，一般应达到以下要求：

1．编制深度合适

对于施工预算的编制深度，应满足下面两点要求：

(1) 能反映出各项实物量和货币量数据，以便为今后的经济活动分析提供可靠的依据。

(2) 施工预算的项目要能满足工程报价的需求，同时也要满足签发施工任务单和限额领料单的要求。

2．内容要紧密结合施工现场实际

按所承担的任务范围和采取的施工技术措施，挖掘企业内部潜力，实事求是地进行编制。为今后建立可靠的成本控制系统积累资料。

3．要保证施工预算的准确性与及时性

工程投标报价，施工企业内部编制各种计划，进行工程成本预测，无一不依赖施工预算所准确及时地提供各种资料。因此，必须采取各种有效措施，保证其准确与及时性。

第三节　施　工　预　算　编　制

一、编制依据

1．经过会审的施工图纸和会审纪要以及有关标准图。

2．施工定额和有关企业定额。

3．经批准的施工组织设计或施工方案。

4．工日单价、材料单价、机械台班单价。

5．各项费用标准。

6．其他工具书或资料。

二、编制方法

施工预算的编制方法有以下几种：

1．实物法

根据施工图、施工定额、施工方案算出工程量后，套用施工定额，分析汇总人工、材料、机械台班消耗量。通过实物消耗量的分析来反映工程成本状况。

2．实物金额法

根据实物法算出的人工和材料、机械台班消耗量，分别乘以所在地区的工日单价、材料单价和机械台班单价，求出人工费、材料费、机械费后，再根据费用标准计算工程造价。

3．单位估价法

单位估价法的特点是，计算出工程量后，分别套用施工定额基价计算出分项工程直接费，然后再汇总成单位工程直接费，最后再根据费用标准计算工程造价。

三、实物金额法编制施工预算的步骤与方法

若主要以企业内部管理为目的编制施工预算，其步骤与方法如下。

1．了解施工现场，收集基础资料

编制施工预算之前，首先应按前面所述的编制依据，将有关基础资料收集齐全；熟悉施工图纸和会审纪要；熟悉施工方案；了解所采取的施工方法和施工技术。另外，还要深入施工现场，了解现场的环境、地质、施工平面布置等有关情况。了解和掌握上述内容，是编制好施工预算的前提条件。

2．列项与计算工程量

列项与计算工程量是编制施工预算最基本的一项工作。这项工作所费的时间最长，工作量大，技术要求高，是一项细致而又复杂的工作。能否准确及时地编好施工预算，其关键也在能否准确及时地计算工程量。所以，一定要按要求认真完成该项工作。见表8-1。

3．查套施工定额

工程量计算完毕后，按照分部、分层、分段划分的要求，列出工程项目。将这些工程项目的名称、计量单位及工程量，逐项填入"施工预算工料分析表"后，即可查套施工定额。将查到的定额编号与工料机消耗指标，分别填入上表的相应栏目里。

4. 工料机分析

按上述要求，将"施工预算工料机分析表"上的分部分项工程名称、定额单位、工程量、机械台班量、工料消耗指标等项目填写完毕后，就可以进行工料机分析。方法同施工图预算的工料机分析。见表 8-2。

5. 工料机汇总

按机械名称、材料名称分别以分部工程为对象进行汇总，然后再进行以单位工程为对象进行汇总。这些数据是与承包价的工料机消耗量对比分析的资料。见表 8-3 至表 8-5。

6. 计算施工预算造价

根据汇总的人工费、材料费、机械费和各项费用标准，进行施工预算造价的计算。计算费用的项目、程序、费率应与承包价的造价计算内容相对应，以便分析对比。见表 8-6。

7. 编写编制说明，装订成册

编制施工预算的表格见表 8-1 至表 8-6。

施工预算工程量计算表　　　　　　　　　　　　　　　　表 8-1

工程名称：　　　　　　　　　　　　　　　　　　　　　　第　　页共　　页

序　号	项目名称	单　位	工程量	计　算　式

表 8-2

施工预算工料机分析表

工程名称：　　　　　　　　　　　　　　　　　　　　　第　页共　页

序号	定额编号	项目名称	单位	工程量	时间定额	工日小计	机　械　台　班　及　主　要　材　料						

表 8-3

施工预算工日汇总表

工程名称：　　　　　　　　　　　　　　　　　　　　　第　页共　页

序　号	分　部　名　称	人工工日（个）	工日单价（元）	人　工　费

施工预算主要材料汇总表

表 8-4

工程名称：　　　　　　　　　　　　　　　　　　　　　　　第　页共　页

序　号	材料名称	单　位	数　量	所　在　分　部

施工预算机械台班汇总表

表 8-5

工程名称：　　　　　　　　　　　　　　　　　　　　　　　第　页共　页

序　号	机械名称	台班数量	台班单价 （元）	机械费 （元）	所在分部

工程名称：   第　页共　页

序　号	费用名称	计　算　式	金额（元）	备　注

第四节　施工预算与承包消耗量对比

一、对比的目的

工程中标后确定的承包价消耗量是施工企业的工程收入；施工预算确定的消耗量是企业通过管理提高效益、降低成本的目标成本。在开工前进行对比分析，可以知道，哪些环节的哪些费用能够节约，哪些环节的哪些费用会超支，以便我们采取有效的措施控制工程造价，达到不亏损以及多盈余的目的。

二、对比方法

常用的对比方法有实物量对比法和金额对比法两种。

1. 实物量对比法

将施工预算计算出的工程量，套用施工定额的工料机消耗指标，按分部工程为对象分析汇总后，填入"实物量消耗对比表"，再与承包消耗量的工料机进行对比分析，算出节约或超支的数量和百分比。

2. 金额对比法

将施工预算算出的人工费、材料费、机械费以分部工程为对象汇总后，填入"金额对比分析表"，再与承包价的人工费、材料费、机械费进行对比分析，算出节约或超支的金额和百分比。

上述对比分析的表格见表8-7和表8-8。

人 工 工 日 对 比 表　　　　　　　　　　　　表 8-7

工程名称：　　　　　　　　　　建筑面积：　　　　　　　　　　结构与层数：

序　号	分部工程名称	施工预算（工日）	工程承包消耗量		对 比 分 析			
			工日	占单位工程%	节约（工日）	超支（工日）	节约或超支占分部%	节约或超支占单位工程%
①	②	③	④	⑤	⑥=④-③	⑦=④-③	⑧=⑥或⑦÷④	⑨=⑤×⑧

主 要 材 料 对 比 表　　　　　　　　　　　　表 8-8

工程名称：　　　　　　　　　　建筑面积：　　　　　　　　　　结构与层数：

序号	材料名称	单位	施工预算			工程承包消耗量			对 比 分 析					
			数量	单价	金额	数量	单价	金额	数 量 差			金 额 差		
									节约	超支	%	节约	超支	%
①	②	③	④	⑤	⑥=④×⑤	⑦	⑧	⑨=⑦×⑧	⑩=⑦-④	⑪=⑦-④	⑫=⑩或⑪÷⑦	⑬=⑨-⑥	⑭=⑨-⑥	⑮=⑬或⑭÷9

复 习 思 考 题

1. 什么是施工预算?
2. 施工预算与施工图预算的区别有哪些?
3. 施工预算有哪些作用?
4. 叙述施工预算的编制内容。
5. 叙述施工预算的编制要求。
6. 编制施工预算有哪几种方法?
7. 叙述采用实物金额法编制施工预算的步骤与方法。
8. 施工预算为什么要与工程承包消耗量进行对比?
9. 常用的对比方法有哪些?
10. 如何进行材料消耗量的对比分析?

第九章 水暖电安装工程预算编制

第一节 概 述

一、水暖电安装工程预算施工图预算

室内水暖电安装工程施工图预算指根据建筑工程室内水、电安装工程施工图,按照《统一安装工程预算定额》水电分册及单位估价表和相应的安装工程施工取费标准编制,用以确定室内水暖电安装工程预算造价的经济文件。

其主要作用是确定建筑安装工程预算造价的文件,是建筑安装工程施工企业从事企业管理和项目管理的主要依据。

(二)水暖电安装工程施工图预算的组成。

室内水暖电安装工程施工图预算分别由室内给排水安装工程施工图预算、室内采暖工程施工图预算、室内煤气安装工程施工图预算、室内照明电气安装工程施工图预算四个部分组成,其预算资料包括:

(1)水、暖、电安装工程施工图预算编制说明书。

(2)水、暖、电安装工程施工图预算造价计费表。

(3)水、暖、电安装工程施工图预算表。

(4)水、暖、电安装工程施工图预算主要工料汇总表。

(5)水、暖、电安装工程分部分项工程量计算单。

二、室内水、暖、电安装工程施工图预算编制程序

(一)水暖电安装工程施工图预算主要编制依据

(1)水暖电安装工程施工图。包括:审定后的施工图设计文件,设计标准图集和典型图例,施工图会审纪要或技术交底资料等。

(2)水暖电安装工程预算定额、统一安装工程量计算规则、各省市造价管理部门颁布的统一安装工程预算定额估价表以及取费标准。

(3)各地现行安装工程材料预算价格。建筑安装工程材料市场价格信息表。

(4)安装工程承包合同或施工协议书。

(5)经批准的安装工程施工组织设计或施工方案。

(6)工程造价管理部门发布的造价管理办法及有关价格调整义件。

(二)水暖电安装工程施工图预算编制程序

水、暖、电安装工程施工图预算编制原理与土建预算编制原理相同。

三、水、电安装工程预算与土建预算的联系与区别

(一)主要联系

(1)室内水、电安装工程依附于土建工程。如水平管线的尺寸与建筑物中各房间进深与开间尺寸相关。各种立管的布置直接与建筑物层高相联系。

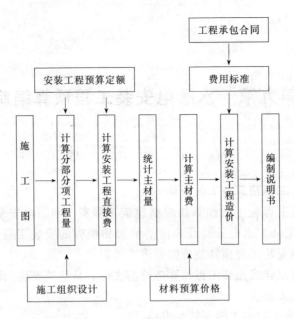

图 9-1　安装预算编制程序图

（2）室内水、电安装工程预算与土建工程预算基本编制程序与编制方法基本相同，其工程费用计算程序亦基本相同。

（二）主要区别：

（1）针对的对象不同，水、暖、电安装工程预算针对的是建筑工程室内给排水、采暖及电气照明安装工程。

（2）采用的定额不一样，安装工程所采用的定额为全国统一安装工程预算定额第二分册、第八分册及个别相关的其他有关分册定额。如十三分册，涂刷及防腐工程预算定额等。

（3）预算表格式不同，由于安装工程预算定额基价表中一般包括安装基价、安装人工费、安装材机费、安装主材量。不包括主材费用，故需要分别计算，在编制预算表要单列一栏"主材费"具体表式见表 9-3。

（4）工程造价计费基础不同，一般来说，土建工程以直接工程费为计费基础，而安装工程是以安装人工费为计费基础，具体计算方法详见水、暖、电气安装预算实例"工程造价计费表"。

第二节　室内给排水安装工程预算编制

一、给、排水安装工程预算定额简介

（一）给、排水安装工程预算定额

给、排水安装工程预算定额系《全国统一安装工程预算定额》中第八分册的内容之一，主要适用于生活用给水，排水管道及附件配件安装、各种用水器具设备安装以及小型容器制作与安装工程。各省、市编制安装工程预算时先后按照统一定额，根据本地的具体情况编制《统一安装工程预算定额估价表》供本省、市编制安装工程预算时应用。

（二）执行给排水安装工程预算定额的有关规定

1．关于"综合工"工资单价

在《全国统一安装工程预算定额》中，分项人工消耗指标不分工种和级别，统一按综合工日计算，各省、市在制定基价表时均按综合工日单价取定。其基本组成包括：工人的基本工资、辅助工资、工资性津贴、职工福利费和劳动保护费。

2．关于材料费与机械费

安装工程预算定额中，材料区分为安装材料和主要材料两个部分，其中主材费未计入分项基价，故称"未计价材料"，未计价材料费的计算应按卞式进行：

主材费＝Σ分项主材耗用量×地区现行主材单价

计价材料的单价按定额编制地方材料供求状况取定，列入定额分项基价，而机械费则采用地方制定的施工机械台班标准执行、执行中有变化者应按配套的安装基价动态调整办法进行相应的处理。

3．有关增加系数的规定

（1）脚手架搭拆费：按给排水工程定额人工费的5％计取，其中人工费占25％，由施工单位包干使用。

（2）超高作业增加费：凡给排水安装操作高度超过4.5m时，其超高增加费：按超过高度部分（4.5m至操作物最高点的定额人工费分别乘以表9-1中的系数。

超 高 作 业 增 加 系 数　　　　　表9-1

标　高　（m）	4.5～10	4.5～20	4.5～20 以外
系　　数	1.25	1.4	1.8

（3）管道廊间安装工程：设置在管道间，管廊内的管道，法兰、阀门、支架等安装，其定额人工乘以1.30。

（4）不同主体构造安装工程：主体结构为现场浇灌，采用钢模施工的工程。内外浇注的工程，其定额人工乘以系1.05；内浇外砌的工程，其定额人工乘以1.03。

（5）高层建筑增加费：高层建筑这里指高度超过6层或20m以上的工业与民用建筑工程。其高层建筑增加费按定额规定系数计算。如表9-2计算。

高 层 建 筑 增 加 费　　　　　表9-2

工程类别	层数	22层以下	23层以下	24层以下	25层以下	26层以下	27层以下	30层以下	33层以下	36层以下	40层以下
给排水	按工	11	14	17	19	22	25	27	30	33	36
	其中	11	16	21	25	29	32	35	38	40	43
生活用煤气	按工	23	29	35	38	43	47	51	55	60	64
	其中	5	8	11	12	14	16	18	21	22	25
采暖	按工	14	18	21	24	28	30	33	37	39	44
	其中	8	13	17	19	23	26	28	30	33	36

二、室内给排水安装工程量计算

（一）室内给排水安装工程量计算应注意的问题。

1．注意计算顺序：先设施统计、后管线计算。管道计算按先主管后支管。先进后出的顺序。当干管为多道时按干管编号依次进行。

2．计算管道的起止点和管道变截点时应注明安装部位。以便于校对与复核。

3．注意量尺办法：通常安装工程施工图中仅标明管道的直径与线型。不标注图示长度。

在工程量计算时，立管长度可按工程轴测图中的标高或者按建筑物立面图、剖面图对照计算；而水平管的长度应采用比例尺在工程平面图中量尺计算，一般不直接利用建筑平面图中尺寸进行计算。

（二）室内给排水工程量计算规则

室内给排水工程内容包括：室内给排水管道工程。卫生器具安装及其他项目。如水箱、水泵、消防栓安装，其工程量计算：

1．给、排水管道安装工程量计算

（1）室内、外给水管道的划分

1）室内、外给水管道的分界：①建筑物外墙边以外1.5m为界。②入口处有阀门者以阀门为界。③与市政管道连接者以水表井为界，无水表者，以市政管道碰头点为界。

2）室内排水管道分界：室内排水以建筑物室外出户第一个排水检查井为界；室外排水管以出户第一个出户检查井至市政排水管道碰头井为界。

（2）给排水管道工程量计算规则

1）室内给水管道工程量、区别不同材质、不同规格（管径）、不同接口方式，按给水管道中心线长度以"m"为单位计算。不扣除阀门等所占长度。

2）室内排水管道工程量，区别不同材质、不同规格（管径）、不同接口方式、按排水管道中心线长度以"m"为单位计算，不扣除各种管件所占的长度，但排水检查井、化粪池等所占的长度则应扣除。

2．阀门、水表、水龙头安装工程量计算

（1）阀门、法兰安装工程量：区别不同接口方式、不同规格（直径）、分别以"个"为单位计算。

（2）水龙头（水嘴）：各种水嘴（配水龙头）其工程量：区分直径大小以"个"为单位计算。

（3）水表安装：水表组成与安装工程量根据不同安装方式、区别不同的类型与规格、分别以"个"或"组"为单位计算。

3．消防栓安装

（1）室外消防栓。其工程量区别地上式与地下式，区分不同类型，分别以"组"为单位计算。

（2）室内消防栓。其工程量区分不同管径，按单出口、双出口不分明装、暗装和半暗装，分别以"组"为单位计算。该分项定额内包括水龙带，其中：①：每条水龙带按20m考虑，如有增减可以按实调整；②水龙带材质按苎麻考虑，如设计材质不同，允许换算。

（3）消防水泵接合器安装。其工程量按不同安装方式（地下式、地上式、墙壁式）区别不同口径，分别以"组"为单位计算。

4．卫生器具安装

卫生器具安装项目，系参照全国《给排水标准图集》中有关标准计算的。除定额说明外，设备无特殊要求者，均不作调整。

(1) 大便器安装。工程量按不同冲洗方式（瓷高水箱、普通阀冲洗、手闸阀冲洗、脚踏阀冲洗），分别以"组"为单位计算。

(2) 坐式大便器安装。工程量按不同种类（高水箱、低水箱）区别不同镶接材料（钢管镶接、铜管镶接），分别以"组"计算。

(3) 小便器安装。工程量按不同种类（挂斗式、立式），区别不同的冲洗方式（普通式、自冲式）和规格，分别以"组"为单位计算。

5.洗面盆、洗涤盆、浴盆安装

(1) 洗面盆、洗手盆安装。工程量按不同种类，不同管材（钢管，铜管）、不同规格，区分不同的供水形式（冷水、冷热水），分别以"组"为单位计算。

(2) 洗涤盆、化验盆安装、工程量区别不同开关（单嘴、肘式开关、脚踏开关、鹅颈开关）分别以"组"为单位计算。

(3) 浴盆、妇女卫生盆安装。工程量按不同材质、不同价格、区别冷热水分别以"组"为单位计算。

(4) 地漏、扫除口安装。其工程量按不同材质、不同规格。区别不同直径以"个"为单位计算。

6.管道刷油防锈工程量

管道刷油防锈工程量：按管道外围展开面积以"m²"计算，其计算公式为：

$$F = \pi(d + 2\delta) \times L_D$$

式中：F——管道刷油面积（m²）；

d——管道外径（m）；

δ——管道保温层厚度；

L_D——管道工程量（m）。

7.给排水土方工程量

管道土方工程量：根据管道沟槽土方开挖，区别不同土质，以"m³"为单位计算，并执行各省、市、自治区的土建工程预算定额。

三、室内给排水安装工程预算表编制

(一) 室内给排水工程预算表的编制

1.安装工程预算表

安装工程预算表格式，见表9-3。

2.室内给排水安装工程预算表的填制方法

根据整理汇总后的室内给排水安装工程量，套用统一安装工程预算定额基价表（给排水工程分册），将查得的有关数据列入预算表中相应栏目内，计算汇总给排水安装工程各项费用：如直接费、人工费、安装材机费、主要材料费（未计价材料）。当地方设有材机调整费时，应计算安装工程材机调整值。

(二) 室内给排水安装工程造价计算表的编制

1.给排水安装工程费用计算表

室内给排水安装工程造价计算过程可表述为：根据安装工程预算编制结果。应用安装工程费用标准，按照规定的计费程序，计算各项费用。累计得工程预算造价。见实例。

安装工程预（结）算表

表 9-3

建设单位：

工程名称：　　　　　　年　月　日　　　　　　　　　共　页第　页

序号	定额编号	安装工程项目名称	单位	数量	单位价值				总价值				主材费	
					主材量	安装费			主材量	安装费			主材单价	主材合价
						人工费	材机费	基价		人工费	材机费	总基价		
①	②	③	④	⑤	⑥	⑦	⑧	⑨	⑩	⑪	⑫	⑬	⑭	⑮

注：表中各项费用的计算方法为：⑤×⑥＝⑩　⑤×⑧＝⑫　⑩×⑭＝⑮　⑤×⑦＝⑪　⑤×⑨＝⑬

2. 室内给排水安装工程造价计算程序

室内安装工程预算造价计算程序，是指安装工程预算费用计算过程与步骤。按各项费用的性质和计算方法，拟定的计算程序见第六章的表 6-2 所示。

3. 室内给排水安装工程编制说明的编写与预算资料整理

室内给排水安装工程编制说明与资料整理要求、方法均与土建预算相同。

四、室内给排水安装工程施工图预算编制实例

编 制 说 明

（一）工程概况（略）

（二）编制依据

1. 本预算根据营业办公楼给排水施工图编制。

2. 本预算采用 2000 年《全国统一安装工程预算定额》第八分册 GYD—208—2000 编制。

3. 本预算采用某地区统一安装工程取费标准及其配套使用的计价文件及说明。

4. 本预算某地区工程造价管理总站发行的安装工程材料预算价格表编制。

（三）有关问题的处理

1. 本预算按包工包料形式考虑，全部材料均由施工方组织采购安装。

2. 本预算中，工程范围按伸出墙外 1.5m 处考虑。

3. 本工程按四类工程，一级 I 档取费。

办公营业楼给排水安装工程造价计算表

序号	费用名称	计算式	金额（元）
（一）	人工费	见计价表	416.88
（二）	机械费	见计价表	3.17
（三）	材料费	见计价表	2351.38
（四）	其他直接费	（一）×15.87%	66.16
（五）	现场经费	（一）×23.54%	98.13
（六）	施工图预算包干费	（一）×15%	62.53
（七）	安全文明施工增加费	（一）×0.80%	3.34

258

序号	费 用 名 称	计 算 式	金额（元）
（八）	赶工补偿费	…	…
（九）	企业管理费	（一）×27.58%	114.98
（十）	财务费用	（一）×4%	16.68
（十一）	劳动保险费	（一）×12.5%	52.11
（十二）	定额管理费	［（一）＋（二）＋（三）］×0.0018%	4.99
（十三）	利润	（一）×44%	183.43
（十四）	营业税	［（一）～（十二）］×3.298%	111.27
（十五）	城市建设维护费	（十四）×7%	7.79
（十六）	教育费附加	（十四）×2%	2.23
	工程造价	（一）～（十六）之和	3495.07

安装工程实物计价表

共 页 第 页

工程名称　　给排水工程

年　月　日

序　号	工料名称及说明	单　位	数　量	单价（元）	合价（元）
1	人工	工日	20.98	19.70	411.73
2	锯条	根	5.35	0.52	2.78
3	机油5～7#	kg	0.52	4.24	2.20
4	铅油	kg	0.27	6.19	1.67
5	砂轮片200	片	0.04	25.41	1.02
6	接头零件Dg40	个	3.94	3.22	12.69
7	管卡Dg25以内	个	2.06	1.62	3.34
8	管子托钩Dg20	个	2.30	1.14	2.62
9	接头零件Dg20	个	18.43	1.09	20.09
10	管卡Dg50以内	个	1.28	1.98	2.53
11	管子托钩Dg25	个	0.72	1.17	0.84
12	接头零件Dg32	个	5.00	2.60	13.00
13	其他材料费	元	5.22	2.10	10.96
14	管子切断机25-60	台班	0.02	19.02	0.38
15	电动套丝机TQ3A型	台班	0.04	29.23	1.17
16	黑玛钢活接头Dg20	个	2.00	3.36	6.72
17	黑玛钢活接头Dg32	个	2.00	6.59	13.18
18	黑玛钢活接头D40	个	1.00	8.78	8.78
19	地漏	个	2.00	18.00	36.00
20	焊接钢管Dg50	m	0.20	16.35	3.27
21	银粉	kg	0.05	30.29	1.51
22	酚醛清漆F01-1	kg	0.21	11.11	2.33
23	汽油60～70#	kg	0.49	2.74	1.34
24	酚醛防锈漆	kg	0.20	10.29	2.06
25	扁钢L-59	kg	3.15	3.36	10.58
26	铁砂布0～2#	张	2.13	0.92	1.96
27	棉纱头	kg	0.93	5.68	5.28
28	电	kW·h	5.05	0.45	2.27
29	镀锌六角带帽螺栓	10套	1.63	4.36	7.11
30	膨胀螺栓Φ12×200	套	2.69	2.50	6.73
31	透气帽Dg50	个	0.25	7.84	1.96
32	聚氯乙烯热熔密封胶	kg	2.30	16.95	38.99

序 号	工料名称及说明	单 位	数 量	单价（元）	合价（元）
33	透气帽 Dg100	个	0.80	12.23	9.78
34	膨胀螺栓 Φ16×200	套	6.91	3.24	22.39
35	立式钻床 Φ25	台班	0.03	54.02	1.62
36	瓷大便器	个	2.02	39.44	79.67
	合页合计	元			827.29

审核：　　　　　　　　　　　　　　编制：

安装工程实物计价表

共　　页　第　　页

工程名称　　　　　　　　　　　　　　　　年　　月　　日

序 号	工料名称及说明	单 位	数 量	单价（元）	合价（元）
37	延时自封阀	个	2.02	51.79	104.56
38	镀锌钢管 Dg25	m	3.00	11.32	33.96
39	油灰	kg	1.20	1.89	2.27
40	橡胶板	kg	0.05	5.37	0.27
41	红砖	千块	0.03	304.59	9.14
42	镀锌弯头 Dg25	个	2.00	1.77	3.54
43	镀锌活接头 Dg25	个	2.00	5.11	10.22
44	大便器存水弯 Dg100	个	2.01	24.47	49.18
45	大便器胶皮碗	个	2.00	0.84	1.68
46	铜丝 16#	kg	0.16	33.87	5.42
47	洗脸盆	个	2.02	220.00	444.40
48	镀锌钢管 Dg15	m	0.80	6.02	4.82
49	木螺钉 M7-8×50～100	kg	1.20	1.57	1.88
50	木材	m³	0.002	736.46	1.47
51	镀锌弯头 Dg15	个	2.00	0.67	1.34
52	镀锌活接头 Dg15	个	2.00	2.24	4.48
53	立式水嘴 Dg15	个	2.02	23.00	46.46
54	存水弯 Dg32	个	2.00	3.66	7.32
55	洗脸盆下水口（铜）Dg32	个	2.00	21.96	43.92
56	洗脸盆托架	付	2.00	14.11	28.22
57	铜截止阀 Dg15	个	2.02	12.55	25.35
58	镀锌钢管　DN20	m	16.32	6.88	112.28
59	镀锌钢管　DN32	m	6.35	13.21	83.88
60	镀锌钢管　DN40	m	5.61	16.20	90.88
61	阀门安装　DN20	个	2.02	12.80	25.86
62	阀门安装　DN32	个	2.02	26.50	53.53
63	阀门安装　DN40	个	1.01	33.80	34.14
64	承插塑料排水管 DN110	m	9.48	29.84	282.88
65	承插塑料排水管 DN50	m	13.63	8.40	114.49
66	管件　DN110	个	8.84	4.20	219.23
67	管件　DN50	个	18.21	24.80	76.48
68	脚手架搭拆费	元	411.73	5.0%	20.59
	其中人工费	元	20.59	25.0%	5.15
	本页合计	元			1944.14
	总合计	元			2771.43
	其中人工费	元			416.88
	其中机械费	元			3.17
	其中材料费	元			2351.38

工程名称　给排水工程

工料数量分析统计表

第　页共　页

年　月　日

顺序号	项目编号或定额代号	工程项目名称或说明	单位	数量	人工工日	镀锌钢管(m)	锯条(根)	机油5-7#(kg)	铅油(kg)	砂轮片200(片)	接头零件Dg40(个)	管卡Dg25(个)	管托钩Dg20(个)	接头零件Dg20(个)	管卡Dg50(个)	管托钩Dg25(个)	接头零件Dg32(个)
1	8—88	镀锌钢管 DN20	10m	1.60	1.83	10.20	0.57	0.16	0.06			1.29	1.44	11.52			
					2.93	16.32	0.91	0.26	0.10			2.06	2.30	18.43			
2	8—90	镀锌钢管 DN32	10m	0.623	2.20	10.20	0.55	0.17	0.05	0.03					2.06	1.16	8.03
					1.37	6.35	0.34	0.11	0.03	0.02					1.28	0.72	5.00
3	8—91	镀锌钢管 DN40	10m	0.55	2.62	10.20	0.60	0.16	0.06	0.04	7.16						
					1.44	5.61	0.33	0.09	0.03	0.02	3.94						
4	8—242	阀门安装 DN20	个	2.00	0.10												
					0.2												
5	8—248	阀门安装 DN32	个	2.00	0.15												
					0.30												
6	8—245	阀门安装 DN40	个	1.00	0.25												
					0.25												
7	8—477	地漏安装 DN50铸	10套	0.20	1.60												
					0.32												
8	11—56＋11—57	镀锌钢管银粉两遍	10m²	0.307	0.55												
					0.17												
9	11—53＋11—54	镀锌钢管防锈漆两端	10m²	0.083	0.54												
					0.04												
10	±01004	人工挖填土方	10m³	0.059	118.18												
					6.97												

工料数量分析统计表

工程名称

顺序号	项目编号或定额代号	工程项目名称或说明	单位	数量	其他材料费	切管机 Φ25-60 (台班)	电动套丝机 TQ3A型 (台班)	螺纹阀门 (个)	黑玛钢活接头 DG20 (个)	黑玛钢活接头 Dg32 (个)	黑玛钢活接头 Dg40 (个)	地漏 (个)	焊接钢管 Dg50 (m)	银粉 (kg)	酚醛清漆 F01-1 (kg)	汽油 60~70# (kg)	酚醛防锈漆 (kg)
1	8-88	镀锌钢管 DN20	10m	1.60	2.18												
					3.49												
2	8-90	镀锌钢管 DN32	10m	0.623	1.47	0.02	0.03										
					0.92	0.01	0.02										
3	8-91	镀锌钢管 DN40	10m	0.55	1.89	0.02	0.03										
					1.04	0.01	0.02										
4	8-242	阀门安装 DN20	个	2.00	0.42			1.01	1.00								
					0.84			2.02	2.00								
5	8-248	阀门安装 DN32	个	2.00	0.70			1.01		1.00							
					0.70			2.02		2.00							
6	8-245	阀门安装 DN40	个	1.00	2.1			1.01			1.00						
					0.42			1.01			1.00						
7	8-477	铸铁地漏安装 DN50	10套	0.20								10.00	1.00				
												2.00	0.20				
8	11-56+	明装镀锌管银粉漆两遍	10m²	0.307										0.17	0.69	1.39	
	11-57													0.05	0.21	0.43	
9	11-53+	埋地镀锌管防锈漆两遍	10m²	0.083												0.74	2.43
	11-54															0.06	0.20
10	±01004	人工挖填土方	10m³	0.059													

工料数量分析统计表

工程名称　给排水工程

顺序号	项目编号或定额代号	工程项目名称或说明	单位	数量	人工工日	承插塑料排水管(m)	管件(个)	扁钢 L-59(kg)	铁砂布 0~2#(张)	棉纱头(kg)	锯条(根)	电(kW·h)	镀锌六角带帽螺栓(10套)	膨胀螺栓 φ12×200(套)	透气帽 Dg50(个)	聚氯乙烯遇溶密封胶(kg)	透气帽 Dg100(个)
1	8-157	塑料排水管 DN110	10m	0.98	2.32	9.67	9.02	0.60	0.70	0.30	0.68	1.50	0.52	2.74	0.26	0.33	
					2.27	9.48	8.84	0.59	0.69	0.29	0.67	1.47	0.51	2.69	0.25	0.32	
2	8-155	塑料排水管 DN50	10m	1.60	1.53	8.52	11.38	1.60	0.90	0.40	1.94	2.24	0.70			1.24	0.5
					2.45	13.63	18.21	2.56	1.44	0.64	3.10	3.58	1.12			1.98	0.8
3	8-409	蹲便器	10套	0.2	5.76												
					1.15												

顺序号	项目编号或定额代号	工程项目名称或说明	单位	数量	人工工日	镀锌钢管 Dg15(m)	木螺钉(kg)	木材(m³)	镀锌弯头 Dg15(个)	镀锌活接头 Dg15(个)	立式水嘴 Dg15(个)	存水弯 Dg32(个)	洗脸盆下水口 Dg32(个)	洗脸盆托架(付)	铜截止阀 Dg15(个)
1	8-384	洗脸盆安装	10套	0.2	4.71	4.00	6.00	0.008	10.00	10.00	10.10	10.00	10.00	10.00	10.10
					0.94	0.8	1.2	0.002	2.00	2.00	2.02	2.00	2.00	2.00	2.02

工程名称 ．．．．．．

工料数量分析统计表

顺序号	项目编号或定额代号	工程项目名称或说明	单位	数量	膨胀螺栓 φ16 (套)	其他材料费	立式钻床 φ25 (台班)	瓷大便器 (个)	延时自闭阀 (个)	镀锌钢管 Dg25 (m)	油灰 (kg)	机油 5~7# (kg)	铅油 (kg)	橡胶板 (kg)	红砖 (千块)	镀锌弯头 Dg25 (个)	镀锌活接头 Dg25 (个)	大便器存水弯 Dg100 (个)	大便器胶皮碗 (个)	钢丝 16# (kg)	洗脸盆 (个)
1	8—157	塑料排水管 DN110	10m	0.98		1.05	0.01														
						1.03	0.01														
2	8—155	塑料排水管 DN50	10m	1.60	4.32	0.63	0.01														
					6.91	1.01	0.02														
3	8—409	蹲便器	10套	0.2		0.84		10.1	10.1	15.00	5.00	0.10	0.20	0.10	0.16	10.00	10.00	10.05	10.00	0.80	
						0.17		2.02	2.02	3.00	1.00	0.02	0.04	0.02	0.03	2.00	2.00	2.01	2.00	0.16	
4	8—383	洗脸盆安装	10套	0.2		2.52					1.00	0.20	0.36	0.15							10.10
						0.5					0.20	0.04	0.07	0.03							2.02
5																					
6																					
7																					
8																					
9																					
10																					

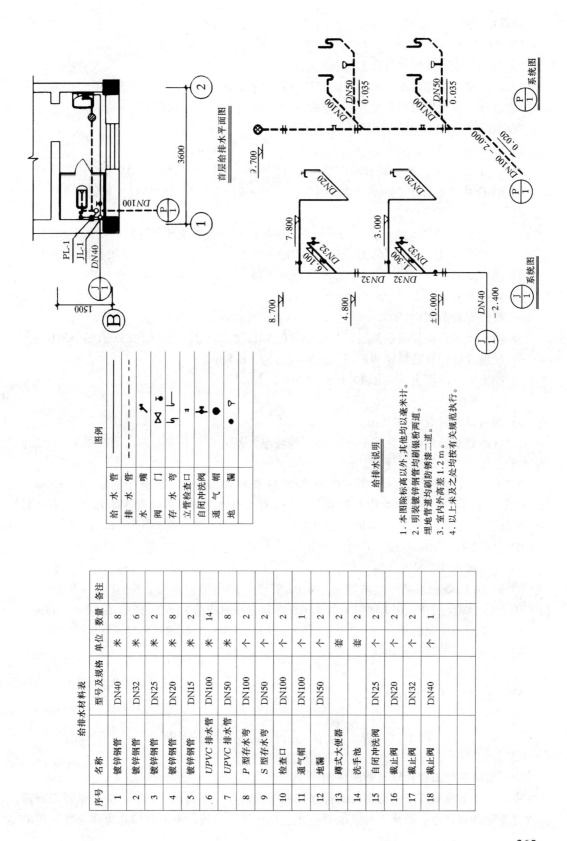

给排水材料表

序号	名称	型号及规格	单位	数量	备注
1	镀锌钢管	DN40	米	8	
2	镀锌钢管	DN32	米	6	
3	镀锌钢管	DN25	米	2	
4	镀锌钢管	DN20	米	8	
5	镀锌钢管	DN15	米	2	
6	UPVC排水管	DN100	米	14	
7	UPVC排水管	DN50	米	8	
8	P型存水弯	DN100	个	2	
9	S型存水弯	DN50	个	2	
10	检查口	DN100	个	1	
11	通气帽	DN100	个	2	
12	地漏	DN50	个	2	
13	蹲式大便器		套	2	
14	洗手池		套	2	
15	自闭冲洗阀	DN25	个	2	
16	截止阀	DN20	个	2	
17	截止阀	DN32	个	2	
18	截止阀	DN40	个	1	

图例

给 水 管	
排 水 管	
水 嘴	
阀 门	
存 水 弯	
立管检查口	
自闭冲洗阀	
通 气 帽	
地 漏	

给排水说明

1. 本图除标高以外,其他均以毫米计。
2. 明装镀锌钢管均刷银粉漆两道。
   埋地管道均刷防锈漆二道。
3. 室内外高差1.2m。
4. 以上未及之处均按有关规范执行。

265

给排水工程量计算式

1．给水系统

1）镀锌钢管安装埋地敷设 DN40

1.5（距建筑物外墙皮距离）＋0.25（外墙厚度）＋0.05（外墙面至管中心距离）＋2.4（埋地管与室内地面标高差）＝4.2m

室内管道安装1.3（立管上第一支管离地面高差）

2）镀锌钢管安装 DN32

（6.1－1.3）（第一层一支管的高差）＋〔（1.5－0.13内墙半－0.05外墙抹灰厚）×1/2－0.05抹灰面至管中心距离＋0.1阀门高差〕×2 一、二层支管相同＝6.23m

3）镀锌钢管安装 DN20

（7.8－6.1）立管高差＋〔（3.6－0.12内墙半－0.05外墙抹灰厚）＋（1.5－0.12－0.05）×1/2＋（7.8－4.8－0.2）高度＋（0.5－0.2）高差〕×2 一、二层相同＝15.99m

4）阀门安装 DN40　1个

阀门安装 DN32　2个

阀门安装 DN20　2个

5）明装镀锌钢铁管银粉两遍 $S = 6.23 \times 0.1413$ 查表 $+ 25.59 \times 0.0855$ 查表 $= 3.07m^2$

6）埋地镀锌钢管防锈漆两遍 $S = 5.5 \times 0.157 = 0.83m^2$

7）挖土方及回填土 $V = 2.4 \times 1.5 \times 0.6 = 2.16m^3$

2．排水系统

1）塑料排水管敷设 DN110

1.5（距建筑物外墙皮距离）＋0.25（外墙厚）＋0.11（管中心距离墙皮距离）＋2.0（排水管道埋深）＝3.86（埋地）m

9.7＋〔（1.5－0.12内墙半－0.05外墙抹灰）×1/2－0.16管中心距墙皮距离＋（0.44存水弯中心离排水力管中心距离－0.132存水弯水平长＋0.4存水弯接口与蹲便器接口处连接管长〕×2 一、二层同＝12.13m

DN110合计　3.86＋12.13＝15.99m

2）塑料排水管 DN50

〔3.6－0.11管中心离外墙皮距离－0.08管中心距内墙皮＋（1.5－0.12－0.05）×1/2－0.08〕水管×2＋（0.4地漏支管＋0.5洗脸盘排水支管）×2 一、二层同＝9.79m

3）人工挖土方及回填　$V = 2.0 \times 1.5 \times 1.0 + 2.4 \times 1.5 \times 1.2 = 5.88m^3$

4）蹲便器（带延时自闭阀）　2套

5）地漏 DN50　2套

6）洗脸盆（带水龙头）　2套

第三节　室内采暖工程预算编制

一、室内采暖工程预算定额的说明

室内采暖工程预算定额与室内给排水安装工程预算定额属同一分册。关于采暖工程系统调整费计算规定为：采暖工程系统调整费（热水管道安装，不能收取系统调整费）按采暖工程（不包括锅炉房及外部供热管网工程）人工费的 10% 计算（不包括间接费等）其中工资占 20%。计算基数包括高层建筑增加费系数，但不包括脚手架搭拆费系数。室内采暖安装工程内容分为：管道安装、设备安装和其他安装三个部分。

二、室内采暖工程量计算

（一）管道安装工程量计算

1．各种管道间分界的一般规定

（1）锅炉房配管与室外管道分界：一般以锅炉房外墙外边线 1.5m 处为界。如锅炉房与采暖间在同一建筑物内。锅炉房配管以锅炉房外内墙为界。

（2）泵类配管：凡水泵安装在单独的建筑物的泵房时，其室内配管与室外管道的分界，一般以水泵房外墙外边线为界。

（3）室内管道与室外管道的分界：一般入口处高有阀门者以阀门为界，无阀门者以外墙外边线为界，若建筑物外管道入口处高置减压阀或除污器者，则以减压阀或除污器为界。

（4）室内管道与散热器立支管的分界：凡由水平线垂直的主管引向散热的主管或支管全部按散热器支立管计算。

2．管道工程量计算

（1）各种管道：工程量区分不同材质、不同管径，按管道中心线以延长米计算，不扣除阀门及接头零件的长度（如直通、三通、弯头等）所占的长度。应扣除安装在管道上的减压阀、疏水器、除污器等附件所占的长度。见表 9-6。

附属配件安装在管段上所占长度表　　　　　　表 9-6

附 件 名 称	公 称 直 径 （mm）									
	20	25	32	40	50	70	80	100	125	150
	应 减 长 度 （m）									
减压器（丝接）	1.35	1.35	1.35	1.50	1.60					
减压器（焊接）	1.10	1.10	1.10	1.30	1.40	1.40	11.50	1.60	1.80	2.00
疏水器	0.86	0.95	1.02	1.08	1.30					
除污器（带调温）				6.50	7.00	7.00	7.00	8.00	8.00	8.50
除污器（不带调温）				3.00	3.00	3.00	3.00	3.00	3.00	
注水器	2.00	2.00	2.50	2.50						

（2）阀门安装工程量区别不同类型、规格、不同连接方法。以"个"为单位计算。

应当说明的是：对于附件安装所占长度有的地方在编制基价表时，将其进行综合。如此则不应扣除其长度。

（3）管道附件配件安装：附配件（套管伸缩器、减压器、除污器、过滤器、疏水器）

工程量区别不同型号，分别以"个"或"组"为单位计算。

（4）法兰安装：工程量区分不同型号、规格（压力、口径）分别以"副"为单位换算。

（5）穿墙套管：工程量区分不同类型，不同材质，不同管径，分别以"个"为单位计算。

3．散热器安装工程量计算

散热器安装工程量：区别不同类型、规格，分别以"片"（如柱形、翼形、闭式）或"m"（如光排管）或"组"（钢制板式、壁式、柱式）为单位计算。

4．膨胀水箱或小型水箱制作、安装。

（1）制作工程量区分不同形式、不同材质，制作工程量以"t"为单位计算。

（2）安装工程量：安装工程量区分不同形式、不同材质按水箱或小型容器不同容积以"m^3"计算。

5．水箱连接管及支架制作安装

各类水箱均未包括水箱连接管及支架制作安装

（1）各种水箱连接管安装，按室内管道安装相应子目执行。

（2）型钢支架按"一般管道支架"项目执行。

（3）混凝土及砖砌支架（座）按各省、市现行土建预算定额的相应项目执行。

6．集气罐制作安装，工程量区分不同直径，分别以"个"为单位计算。执行统一安装工程预算定额第六分册相应子目。

（二）采暖设备安装

1．快装锅炉

热水锅炉安装工程量不同型号分以"台"为单位计算，执行第十四分册相应子目。

2．各种泵类安装

各种泵类安装工程量区别不同类型、规格（总体质量）以"台"为单位计算，执行第一分册相应子目。

（三）其他工程

1．设备基础、炉体砌筑、烟道砌筑工程

设备基础、炉体砌筑、烟道砌筑工程量，分别执行地方土建预算定额和炉体工程定额。

2．防腐刷油

管道、散热器刷油，其工程量按其表面积以"m^2"计算。管道支架（铁件），工程量按其重量以"kg"计算。

三、采暖工程施工图预算编制

采暖工程预算编制方法、程序及其预算表编制过程均同给排水预算编制，此略。具体编制过程与表格详见采暖工程施预算实例。

四、采暖工程施工图预算编制实例：

编 制 说 明

（一）工程概况（略）

（二）编制依据

1．本预算根据营业办公楼采暖工程施工图编制。

2．本预算采用 2000 年《全国统一安装工程预算定额》第八分册 GYD—208—2000 某地区统一安装工程取费标准及其计价文件编制。

3．本预算采用某地区工程造价管理总站发行的安装工程材料预算价格编制。

（三）有关问题的处理

1．本预算按包工包料形式考虑，全部材料均由施工方组织采购安装。

2．本预算中，工程范围按伸出墙外 1.5m 处考虑。

3．本工程按四类工程，一级Ⅰ档取费。

办公营业楼采暖安装工程造价计算表

序　号	费用名称	计算式	金额（元）
（一）	人工费	见计价表	3930.61
（二）	机械费	见计价表	94.95
（三）	材料费	见计价表	49291.27
（四）	其他直接费	3930.61×15.87%	623.79
（五）	现场经费	3930.61×23.54%	925.27
（六）	施工图预算包干费	3930.61×15%	589.59
（七）	安全文明施工增加费	3930.61×0.80%	31.44
（八）	赶工补偿费		
（九）	企业管理费	3930.61×27.58%	1084.06
（十）	财务费用	3930.61×4%	157.22
（十一）	劳动保险费	3930.61×12.5%	491.33
（十二）	定额管理费	53316.83×0.0018%	95.97
（十三）	利润	3930.61×44%	1729.47
（十四）	营业税	59044.97×0.03298	1947.3
（十五）	城市建设维护费	1947.30×7%	136.31
（十六）	教育费附加	1947.30×2%	38.95
	工程造价	（一）～（十六）之和	61167.53

安装工程实物计价表

工程名称 采暖工程

序号	工料名称及说明	单 位	数 量	单价（元）	合价（元）
1	人工	工日	197.06	19.70	3882.08
2	普通钢板 0.3# δ3.5~4.0	kg	0.106	3.82	0.41
3	电焊条 结 422φ3.2	kg	0.54	5.47	2.95
4	碳钢气焊条＜φ2	kg	0.063	7.19	0.45
5	氧气	m³	2.04	3.46	7.06
6	电石	kg	0.66	2.55	1.68
7	砂轮片 φ200	片	1.69	25.41	42.94
8	焊接钢管 DN32	m	7.105	10.58	76.73
9	焊接钢管 DN40	m	1.015	12.67	12.86
10	焊接钢管 DN50	m	1.52	16.10	24.47
11	焊接钢管 DN65	m	0.51	21.92	11.18
12	焊接钢管 DN80	m	1.52	27.52	41.83
13	管子切断机	台班	0.002	45.48	0.09
14	液压弯管机	台班	0.035	114.84	4.02
15	交流弧焊机	台班	0.036	83.23	3.0
16	镀锌钢管 DN15	10m	94.05	5.32	500.35
17	镀锌钢管 DN20	10m	14.05	6.88	96.66
18	镀锌钢管 DN25	10m	52.12	10.21	532.15
19	镀锌钢管 DN32	10m	67.83	13.21	896.03
20	镀锌钢管 DN40	10m	52.33	16.21	848.27
21	镀锌钢管 DN50	10m	14.89	20.60	306.73
22	锯条	根	21.36	0.52	11.1
23	螺栓	kg	0.85	7.32	6.22
24	螺母 M 12	kg	1.78	8.16	14.52
25	钢垫圈 φ12	kg	0.7	5.91	4.14
26	立式钻床 φ25	台班	0.45	54.02	24.31
27	其他材料费	元			86.80
28	水	t	18.35	0.72	13.21
29	螺纹阀门 DN15	个	26.26	10.01	262.86
30	螺纹阀门 DN20	个	10.10	12.80	119.18
31	螺纹阀门 DN40	个	4.04	33.80	136.55
32	螺纹阀门 DN50	个	2.02	47.60	96.15
33	黑玛钢活接头 DJ15	个	26.26	2.24	58.82
34	黑玛钢活接头 DJ20	个	10.1	3.36	33.94
35	黑玛钢活接头 DJ40	个	4.04	8.78	35.47
36	黑玛钢活接头 DJ50	个	2.02	11.71	23.65
	本页合计	元			8228.96

审核： 编制：

安装工程实物计价表

工程名称

序号	工料名称及说明	单 位	数 量	单价（元）	合价（元）
37	角钢 L60	kg	1.30	3.00	3.9
38	圆钢Φ5.5～9	kg	0.42	3.16	1.33
39	水泥 42.5MPa	kg	20.65	0.28	5.78
40	台式钻床	台班	0.37	83.23	30.80
41	精制六角螺母	个	0.4	0.50	0.20
42	普通硅酸盐水泥	kg	1.00	0.37	0.37
43	黑玛钢弯头 DJ15	个	2	1.77	3.54
44	黑玛钢管管箍	个	4	0.55	2.20
45	黑玛钢丝堵	个	2	0.45	0.90
46	酚醛防锈漆	kg	46.7	10.29	480.54
47	汽油	kg	63.43	2.74	173.80
48	银粉	kg	4.32	30.29	130.85
49	酚醛清漆	kg	23.49	11.11	260.97
50	柱型散热器	片	480.25	50.0	24012.5
51	柱型散热器（带腿）	片	221.70	65.0	14410.50
52	石棉橡胶板	kg	76.45	5.78	441.88
53	气泡对丝 DJ38	个	1314.90	1.89	2485.16
54	气泡丝堵 DJ38	个	123.10	1.48	182.19
55	气泡补芯	个	123.10	1.12	137.87
56	机油 5～7#	kg	6.86	4.24	29.09
57	铅油	kg	2.28	6.19	14.11
58	管卡子单立管 Dg25 以内	个	37.29	1.62	60.41
59	管卡子单立管 Dg50 以内	个	13.70	1.98	27.13
60	管子托钩 Dg15	个	13.46	1.08	14.54
61	管子托钩 Dg20	个	12.99	1.14	14.81
62	管子托钩 Dg25	个	13.64	1.17	15.96
63	镀锌钢管接头零件 Dg15	个	150.93	0.7	105.65
64	镀锌钢管接头零件 Dg20	个	103.90	1.09	113.25
65	镀锌钢管接头零件 Dg25	个	49.96	1.83	91.43
66	镀锌钢管接头零件 Dg32	个	53.53	2.6	139.18
67	镀锌钢管接头零件 Dg40	个	36.73	3.22	118.27
68	管子切断机	台班	1.11	19.02	21.11
69	电动套丝机 TQ3A 型	台班	0.5	29.23	14.62
70	岩棉板	m³	1.48	360.0	532.80
71	镀锌铁丝 13～17#	kg	16.18	3.90	63.10
72	镀锌铁丝 8～12#	kg	0.14	3.58	0.50
	本页合计	元			44141.24

审核： 编制：

序号	工料名称及说明	单 位	数 量	单价（元）	合价（元）
73	煤焦沥青漆	kg	40.45	6.36	257.26
74	动力苯	kg	7.07	4.14	29.27
75	接头零件 Dg50	个	9.50	5.25	49.86
76	方形钢垫圈	个	120.90	0.3	36.27
77	精制六角带帽螺栓	套	60.47	2.52	152.38
78	钢丝刷	把	5.34	3.56	19.01
79	铁砂布 0～2#	张	40.24	0.92	37.02
80	破布	kg	4.56	4.86	22.16
81	酚醛防锈漆	kg	10.72	10.29	110.31
82	扁钢	kg	0.63	3.36	2.12
83	棉纱头	kg	0.021	5.68	0.12
84	醇酸防锈漆	kg	2.14	10.80	23.11
85	钢板垫板	kg	0.14	4.65	0.65
86	型钢	kg	0.224	3.44	0.77
87	调和漆	kg	0.021	11.01	0.23
88	六角带帽螺栓	10 套	0.20	36.10	7.22
89	钢管	kg	1.08	4.40	4.75
90	脚手架搭拆费	元	3882.08	5.0%	194.10
	其中人工费	元	3882.08	1.25%	48.53
	本页合计	元			946.63
	总合计	元			53316.83
	其中人工费	元			3930.61
	其中机械费	元			94.95
	其中材料费	元			49291.27

工料数量分析统计表

顺序号	项目编号或定额代号	工程项目名称或说明	单位	数量	人工工日	焊接钢管(m)	普通钢板0~3# δ0.5	电焊条422φ 5.2	碳钢气焊条(kg)	氧气(m³)	电石(kg)	砂轮片φ200(片)	其他材料费	管子切断机φ60—150	液压弯管机WC127—108	交流弧焊机21kVA	压制弯头(个)	镀锌钢管(m)
1	8—23	钢套管DN32	10m	0.7	0.71	10.15	0.09		0.06	0.21	0.58		0.3		0.05			
					0.497	7.105	0.063		0.042	0.147	0.406		0.21		0.021			
2	8—24	钢套管DN40	10m	0.1	0.74	10.15	0.09		0.07	0.26	0.73		0.3		0.05			
					0.074	1.015	0.009		0.007	0.026	0.073		0.03		0.003			
3	8—25	钢套管DN50	10m	0.15	0.86	10.15	0.09		0.09	0.36	1.01		0.4		0.05			
					0.129	1.52	0.014		0.014	0.054	0.15		0.06		0.005			
4	8—26	钢套管DN65	10m	0.05	0.96	10.15	0.1	0.27		0.13	0.15	0.03	0.5	0.01	0.03	0.18	0.13	
					0.048	0.51	0.005	0.0135		0.006	0.008	0.002	0.025	0.0005	0.0015	0.009	0.007	
5	8—27	钢套管DN80	10m	0.15	1.12	10.15	0.1	0.25		0.1	0.18	0.03	0.4	0.01	0.03	0.18	0.13	
					0.168	1.52	0.015	0.04		0.015	0.027	0.005	0.06	0.0015	0.0045	0.027	0.02	
6	8—87	镀锌钢管DN15	10m	9.22	1.83								0.7					10.2
					16.51								6.5					94.05
7	8—88	镀锌钢管DN20	10m	9.02	1.83								1.4					10.2
					16.5								12.63					94.05
8	8—89	镀锌钢管DN25	10m	5.11	2.2							0.02	1.5					10.2
					11.24							0.1	7.665					52.12
9	8—90	镀锌钢管DN32	10m	6.65	2.2							0.03	0.7					10.2
					14.63							0.2	4.7					67.83
10	8—91	镀锌钢管DN40	10m	5.13	2.62							0.04	0.09					10.2
					13.44							0.2	0.46					52.33
11	8—92	镀锌钢管DN50	10m	1.46	2.68			0.29				0.12	1.00					10.20
					3.91			0.42				0.18	1.46					14.89

工程名称 ....

工料数量分析统计表

顺序号	项目编号或定额代号	工程项目名称或说明	单位	数量	锯条（根）	机油5-7#（kg）	铅油（kg）	单立管卡Dg25（个）	单立管卡Dg50（个）	管托钩Dg15（个）	管托钩Dg20（个）	管托钩Dg25（个）	镀锌管接头件Dg15	镀锌管接头件Dg20	镀锌管接头件Dg25	切管机φ25 -60	镀锌管接头件Dg32	电动套丝机TQ3A型	镀锌管接头件Dg40
1	8-23	钢套管DN32	10m	0.7															
2	8-24	钢套管DN40	10m	0.1															
3	8-25	钢套管DN50	10m	0.15															
4	8-26	钢套管DN65	10m	0.05															
5	8-27	钢套管DN80	10m	0.15															
6	8-87	镀锌钢管DN15	10m	9.22	0.77	0.26	0.08	1.64		1.46			16.37						
					7.1	2.4	0.74	15.12		13.46			150.93						
7	8-88	镀锌钢管DN20	10m	9.02	0.57	0.16	0.06	1.29			1.44			11.52					
					5.14	1.44	0.54	11.64			12.99			103.9					
8	8-89	镀锌钢管DN25	10m	5.11	0.38	0.17	0.05	2.06				1.16			9.78	0.02		0.03	
					1.94	0.87	0.26	10.53				5.93			49.96	0.1		0.15	
9	8-90	镀锌钢管DN32	10m	6.65	0.55	0.17	0.05		2.06			1.16				0.02	8.03	0.03	
					3.66	1.13	0.33		13.7			7.71				0.13	53.53	0.2	
10	8-91	镀锌钢管DN40	10m	5.13	0.6	0.16	0.06							6.47（接头件Dg50）		0.02		0.03	7.16
					3.1	0.82	0.31							5.61		0.1		0.15	36.73
11	8-92	镀锌钢管DN50	10m	1.46	0.29	0.14	0.07							9.50		0.06		0.08	
					0.42	0.20	0.1									0.09		0.12	

274

工料数量分析统计表

工程名称：

顺序号	项目编号或定额代号	工程项目名称或说明	单位	数量	人工工日	电焊条结机	氧气(m³)	乙炔气	砂轮片200	木材(m³)	普通直流弧焊机	螺栓	螺母M12	自动安全阀(个)	钢垫圈φ12	其他材料费	立式钻床φ25	台式钻床φ16(台班)	切割机(台班)
1	8—178	管道支架制作	100kg	0.7	10.14	5.4	2.55	0.87	1.44	0.02	3.23	1.21	2.54		1	6.1	0.64	0.52	0.98
					7.1	3.78	1.79	6.09	1.0	0.014	2.26	0.85	1.78		0.7	4.3	0.45	0.37	0.69
2	8—230	管道冲洗	100m	3.67	0.52														
					1.91														
3	8—241	阀门安装 DN15	个	26.0	0.1											0.1			
					2.6											2.6			
4	8—242	阀门安装 DN20	个	10.0	0.1											0.2			
					1.0											2.0			
5	8—245	阀门安装 DN40	个	4	0.25											0.3			
					1.0											1.2			
6	8—246	阀门安装 DN50	个	2	0.25											0.4			
					0.5											0.8			
7	8—344	安全阀安装 DN15	个	2.0	0.16									1.0		0.2			
					0.32									2.0		0.4			
8	11—198*2	散热器防锈两道	10m³	22.24	0.66														
					14.68														
9	11—200 11—201	散热器银粉两道	10m³	22.24	0.67													铁砂布 1.50	
					14.9													33.60	
10	11—4	散热器除锈	10m³	22.24	0.36												钢丝刷 0.20		破布 0.20
					8.01												4.45		4.45

工程名称：⋯⋯⋯⋯

工料数量分析统计表

顺序号	项目编号或定额代号	工程项目名称或说明	单位	数量	螺纹阀门	黑玛钢活接头 Dg15	黑玛钢活接头 Dg20	黑玛钢活接头 Dg40	黑玛钢活接头 Dg50	角钢 <L60 (kg)	圆钢 Φ 5.5~9	精制六角螺母 M6~10	普通水泥 52.5 MPa	黑玛钢弯头 D15	黑玛钢管箍 D15	黑玛钢丝堵 (D15)	汽油 60~70#	银粉 (kg)	防锈漆 (kg)	水泥 42.5MPa (kg)
1	8—178	管道支架制作	100kg	0.7																29.5
2	8—230	管道冲洗	100m	3.67																20.65
3	8—241	阀门安装 DN15	个	26.0	1.01 26.26	1.01 26.26														
4	8—242	阀门安装 DN20	个	10.0	1.01 10.1		1.01 10.1													
5	8—245	阀门安装 DN40	个	4	1.01 4.04			1.01 4.04												
6	8—246	阀门安装 DN50	个	2	1.01 2.02				1.01 2.02											
7	8—344	集气罐安装 DN15	个	2.0						0.65 1.3	0.21 0.42	0.2 0.4	0.5 1	1 2	2 4	1 2				
8	11—198 * 2	散热器防锈漆两道	10m²	22.24													0.82 18.24		2.1 46.7	
9	11—200 11—201	散热器银粉漆两道	10m²	22.24													1.69 37.59	0.17 3.78		酚醛清漆 0.86 21.35
10	11—4	散热器除锈	10m³	22.24																

276

工料数量分析统计表

顺序号	项目编号或定额代号	工程项目名称或说明	单位	数量	人工工日	柱型散热器	柱型散热器带腿	石棉橡胶板	汽包丝堵 Dg38	汽包丝堵 Dg38	汽包补芯	方钢垫圈	六角带帽螺栓	其他材料费	钢丝刷（把）	铁纱布（张）
1	8—491	散热器（四柱813）	10片	69.5	0.474 / 32.94	6.91 / 480.25	3.19 / 221.7	1.1 / 76.45	18.92 / 1314.9	1.77 / 123.1	1.77 / 123.1	1.74 / 120.9	0.87 / 60.47	0.6 / 41.7		
2	11—1	镀锌管除锈	10m²	3.923	0.34 / 1.33										0.20 / 0.78	1.50 / 5.88
3	11—7	管道支架除锈	100kg	0.70	0.34 / 0.24										0.15 / 0.11	1.09 / 0.76
4	11—53＋11—54	镀锌钢管防锈漆两道	10m²	3.92	0.54 / 2.12											
5	11—56＋11—57	镀锌钢管银粉两道	10m²	2.61	0.55 / 1.44											
6	11—122＋11—123	管道支架银粉两道	100kg	0.70	0.44 / 0.39											
7	11—119＋11—120	管支架防锈漆两道	100kg	0.70	0.45 / 0.32											
8	11—2036	管道岩棉保温 50mm	m³	1.45	4.53 / 6.57											
9	11—2153	采暖管保护层玻璃布	10m²	4.81	3.01 / 14.48											
10	11—238＋11—239	玻璃布上刷沥青漆两遍	10m²	4.81	1.78 / 8.56											

工程名称：

工料数量分析统计表

顺序号	项目编号或定额代号	工程项目名称或说明	单位	数量	破布(kg)	酚醛防锈漆(kg)	汽油60~70#(kg)	银粉(kg)	酚醛清漆F01-1	岩棉板(m³)	镀锌铁丝13~17#(kg)	玻璃布(m²)	镀锌铁丝8~12#(kg)	煤焦沥青漆(kg)	动力米(kg)
1	8—491	散热器(四柱813)	10片	69.5											
2	11—1	镀锌管除锈	10m²	3.923											
3	11—7	管道支架除锈	100kg	0.70	0.15										
4	11—53+11—54	镀锌钢管防锈漆两道	10m²	3.92	0.11	2.43 / 9.53	0.74 / 2.9								
5	11—56+11—57	镀锌钢管银粉两道	10m²	2.61			1.39 / 3.6	0.17 / 0.44	0.69 / 1.80						
6	11—122+11—54	管道支架银粉两道	100kg	0.70			0.99 / 0.69	0.14 / 0.10	0.48 / 0.34						
7	11—119+11—120	管支架防锈漆两道	100kg	0.70		1.70 / 1.19	0.53 / 0.37								
8	11—2036	管道岩棉保温50mm	m³	1.45						1.02 / 1.48	11.16 / 16.18				
9	11—2153	采暖管保护层玻璃布	10m²	4.81								14.00 / 67.34	0.03 / 0.14		
10	238—239	玻璃布上刷沥青漆两遍	10m²	4.81										8.41 / 40.45	1.47 / 7.07

采 暖 说 明

1. 该工程采用 95℃/70℃ 热水采暖，热负荷 84kW；
2. 系统为单管上供下回程式布置；
3. 管道穿楼板、墙壁时，应埋设钢制套管；
4. 单面定向对流铸铁散热器应紧靠墙安装；
5. 系统安装完毕后应进行 0.6MPa 的水压试验，在 5min 内不渗不漏为合格；
6. 采暖管道经试压合格投入使用前须进行反复冲洗，至出水水色不浑浊时为合格；
7. 室内管及散热器明装，外刷防锈漆和银粉各两道；地沟内管道刷防锈漆两道，外做 50mm 岩棉保温；
8. 未叙之处参阅有关规范。

采 暖 材 料 表

序号	名 称	型号及规格	单位	数 量	备 注
1	单面对流铸铁散热器	TDD1-5-5 (8)	片	695	
2	焊接钢管	DN50	m	12	
3	焊接钢管	DN40	m	50	
4	焊接钢管	DN32	m	80	
5	焊接钢管	DN25	m	60	
6	焊接钢管	DN20	m	120	
7	焊接钢管	DN15	m	60	
8	闸 阀	DN50	个	2	
9	闸 阀	DN40	个	4	
10	闸 阀	DN25	个	6	
11	闸 阀	DN20	个	16	
12	闸 阀	DN15	个	10	
13	自动排气阀	DN20 ZP—1	个	2	

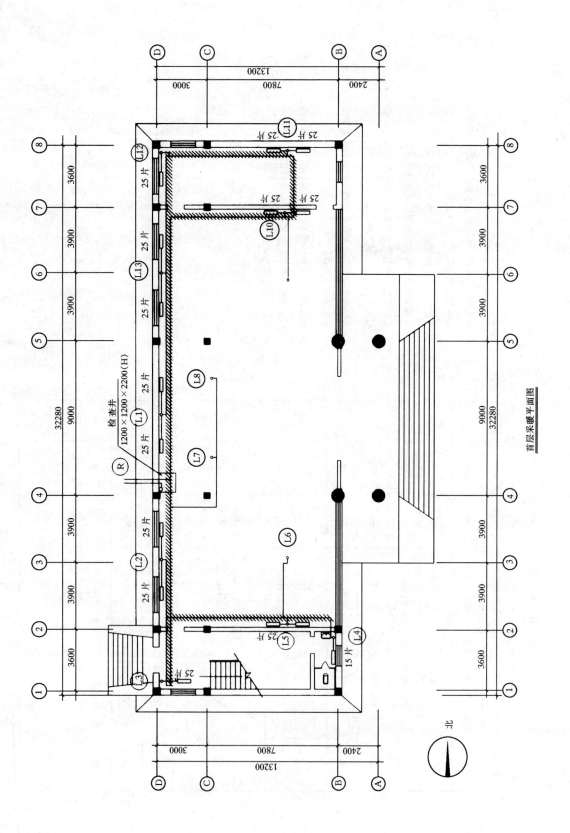

首层采暖平面图

检查井
1200×1200×2200(H)

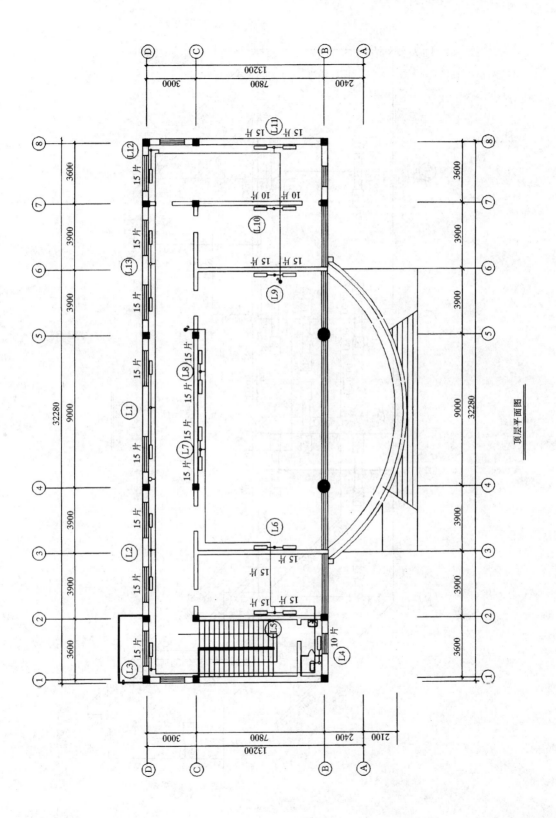

顶层平面图

281

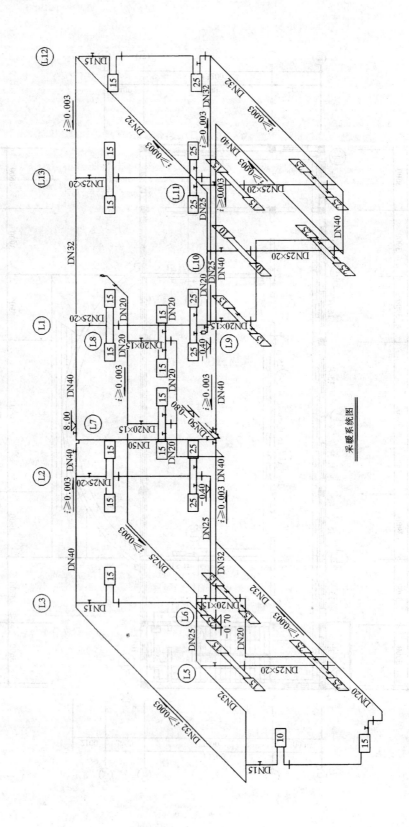

采暖系统图

采暖工程量计算式

1. 供水导管安装

1）镀锌钢管 DN50

1.5（距建筑无外墙皮）＋0.25（外墙厚度）＋0.15（管中心距墙表面距离）＋1.8（管埋深）＋8.0（供水立管上部标高）＋0.20（弯曲半径为 4DN）＋0.1（弯曲半径外至焊接法兰距离）＝12m

2）镀锌钢管 DN40

4.5（④轴线至⑤轴线的一半）－0.12（①轴线内墙半）0.15（丁管中心距内墙距离）－0.20－0.1＝3.93m

（3.9×2＋3.6）（①轴线到④轴线）＋0.12（④轴内墙一半）＋2×0.2（两弯曲半径）＋0.05（①轴墙皮厚）＋0.15（④轴管离墙距离）－0.05（①轴外墙皮厚度）－0.15（①轴管离墙距离）＝11.92m

DN40 合计 3.93＋11.92＝15.85m

3）镀锌钢管 DN32

4.5（④轴线至⑤轴线一半）＋（3.9×2＋3.6）（⑤轴到⑧轴）＋8（①轴至 L11 距离）－0.05（⑧轴外墙皮厚）－0.15（管中心离⑧轴距离）－0.05（①轴墙皮厚）－（0.15管中心离①轴距离）＝23.5m

（3＋7.8）（①轴到⑧轴距离）＋3.6（①轴到②轴距离）＋（7.8＋3－8）（⑧轴到 L5 距离）－2×0.05（⑧①轴墙皮厚）－2×0.15（管中心离①⑧轴距离）－0.05（①轴墙皮厚）－0.15（管离①轴距离）＋0.12（②轴半墙）＋0.15（管中心离②轴距）－0.05（⑧轴外墙皮厚）－0.15（管离⑧轴远）＝16.67m

DN32 合计 23.5＋16.67＝40.17m

4）镀锌钢管 DN25

3.6（⑥轴至⑧轴）＋0.12（⑦轴半墙厚）＋0.15（管中心距⑦轴远）－0.05（⑧轴墙皮厚）－0.15（管离⑧轴距离）＝3.67m

3.9（②轴到③轴）＋（7.8－2.8）＋（3.9＋0.9＋1.05）（③轴到 L7）－0.12（⑥轴墙半）－0.15（管离⑥轴距离）－0.12（③轴墙半）－0.15（管离③轴距离）＝14.21m

DN25 合计 3.67＋14.21＝17.88m

5）镀锌钢管 DN20

3.9（⑥轴到⑦轴长）＋0.12（⑥轴半墙厚）＋0.15（立管离墙距离）＋0.15（气罐离立管距离）－0.12（⑦轴半墙）－0.15（管离⑦轴距离）＝4.05m

（3＋2.1）（L7 到 L8）＋0.9＋0.24（⑤轴墙厚）＋0.15（管离⑤轴距离）＋0.15（管离⑥轴距离）＋0.24（⑥轴墙厚）＋0.15（气罐距⑥轴距离）＝6.93m

合计 DN20 4.05＋6.93＝10.98m

2. 回水导管计算（计算方法同供水）

1）镀锌钢管 DN50

$$1.5＋0.25＋0.15＋0.7＝2.6m$$

2）镀锌钢管 DN40

$3.9 \times 2 + 9.0 + 3.9 \times 2 + 8.0 + 3.6 - 0.12 \times (-0.15) \times 2 - 0.05 - 0.15 = 35.46m$

3）镀锌钢管 DN32

$(3.6 + 8 - 0.05 \times 2) + (8 + 3.6 + 3.9 - 0.05 \times 2 - 0.15 \times 2) = 26.3m$

4）镀锌钢管 DN25

$(3.6 + 3.9 - 0.05 - 0.15) + (2.8 + 0.4 + 3.9 + 0.12 + 0.15 - 0.05 - 0.15)$

$+ (3.9 + 4.5) + (3.0 + 9.0 - 0.9 - 1.05 + 0.12 + 0.15) = 33.19m$

3. 散热器立支管安装

1）器立管：L_1 到 L_{13} 每根长度均相同，其中 L_1、L_8 共用

每根长为：$8 + 0.4 = 8.4m$ L8 半根为：$8 - 4.8 + 0.4 = 3.6m$

镀锌钢管 DN20：

$8.4 \times 9 + 3.6 \times 1$（$L_1$、$L_2$、$L_5$、$L_6$、$L_7$、$L_8$、$L_9$、$L_{10}$、$L_{11}$、$L_{13}$）$= 79.2m$

镀锌钢管 DN15：

8.4×3（L_3、L_4、L_{12}）$= 25.2m$

2）散热器横支管 DN15

L_1 支管

一层： 5.1×2（窗户中心至窗中心间距）$- 0.057 \times 25 \times 2$（柱813型每500g厚

57mm）$+ 0.04 \times 4$（每个工字弯增加0.04）$= 7.51m$

二层： $5.1 \times 2 - 0.057 \times 15 \times 2 + 0.04 \times 2 = 8.65m$

L_2 支管 $(3.84 \times 2 - 0.057 \times 25 \times 2 + 0.04 \times 4) + (3.84 \times 2 - 0.057 \times 15 \times 2 + 0.04$

$\times 4) = 11.12m$

L_3 支管 $(1.8 - 0.15 - 0.05) \times 2 - 0.057 \times 15 \times 1/2 \times 2 + 0.04 \times 2 + (1.5 - 0.15 -$

$0.05) \times 2 - 0.057 \times 25 \times 1/2 \times 2 + 0.04 \times 2 = 6.53m$

L_4 支管 $(1.2 - 0.15 - 0.12) \times 2 - 0.057 \times 15 \times 1/2 \times 2 + 0.04 \times 2 + (2.4 - 0.15 -$

$0.05) \times 2 - 0.057 \times 10 \times 1/2 \times 2 + 0.04 \times 2 = 5.14m$

L_5 支管 $(0.98 \times 2 + 0.04 \times 4) \times 2 = 4.24m$

L_6 支管 $(0.98 + 0.04 \times 4) = 1.14m$

L_1 支管 $0.98 \times 2 + 0.04 \times 4 = 2.12m$

L_8 支管 $0.98 \times 2 + 0.04 \times 4 = 2.12m$

L_9 支管 $0.98 \times 2 + 0.04 \times 4 = 2.12m$

L_{10}、L_{11}支管 $(0.98 \times 2 + 0.04 \times 4) \times 2 = 4.56m$

L_{12} $(1.8 - 0.05 - 0.15) \times 2 - 0.057 \times 25 \times 1/2 \times 2 + 0.04 \times 2 + (1.8 - 0.05 - 0.15)$

$\times 2 - 0.057 \times 15 \times 1/2 \times 2 + 0.04 \times 2 = 4.28m$

L_{13} $3.9 \times 2 - 0.057 \times 25 \times 2 + 0.04 \times 4 + 3.9 \times 2 - 0.057 \times 15 \times 2 + 0.04 \times 4 = 7.46m$

合计 DN15：66.99m

4. 钢管套

（DN50）DN80 3 个 $\times 0.5m/$个 $= 1.5m$

（DN40）DN65 1 个 $\times 0.5 = 0.5m$

（DN32）DN50 3 个 $\times 0.5 - 1.5m$

（DN25）DN40   2个×0.5=1.0m

（DN20）DN32   14个×0.5=7m

5．管道支架制作安装

供水立管 DN50：2个

供水立管 DN40：（3.93+11.92）÷3.5=5个

供水立管 DN32：（23.5+16.67）÷3-14个

供水立管 DN25：（3.67+14.21）÷3=6个

供水立管 DN20：（4.05+6.93）÷2.5=5个

合计：2+5+14+6+5=32个

回水导管 DN15：12×2+1=25个

查表计算每个支架的 1.23kg   则 1.23×（32+25）=70.11kg

6．阀门安装

DN50   2个

DN40   4个

DN20   10个

DN15   26个

7．集气罐制作安装   2个

8．管道冲洗   366.53m

9．管道除锈   DN50=（12供+2.6回）×0.1885=2.75m^2

管道除锈   DN40=（15.85供+35.46回）×0.1507=7.73m^2

管道除锈   DN32=（40.17+26.3）×0.1413=9.40m^2

管道除锈   DN25=（17.88+33.9）×0.1059=5.44m^2

管道除锈   DN20=（10.98+79.2）×0.0855=7.71m^2

管道除锈   DN15=（25.2+66.99）回+0.0669=6.17m^2

管道支架除锈   70.11kg

散热器除锈   0.32（每500g散热器面积）×（2.5×14+15×21+10×3）片=
22214m^2

散热器片数   695片

10．室内管道防锈漆两道 $S=12×0.1885+15.85×0.1507+40.17×0.1413+17.88$
$×0.1059+7.71+6.17=26.17$m^2

室内管道银粉两道   26.1m^2

地沟管道防锈两道 $S=216×0.1885+35.46×0.1507+26.3×0.1413+33.9×$
$0.1059=13.14$m^2

管道支架防锈两道   70.11kg

管道支架银粉两道   70.11kg

散热器防锈两道 $S=222.4$m^2

散热器银粉两道 $S=22.4$m^2

11．地沟管道岩棉保温

DN50=2.6×0.0181=0.047m^3

$DN40 = 35.46 \times 0.0146 = 0.5177m^3$

$DN32 = 26.3 \times 0.0157 = 0.4129m^3$

$DN25 = 33.9 \times 0.0138 = 0.4678m^3$

合计：$1.4454m^3$

12．保护层（采用玻璃布、外刷沥青漆两道）

$DN50 = 2.6 \times 0.5438 = 1.42m^2$

$DN40 = 35.46 \times 0.5062 = 17.95m^2$

$DN32 = 26.3 \times 0.497 = 13.07m^2$

$DN25 = 33.9 \times 0.4615 = 15.64m^2$

合计：$48.08m^2$

第四节　室内照明电气安工程预算编制

一、电气安装工程预算定额简介

（一）电气安装工程预算定额

电气安装工程预算定额系《全国统一安装工程预算额》中第二分册所属"通用电气安装"的基本内容室内照明电气工程包括：进户装置、配、控电装置、配管配线、照明灯具，防雷接地等。

（二）执行定额中的有关规定

1．关于"综合工"工资单价、材料费与安装机械费的规定同给排水安装工程预算编制中所述规定。

2．有关增加系数的规定

（1）脚手架搭拆费

电气工程安装工程脚手架搭拆费。在 10kV 以上工程中已综合在定额内；10kV 以下工程按以下规定计算（架空线路除外）。

①操作物高度在 5.0m 以上，10m 以下，按人工费 10%；其中含人工费 25%。

②操作物高度在 10m 以上，20m 以下。按人工费的 13%；其中含人工费 25%。

③操作物高度在离楼地面 5.0m 以下者，一律不计取"脚手架搭拆费用"。

（2）超高作业增加费：超高作业增加费指操作高度超过定额制定中取定高度（5.0m）时应当增加的费用。按表 9-7 执行。

表 9-7

超高作业增加系数表

高　度 计 算 方 法	10m 以下	20m 以下	20m 以上
人 工 乘 以	1.25	1.4	1.8

（3）高层建筑增加费。高层建筑增加费指建筑物超过设定建筑物高度（民用建筑 6 层或 20m）应增加的费用，按表 9-8 执行。

计算方法	12层以下	15层以下	18层以下	21层以下	24层以下	27层以下	30层以下	33层以下	37层以下	40层以下
按人工费的 %	6	8	10	12	15	16	19	21	23	27
其中人工工资占 %	21	30	37	41	45	49	52	54	56	60

（4）施工降效增加费

①施工与生产同时进行时，增加费按人工费的 10% 计算；

②在有害身体健康环境中进行时，增加费按人工费的 10% 计算。

二、室内照明电气工程量计算

1．进户装置

（1）引入线架设：工程量区分不同的材质，按引入架空线的单根长度以"m"计算。

（2）进户横担安装：工程量按高、低压，区别不同线数（二线、四线、六线）分别以"组"为单位计算；

（3）引下线安装：工程量区分不同的材质、线型分别以"m"计算。

2．配电箱安装工程

（1）配电箱安装：工程量区别照明配电箱和动力配电箱，分别以"台"为单位计算。

①电表安装：其工程量区别不同型号（单户型、双户型）、规格（额定电流），分别以"个"为单位计算。

②开关安装：其工程量区别不同种类与型号分别以"个"为单位计算。

③熔断器安装：其工程量区别不同形式（瓷插式、螺旋式、防爆式），分别以"个"为单位计算。

（2）木配电箱制作：其工程量区分不同安装形式（明装、墙洞），按不同箱体的半周长，分别以"套"为单位计算。

（3）铁皮箱、盘、盒制作：其工程量区分不同材质（木、塑料、胶木板），分别以"m²"为单位计算，木配电箱包铁皮工程量以"m²"计算。

（4）保护钢网门制、安：工程量按其设计图示尺寸的外围面积，以"m²"为单位计算。

（5）金属构件制作安装：其工程量区分"一般钢构件"和"轻型钢构件"，分别以"t"为单位计算。

3．配管配线工程

（1）布线管敷设：其工程量区分不同敷设方法，不同材质与管径，分别以配线管中心线长度"m"为单位计算。不扣除接线箱、盒、灯头盒、插座、开关盒所占的长度。

（2）管内穿线：其工程量区分导线的不同材质、不同规格（截面）、分别以单根线长度"m"为单位计算。计算时可采用配管工程量乘以管内穿线的根数。即：

$$L_{穿线} = \Sigma[(L_{管} + L_{预留}) \times n]$$

式中：$L_{穿线}$——表示不同部位、不同方向、穿线规格与根数管长。

$L_{预留}$——表示穿线段有预留线时的预留长度。

n——表示管内穿线的品种与规格相同的线的根数。

287

配管暗敷工程量按配合土建施工考虑，未考虑的土建施工完工后进行安装的状况，若在吊顶内配管就执行明敷定额项目。

配管线预留长度，指为使导线计算长度与施工实际用量相符，从设计图中计算的用量另加部分的预留。预留量通常按表 9-9 执行。

连接设备导线、盘箱柜外部连线预留长度 表 9-9

序号	项　　目	预留长度	说　　明
1	各种柜、箱、盘、板、盒	高+宽	盘面尺寸
2	由地坪管出口至动力接线箱	1.0m	从管口计算
3	电源与管内导线连接（管内穿线与软、硬母线连接）	1.5m	从管口计算
4	进出户线	1.5m	从管口计算

（3）槽板配线：其工程量区别不同材质、不同附着结构、不同导线根数（二线式、三线式等）分别按其走长度，以"m"为单位计算。槽板内导线安装已包括在定额内，但主材费用应分别计算。

（4）瓷夹、瓷瓶配线

①瓷夹配线：其工程量区别不同材质（瓷夹、塑料夹）、不同固定方式，分别按线路长度以"m"为单位计算。

②瓷瓶（瓷珠）配线：其工程量区分不同类别，不同依附结构，不同导线规格与线式，按线路长度以"m"为单位计算。

③塑料护套线敷设：其工程量区分不同芯数，以单根线长度"m"计算。护套线敷设所需要的接线盒子铝片均已包括在定额内。

（5）箱、盘框内配线：其工程量按所配导线的不同规格，分别以长度"m"为单位计算。

4. 照明器具安装工程

（1）照明灯具安装：各种灯具安装工程量区分不同品种、型号、不同安装方式分别以"套"为单位计算。

（2）开关、插座安装：其工程量区分不同型号、规格，不同安装方式，分别以"个"为单位计算。

（3）开关盒、插座盒、接线盒安装，其工程量区分不同种类。不同规格、不同安装方法，分别以"个"为单位计算。

（4）电铃、电扇装置。其工程量区别不同品种、不同规格（直径）。分别以"套"为单位计算。

5. 防雷与接地装置

（1）避雷体安装

①避雷针体安装：其工程量区分不同针体长度，不同安装材料，以"根"为单位计算。

②避雷针制作：其工程量以针体质量"t"为单位计算。独立避雷针制作执行"一般金属构件定额"项目；一般避雷针制作执行"轻型金属构件定额"项目。

③避雷网安装：其工程量区别不同安装方法（混凝土块支架或沿墙支架敷设），分别按避雷网和度以"m"为单位计算。

（2）引下线敷设：其工程量区分线材规格，按引下线长度以"m"为单位。其计算公式为：

$$L \text{ 引下线} - h \text{ 建筑物} + h \text{ 引出屋面} + B \text{ 出檐} \times 2 + h \text{ 埋地深}$$

（3）接地母线敷设：其工程量按接地线（干支线）长度以"m"为单位计算。

（4）跨接线：工程量以"处"为单位计算。

（5）接地极（板）制作安装：其工程量区分不同用料（钢管、角钢）、埋设处不同的土质、分别以"根"为单位计算。

三、室内照明电气安装工程预算书编制

室内照明电气安装工程施工图预算编制程序、方法、步骤，预算表编制方法等均与给排水安装工程预算编制相同。此略。其具体编制过程与预算表格编制详见"电气安装工程预算实例"。

四、室内照明气工程预算编制实例

编 制 说 明

（一）工程概况（略）

（二）编制依据

1．本预算根据营业办公楼照明电气工程施工图编制。

2．本预算采用 2000 年《全国统一安装工程预算定额》第二分册 GYD-202-2000，某地区统一安装工程取费标准及其计价文件编制。

3．本预算采用某地区工程造价管理总站发行的安装工程材料预算价格编制。

（三）有关问题的处理

1．本预算按包工包料形式考虑，全部材料均由施工方组织采购安装。

2．本预算中，工程范围按伸出墙外 1.5m 处考虑。电源引入线段只考虑预埋钢管至电缆井口。重复接地按基础结构筋焊接处理。

3．本工程按四类工程，一级Ⅰ档取费。

办公营业楼电照安装工程造价计算表

序　号	费用名称	计算式	金额（元）
（一）	人工费	见计价表	2308.84
（二）	机械费	见计价表	224.52
（三）	材料费	见计价表	11136.25
（四）	其他直接费	（一）×15.87%	366.41
（五）	现场经费	（一）×23.54%	543.5
（六）	施工图预算包干费	（一）×15%	346.33
（七）	安全文明施工增加费	（一）×0.80%	18.47
（八）	赶工补偿费	—	—
（九）	企业管理费	（一）×27.58%	636.78
（十）	财务费用	（一）×4%	92.35
（十一）	劳动保险费	（一）×12.5%	288.61
（十二）	定额管理费	［（一）+（二）+（三）］×0.0018%	24.61
（十三）	利润	（一）×44%	1015.89
（十四）	营业税	［（一）～（十二）］×3.298%	560.74
（十五）	城市建设维护费	（十四）×7%	39.25
（十六）	教育费附加	（十四）×2%	11.21
	工程造价	（一）～（十六）之和	17613.76

安装工程实物计价表

工程名称 电气工程

序号	工料名称及说明	单 位	数 量	单价（元）	合价（元）
1	人工	工日	117.2	19.70	2308.84
2	其他材料费	元			72.79
3	锯条	根	6.83	0.52	3.55
4	镀锌铁丝	kg	3.21	3.9	12.52
5	塑料焊条 $\phi25$	kg	0.74	20.45	15.13
6	空气压缩机	台班	3.29	66.4	218.46
7	钢管 DN50	m	8.45	16.1	136.05
8	圆钢	kg	0.23	3.16	0.73
9	电焊条	kg	0.39	5.47	2.13
10	溶剂汽油 200#	kg	0.05	3.12	0.16
11	醇酸防锈漆	kg	0.21	10.80	2.27
12	沥青清漆	kg	0.06	8.34	0.50
13	镀锌锁紧螺母	个	114.58	1.02	116.87
14	镀锌管接头	个	1.35	3.34	4.51
15	塑料护口	个	114.58	0.39	444.69
16	交流弧焊机	台班	0.05	83.23	4.16
17	绝缘导线 BV-4mm^2	m	1043.9	1.85	1931.22
18	绝缘导线 BV-2.5mm^2	m	894.4	1.35	1207.44
19	绝缘导线 BV-16mm^2	m	33.08	3.15	104.2
20	钢丝 Φ1.6	kg	1.96	8.24	16.15
21	电动煨弯机 Φ100	台班	0.01	189.75	1.90
22	成套插座	套	41.82	5.45	227.92
23	塑料绝缘线 BLV-2.5	m	41.21	0.35	14.42
24	镀锌双头带帽螺栓	10 套	0.14	40.07	5.6
25	镀锌 M 形箍铁	个	1.43	7.11	10.17
26	照明开关	个	15.3	5.09	77.88
27	六角带帽螺栓	10 套	0.56	43.51	24.37
28	木螺钉	10 个	36.09	0.38	13.71
29	成套灯具	套	53.53	35	1873.55
30	丁字螺栓	套	108.12	0.69	74.6
31	圆木台	块	110.25	0.80	88.2
32	花线	m	79.40	0.55	43.67
33	铁砂布 0~2#	张	2.00	0.92	1.84
34	破布	kg	0.2	4.86	0.97
35	钢板垫块	kg	0.4	4.65	1.86
36	调和漆	kg	0.10	11.1	1.11
	本页合计				9034.58

审核：　　　　　　　　　　　　　编制：

安装工程实物计价表

工程名称

序号	工料名称及说明	单 位	数 量	单价（元）	合价（元）
37	塑料软管	kg	0.5	22.59	11.30
38	酚醛瓷漆	kg	0.04	14.19	0.57
39	镀锌扁钢	kg	3.00	4.44	13.32
40	交流弧焊机	台班	0.25	83.23	20.81
41	焊锡	kg	3.84	54.10	27.74
42	焊锡胶	kg	1.7	66.6	113.22
43	塑料胶布	卷	5.18	7.25	37.56
44	开关盒	个	57.12	0.86	49.12
45	接线盒	个	25.50	1.97	50.24
46	水泥沙浆 M10	m³	1.22	169.00	206.18
47	硅砂轮	个	4.42	10.03	44.33
48	电力复合脂	kg	0.82	20.0	16.4
49	镀锌铁件	kg	0.15	4.08	0.61
50					
51					
52	自粘胶带	卷	0.4	3.08	1.23
53	丁字螺栓	套	108.12	0.69	74.60
54	配电箱 DL-1	台	1	1544.00	1544.00
55	配电箱 DL-2	台	1	1502.00	1502.00
56	PVC 管 DN20	m	341.33	1.22	416.42
57	PVC 管 DN16	m	382.80	0.85	325.38
58					
59					
60					
61					
62					
63	其中：人工费				2308.84
64	机械费				224.52
65	材料费				11136.25
66					
67					
68					
69					
70					
71					
	本页合计	元			4635.03
	总合计	元			13669.61

审核： 编制：

工程名称　电气工程

工料数量分析统计表

顺序号	项目编号或定额代号	工程项目名称或说明	单位	数量	人工工日	其他材料费(元)	锯条(根)	镀锌铁丝13~17#(kg)	镀锌铁丝18~22#(kg)	塑料焊条φ25(kg)	塑料管d20/d16(m)	钢管DN50(m)	圆钢Φ5.5~9(kg)	电焊条4.22~9/3.2(kg)	焊锡(kg)	焊锡膏(kg)	塑料胶布(卷)	开关盒(个)	接线盒(个)
1	2-1124	PVC管暗敷DN20	100m	3.103	9.82	1.9	1.0	0.25	0.23	0.24	110.0								
					30.47	5.90	3.10	0.78	0.71	0.74	341.33								
2	2-1125	PVC管暗敷DN16	100m	3.48	9.24	1.9	1.0	0.25	0.23		110								
					32.16	6.61	3.48	0.87	0.80		382.8								
3	2-1013	镀锌钢管暗敷DN50	100m	0.082	15.9	2.1	3.0	0.66				103.0	2.78	1.13					
					1.30	0.17	0.25	0.05				8.45	0.23	0.09					
4	2-1173	管内穿线BV-4mm²	100m	9.49	0.7	2.0									0.20	0.01	0.25		
					6.64	18.98									1.90	0.09	2.37		
5	2-1172	管内穿线BV-2.5mm²	100m	7.71	1.00	0.70									0.20	0.01	0.25		
					7.71	5.40									1.54	0.08	1.93		
6	2-1174	管内穿线BV-16mm²	100m	0.315	1.10	3.0											0.22		
					0.35	0.95											0.88		
7	2-1378	开关盒	10个	5.6	0.48	0.60												10.2	
					2.69	3.36												57.12	
8	2-1377	接线盒	10个	2.5	0.45	0.60													10.2
					1.13	1.5													25.5
9																			

工料数量分析统计表

顺序号	项目编号或定额代号	工程项目名称或说明	单位	数量	溶剂汽油200#(kg)	醇酸防锈漆(kg)	水泥沙浆M10(m³)	沥青清漆(kg)	镀锌锁紧螺母(个)	镀锌管接头(个)	塑料护口40~50(个)	交流弧焊机21kVA(台班)	硅砂轮(个)	电动煨弯机(台班)	钢丝Φ1.6(kg)	空气压缩机0.6m³/min(台班)	绝缘导线BV-4(m)	绝缘导线BV-2.5(m)	绝缘导线BV-16(m)
1	2—1124	PVC管暗敷 DN20	100m	3.103			0.18						0.67		0.13	0.50			
2	2—1125	PVC管暗敷 DN16	100m	3.48			0.56						2.08		1.23	1.55			
3	2—1013	镀锌钢管暗敷 DN50	100m	0.082	0.62	2.50	0.035	0.7	15.45	16.48	15.45	0.59	0.12	0.13	0.09	0.50			
4	2—1173	管内穿线 BV-4mm²	100m	9.49					1.27		1.27		2.33		0.69	1.74	1043.9		
5	2—1172	管内穿线 BV-2.5mm²	100m	7.71					10.3		10.3				0.13			894.4	
6	2—1174	管内穿线 BV-16mm²	100m	0.315	0.05	0.21	0.003	0.06	57.68	1.35	57.68	0.05	0.01	0.01	0.04				33.08
7	2—1378	开关盒	10个	5.6					22.25		22.25						110		105.0
8	2—1377	接线盒	10个	2.5					55.63		55.63							116	
9																			

工程名称：_____

工料数量分析统计表

顺序号	项目编号或定额代号	工程项目名称或说明	单位	数量	人工工日	其他材料费(元)	成套插座(套)	塑料绝缘导线BLV-2.5	镀锌双头带帽螺栓(10套)	六角带帽螺栓(10套)	镀锌M形箍铁(个)	照明开关(个)	镀锌铁件(kg)	木螺钉(10个)	成套灯具(套)	丁字螺栓(套)	电力复合脂(kg)	圆木台(块)
1	2—1047	插座 AP86Z23A-10	10套	4.1	0.83	4.0	10.20	4.58										
					3.40	16.40	41.82	18.78										
2	2—1637	单联开关 AP86191-10	10套	0.7	0.85	1.30		3.05	0.20	0.20	2.04	10.2	0.1	2.08				
					0.60	0.91		2.14	0.14	0.14	1.43	7.14	0.07	1.46				
3	2—1638	双联开关 AP86K21-10	10套	0.3	0.89	1.30		4.58				10.2	0.1	2.08				
					0.27	0.39		1.37				3.06	0.03	0.62				
4	2—1639	三联开关 AP86K31-10	10套	0.3	0.93	1.30		6.11				10.2	0.1	2.08				
					0.28	0.39		1.83				3.06	0.03	0.62				
5	2—1638	声控开关 AP86K	10套	0.2	0.89	1.3		4.58				10.2	0.10	2.08				
					0.18	0.26		0.92				2.04	0.02	0.42				
6	2—1382	半圆吸顶顶棚灯	10套	0.1	2.16	3.10		3.05						5.20	10.1	20.4		10.5
					0.22	0.31		0.31						0.52	1.01	2.04		1.05
7	2—1589	双管日光灯链吊	10套	5.2	2.73	2.6		3.05						6.24	10.1	20.4		21
					14.20	13.52		15.86						32.45	52.52	106.08		109.2
8	2—266	照明配电箱	台	2.0	2.8	0.3				0.21	交流弧焊机 0.1 (台)	DL-1 1.0 (台)	DL-2 1.0 (台)				0.41	
					5.6	0.6				0.42	0.2	1.0	1.0				0.82	
9	2—1376	照明系统调试	系统	1.0	10.0	2.00						1.0	1.0					
					10.0	2.00						1.0	1.0					

工料数量分析统计表

工程名称

顺序号	项目编号或定额代号	工程项目名称或说明	单位	数量	电能校测仪 S1900 (台班)	数字万用表 F-87	花线 (m)	电焊条结 (kg)	铁砂布 0~2# (张)	破布 (kg)	钢板垫板 (kg)	调和漆 (kg)	酚醛瓷漆 (kg)	自粘胶带 (卷)	焊锡丝 (kg)	塑料软管 (kg)	镀锌扁钢 (kg)
1	2—1047	插座 AP86Z23A-10	10套	4.1													
2	2—1637	单联开关 AP86191-10	10套	0.7													
3	2—1638	双联开关 AP86K21-10	10套	0.3													
4	2—1639	三联开关 AP86K31-10	10套	0.3													
5	2—1638	声控开关 AP86K	10套	0.2													
6	2—1382	半圆吸顶顶棚灯	10套	0.1													
7	2—1589	双管日光灯链吊	10套	5.2			15.27	0.15	1.0	0.1	0.2	0.05	0.02	0.2	0.2	0.25	1.5
8	2—266	照明配电箱	台	2.0			79.40	0.3	2.0	0.2	0.4	0.1	0.04	0.4	0.4	0.5	3.0

设 计 说 明

电源及配电：

本建筑电源由城市电网引～380/220V电源到一层配电箱，电缆直埋。

系统采用三相四线+PE线制式。

导线选型及线路敷设：

所有线路采用绝缘电线（BV-500V）穿阻燃型可挠硬塑管敷设于屋顶、地面及墙体内。凡平面图内未注线路为：照明回路为：BV-2×2.5mm²，两根导线穿管PC16，三根导线穿管PC20，四根以上导线穿管PC25；普通插座支路为BV-3×4mm²，穿管PC20。其中一根为相线为专用接地线即PE线，施工时应注意其外皮颜色及零线颜色有明显区别，并且整个工程中应保持一致。荧光灯采用补偿电容使功率因数大于0.9。

电器安装及高度：

层照明配电箱暗装，距地1.4m，指形开关距地1.4m，声光控延时开关距地2.0m，插座均距地0.3m。

系统接地保护：

低压配电系统保护采用TN-S制式，具体做法如下：配电箱中性线做重复接地保护，要求接地电阻 $R \leqslant 10\Omega$。楼内所有穿线铜管、配电箱、金属用地设备外壳均应跨接焊为一体并通过PE线连接为良好空气开关保护，照明支路采用自动空气开关保护，单相三极插座采用PE线可靠连接，插座支路采用漏电断路器保护，其漏电脱扣动整定值 $I\Delta n \leqslant 3mA$，其动作时间 $tn \leqslant 0.1s$。

设 备 材 料 表

序号	符号	设备名称	型号规格	数量	单位	备注
8	▭	双管荧光灯	L8	54	个	
7	▼	单相二三极安全插座	AP86Z223A-10	38	个	
6		声光控延时开关	AP86K	2	个	
5		暗装单极开关	AP86K11-10	7	个	
4		暗装三极开关	AP86K31-10	3	个	
3		顶棚灯	Y-YGD310	11	个	
2	▪	照明配电箱	Volta	2	个	
1		设备名称	型号规格	数量	单位	备注

照明系统图

AL-2：

C45Nvigi-16/2P	ML1	BV-3×4	PC20	插座	L1
C45Nvigi-16/2P	ML2	BV-3×4	PC20	插座	L2
C45Nvigi-16/2P	ML3	BV-3×4	PC20	插座	L3
C45N-10/1P	WL4	BV-2×2.5	PC16	照明	L1
C45N-10/1P	WL5	BV-2×2.5	PC16	照明	L2
C45N-10/1P	WL6	BV-2×2.5	PC16	照明	L3
备用 C45N-10/1P	WL7			备用	L1
C45Nvigi-16/2P	WL8			备用	L2
C45Nvigi-16/2P	WL9			备用	L3

C45N-32/3P

BV-500-5×16 SC50

AL-1：

C45Nvigi-16/2P	ML1	BV-3×4	PC20	插座	L1
C45Nvigi-16/2P	ML2	BV-3×4	PC20	插座	L2
C45Nvigi-16/2P	ML3	BV-3×4	PC20	插座	L3
C45N-10/1P	WL4	BV-2×2.5	PC16	照明	L1
C45N-10/1P	WL5	BV-2×2.5	PC16	照明	L2
C45N-10/1P	WL6	BV-2×2.5	PC16	照明	L3
C45N-10/1P	WL7	BV-2×2.5	PC16	照明	L1
C45N-10/1P	WL8	BV-2×2.5	PC16	照明	L2
C45Nvigi-16/2P	WL9			备用	L3

C45N-32/3P

C45N-63/3P

W_{33} 1kV-3×25+1×16

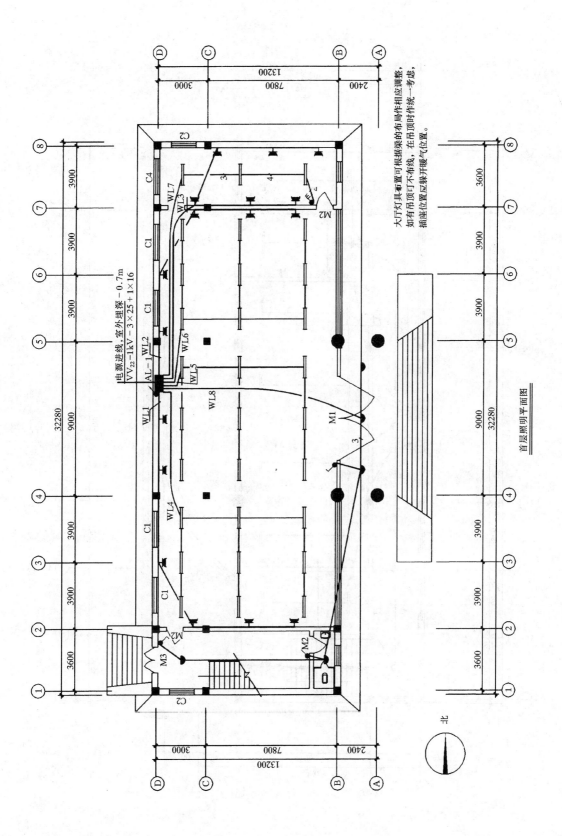

首层照明平面图

大厅灯具布置可根据桥架的布线作相应调整，如有吊顶时不布线，在吊顶布线，插座位置应躲开暖气位置，考虑吊顶位置作统一。

北

297

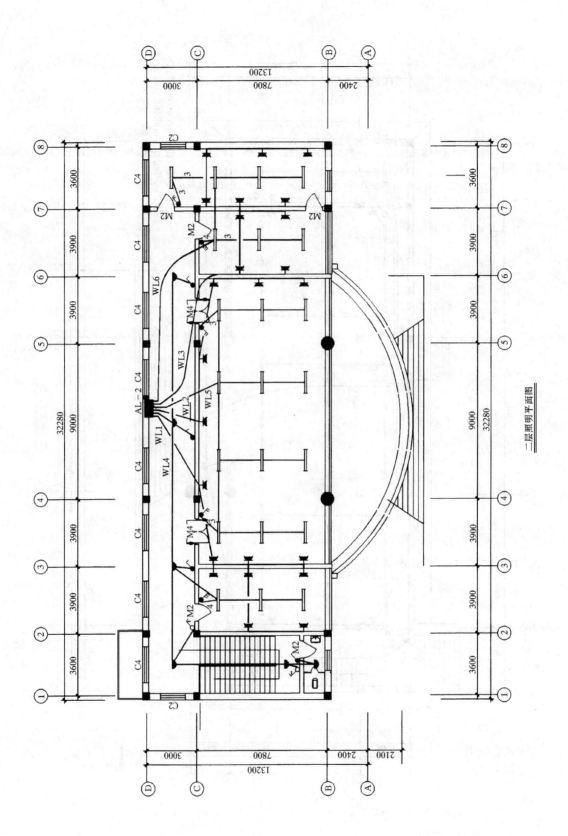

二层照明平面图

298

照明电气工程量计算式

1. 配管配线工程

1）管敷设 PC20　（管内穿 BV-3×4mm^2）

一层　WL$_1$ 回路　$4.8-1.4$箱离地高-0.5箱高$+15+8.4+4.5\times6=53.3$m

　　　WL$_2$ 回路　$4.8-1.4-0.5+10.4+8.6+4.5\times5=44.4$m

　　　WL$_3$ 回路　$4.8-1.4-0.5+14.2+8.6+6.4+4.5\times6=59.1$m

二层　WL$_1$ 回路　$3.9-1.4-0.5+3.0+14+3.4+6.6+3.6\times6=49.5$m

　　　WL$_2$ 回路　$3.9-1.4-0.5+3.0+8.4+6.6+3.6\times5=38$m

　　　WL$_3$ 回路　$3.9-1.4-0.5+3.0+15.4+5.4+5+6.4+3.6\times8=66$m

　　　PC20 合计：310.3m

2）管内穿线　BV-4mm^2　$310.3\times3+1.0$预留$\times6\times3=948.9$m

3）管敷设 PC16　（管内穿 BV-2×2.5）

一层　WL4 回路 $4.8-1.4-0.5+7.2+9.2+6.6\times3=39.1$m

　　　WL5 回路 $4.8-1.4-0.5+2.8+9.2+6.6\times3=34.7$m

　　　WL6 回路 $4.8-1.4-0.5+2.8+9.2+6.6\times3=34.7$m

　　　WL7 回路 $4.8-1.4-0.5+10.4+1.4=14.7$m

　　　WL8 回路 $4.8-1.4-0.5+12.4+6+1.6+11.4+1.4+8.8+2+(4.8-1.4)\times3=56.7$m

二层　WL4 回路 $3.9-1.4-0.5+1.6+23+1.4\times3+3+9+1+1.2+(3.9-1.4)\times4+(3.9-2.0)\times2=58.8$m

　　　WL5 回路 $3.9-1.4-0.5+4.8+13+5.4\times4=41.4$m

　　　WL6 回路 $3.9-1.4-0.5+11+3.8+2.8+5.4=25$m

　　　PC16 合计：305.1m

4）管内穿线 BV-2.5mm2：$305.1\times2+1.0\times8\times2=626.2$m

5）管敷设 PC16（内穿 BV-3×2.5）

一层 WL7 回路　3.6m

二层 WL4 回路　2.8m

　　　WL5 回路　$2\times2+(3.9-1.4)\times2=9$m

　　　WL6 回路　$3+2.6+2+(3.9-1.4)$开关$=10.1$m

　　　PC16 合计：25.5m

6）管内穿线 BV-2.5mm^2　$25.5\times3=76.5$m

7）管敷设 PC-16（管内穿 BV-4×2.5）开关线

一层 WL7　$4+2+(4.8-1.4)=9.4$m

二层 WL4　$1.4+(3.9-1.4)=3.9$m

　　　WL6　$1.2+(3.9-1.4)=3.7$m

PC-16 合计：17m

8）管内穿线 BV-2.5mm^2：$17\times4=68$m

9）管敷设 SC50（管内穿 BV-5×16）

1.5＋0.25＋0.05（墙外距离）＋0.7（埋深）＋1.4（室内地平至 AC-1 配电箱）＝
2.9m

4.8（AL_1 至 AL_2 垂直距离）－0.5（AL_1 箱高）＝4.3m

10）管内穿线 BV-16mm

（4.3＋1.0×2）×5－31.5m

2. 照明配电箱　$1_{AL-1}＋l_{AL-2}＝2$ 台

3. 照明灯具

1）顶棚灯　5（一层）＋6（二层）＝11 个

2）双管日光灯　30（一层）＋22（二层）＝52 个

4. 开关、插座

1）插座 AP86Z223A-10：17（一层）＋24（二层）＝41 个

2）单联开关　3（一层）＋4（二层）＝7 个

3）双联天关　3（二层）个

4）三联开关　1（一层）＋2（二层）＝3 个

5）声控开关　2（二层）个

6）开关盒　41＋7＋3＋3＋2＝56 个

7）接线盒　13＋12＝25 个

复 习 思 考 题

1. 室内水、暖、电工程预算与土建工程预算相比，其主要的区别有哪些？

2. 试简述室内水、暖、电安装工程施工图预算的编制程序。

3. 如何确立建筑工程室内、外给排水管道工程的分界点？

4. 室内照明电气安装工程的主要内容有哪些？

5. 如何计算电气工程中配管配线工程量？

6. 试简述水、暖、电安装工程预算造价的计费程序。

第十章 建筑工程竣工结算

第一节 概　　述

一、建筑工程竣工结算及作用

建筑工程竣工结算系指单位或单项建筑工程施工完成，并经验收合格后，甲、乙双方按照约定的办法编制。用以确定工程最终造价的经济文件。它是以工程施工图预算为基础，根据工程施工的实际情况由施工单位编制的。

按照工程造价管理办法规定。当工程竣工验收合格后，施工单位必须及时整理竣工技术资料，办理工程竣工结算。经建设方审查。通过投资银行或审计单位审定。其主要作用表现为：

(1) 是甲乙双方拨付建筑工程价款的主要依据。

(2) 是施工单位确定完成建筑工程量，统计工程竣工率的依据。

(3) 是建设单位落实完成投资额的主要依据。

(4) 是企业进行工程项目成本核算的主要依据。

二、建筑工程竣工结算方式

工程结算的方式，主要取决于工程承发包双方的工程施工承包合同（协议）中约定的具体条款——结算办法。目前，承包工程常采用的结算方式主要有以下几种：

(一) 施工图预算加签证结算

施工图预算加签证结算是指以经审查合格后的工程施工图预算为基础依据。增加施工过程中发生的原施工图中未包括的内容，各种施工签证。设计变更、市场工料价格变化而增加工程费用的结算方法。这种方法需要增加费用的资料，均需由施工单位编制，经建设方与设计方同意并签证，最后经投资银行审计部门审定。其数学模型为：

$$\frac{建筑工程}{结算造价} = \frac{原工程施}{工图预算} + \frac{增加内容分}{项子目费用} - \frac{减少内容分}{项子目费用} \tag{10-1}$$

(二) 预算包干结算

预算包干结算是指采用预算加系数包干的承包方式的工程造价结算的方法。此方式是在编制施工图预算的同时，另外计取预算外包干费，其数学模式为：

$$建筑工程造价 = 施工图预算造价 + 预算外包干费 + 包干外范围调整$$

$$预算外包干费 = 施工图预算造价 \times 包干系数 \tag{10-2}$$

式中，包干系数由承包商与发包商双方根据工程设计及现场条件，按现行工程造价管理的有关规定协商确定，并在合同条款中必须明确预算外包干费（系数）的包干范围。对于工程施工过程中发生的包干范围以外的工作内容应允许调整。

(三) 单位造价包干结算方式

单位造价包干结算方式是指采用承包双方根据一定的工程资料，按现行工程造价管理办法规定事先协商的单位造价指标（如：元/m² 建筑面积或元/单位分项工程量）。按工程建筑面积或工程量实际完成量计算确立应支付的工程价款的方法，数学模式为：

$$建筑工程结算造价 = \Sigma \left[\begin{array}{c} 建筑工程 \\ 分项工程量 \end{array} \times 分项单价 \right] + \begin{array}{c} 其他价格 \\ 调整费用 \end{array} \qquad (10\text{-}3)$$

式中其他价格调整费用指施工过程中发生的未包含在协议分项单价中的其他工作内容而支付的费用。

第二节　建筑工程竣工结算的编制程序

一、工程竣工结算的编制依据与编制步骤

（一）工程竣工结算的编制原则

1．坚持实事求是的原则

工程竣工结算一般是以施工图预算为基础。按照工程变更情况进行编制。诸如工程项目内容，历次变更工程量清单，现场洽商记录，工程施工质量等。未完工程不能办理结算；返工项目费用不能列入竣工结算……都必须实事求是。该调增的要调增，该调减的要调减，正确确定工程结算价款。

2．严格遵守国家政策和地方法规的原则

工程竣工结算是一项政策性很强的工作。既要反映工人的劳动价值，又要贯彻执行国家有关政策和政府主管部门的各项规定。

3．坚持认真细致的工作原则

工程竣工结算反映工程项目建设承发包双方共同承诺的工程产品价格，也是建筑工程最终产品的工程造价，因此要求从业人员始终保持严肃、认真、细致的工作作风。

（二）编制依据

1．工程竣工报告和工程验收合格单。只有验收合格的工程才能交付使用，才能办理竣工结算。

2．工程承包合同和已经审定的施工图预算。

3．工程设计变更通书、工程竣工图、技术洽谈及现场施工记录。

变更通知，竣工图纸表明设计更改情形，现场施工记录反映施工现场施工条件的变化与否，而技术洽谈资料提供工程建设中有关技术措施应用状况。他们是办理竣工结算的重要依据。

4．工程施工签证，工程价款结算凭证及其他有关结算资料。

5．现行建筑安装工程预算定额、建筑安装工程取费标准及有关调价文件资料。

6．人工工资单价，材料预算价格、机械台班价格及工程材料市场价格等。

二、工程竣工结算的内容与编制程序

（一）工程竣工结算的内容

1．封面与编制说明

（1）工程结算封面：反映建设单位建设工程概要，表明编审单位资质与责任。

（2）工程结算编制说明：对于包干性质的工程结算。包括：编制依据，结算范围，甲、乙双方应着重说明包干范围以外的问题。协商处理的有关事项以及其他必须说明的问题。

2．工程原施工图预算

工程原施工图预算是工程竣工结算主要的编制依据，是工程结算的重要组成部分，不可遗漏。

3．工程结算表

结算编制方法中，最空出的特点就是不论你采用何种方法，原预算未包括的内容均可调整，因此，结算编制主要是施工中变更内容进行预算调整。

4．结算工料分析表及材料价差计算表

分析方法同预算编制方法，需对调整工程量进行工、料分析，并对工程项目材料进行汇总，按现行市场价格计算工、料价差。

5．工程竣工结算费用计算表

根据各项费用调整额，按结算期的计费文件的有关规定进行工程计费。

6．工程竣工结算资料汇总

汇总全部结算资料，并按要求分类分施工期和施工阶段进行整理，以审计时待查。

（二）工程结算编制程序

收集与整理结算资料

计算结算工程量调整量

编制结算调整表

分析工料调整量，计算材料价差调整值

计算其他费用

计算调整工程费用

编制结算说明

工程结算送审

第三节　建筑工程竣工结算编制方法

一、建筑工程竣工结算办法

建筑安装工程结算按现行规定一般是以单位工程为对象。常用的结算编制方法有两种：即一次结算方法和阶段结算方法。

（一）一次结算法

一次结算法是指对工程量比较小，工期比较短，工程造价总额较小的工程项目所采用的。先按有关规定合同约定预付备料款，再分期或分月预支、竣工后一次结算的方法。

（二）按月结算法

按月结算法是指以施工单位的月进度统计报表作为支付工程价款的凭证进行工程款结算的办法。按月结算法的基本程序为：

1．预付备料款

备料款是指采用包工包料方式承包的工程，应由业主按有关规定或工程承包合同约定预付的工程料款。工程备料款属于预算造价，到施工的中后期。应随工程备料储备量的减少，在中间结算工程价款时逐步扣还备料款。

2．中间结算

由于建筑安装工程投资额比较大，一次支付与金额垫底的不可能性，通常采用拨付工程进度款的付款形式。即在施工期间，施工企业按逐月完成的分部分项工程数量计算各项费用。于上旬末或月中向建设单位提出预支工程款账单。预支一旬或半月的工程款，月终再提交工程款结账单和已完成工程月报表。经建设单位或审计咨询机构审定登记后，支付当月工程价款。

在办理工程中间结算时，过程中间结算累计额一般不应超过工程承包价值总和的95％，工程余款尾数在办理竣工结算时处理。

3．最终结算工程价款

工程施工项目全部完工后，经验收合格，交付使用（投入正常运行），由施工单位办理工程项目竣工结算。经建设单位和投资银行或审计机构审定，按规定办法支付工程价款。

（三）按阶段结算法

按阶段结算法是指按工程施工阶段作为工程价款结算点进行工程阶款结算的办法。通常一单位工程分为：基础工程、主体工程、装饰工程、室外工程四个阶段。按阶段结算办法的基本程序为：

1．预付备料款

工程备料款支付办法同按月结算办法。

2．阶段结算

阶段结算亦属拨付工程进度款的支付方式。即在施工期间。由施工单位按各施工阶段完成的分部分项工程量计算工程费用。在此阶段工程基本完工后，向建设单位提出工程价款支付单。经过建设单位或审计咨询机构部门审计登记后，支付本阶段工程价款。

3．最终工程价款结算

当工程全部完工以后，工程价款结付各项工作均同按月结算办法中所述方法进行。

此结算办法适用一般规模的建设工程施工项目工程结算。

二、工程结算资料的整理

工程竣工结算资料的整理对于办理工程竣工结算是非常重要的。结算的目的是调整工程造价，而调整价格的基础是符合要求的结算资料。

（一）资料整理的范围

根据工程结算编制原则、结算资料涉及的范围应当与工程承包范围一致。因此，资料整理的范围是指工程承包合同界定的工程范围。

（二）资料整理的重点内容

根据工程结算编制的要求，结算资料整理的重点应包括以下几个方面：

1．设计变更通知单　　　　　　见表 10-1

2．技术洽谈核定单　　　　　　见表 10-2

3．施工中经济技术处理签证单　　见表 10-3

4．材料代用核定单　　　　　　见表 10-4

设计变更通知单

right表 10-1

工程名称			编　　号	
分项名称			单　　位	
变更原由及处理办法说明				
变更大样（基图）				
设计人		审查人		施工单位	
校　核				建设单位	

年　月　日

施工技术洽谈核定单

表 10-2

工程名称		施工单位	
分项名称		建设单位	
问　题说　明			
处　理意　见			
核　核意　见		核定单位	
		核 定 人	

制表单位　　　　　　审核人　　　　　　制表人　　　　　　年　月　日

施工中经济技术处理签证单

表 10-3

编号：　　　　　　　　　　　填表日期：年　月　日

单位工程名称		分部分项工程名称	
施工中发现之问题及处理意见： 签具单位：			
签证意见： 签认单位：			

费用计算	费用名称	单位	数量	单价	合价	备注

工程编号		施工单位		
工程名称		建设单位		
材　料 代　用 内　容	代用材料名称、规格	单　位	数　量	说　明
核定意见		核定单位		日　期
		核 定 人		

审核：　　　　　　　　　　　　　　　　　　　　　制表：

三、工程结算调整办法

工程结算书的内容和编制方法与工程施工图预算书基本相同。不同的是由于工程施工过程中实际发生的各项变动签证，结算必须以原施工图预算为基础。以签证与变动资料为依据。对工程价款进行相应的调整。主要包括以下四个方面的调整。

（一）工程分项子目的调整

由于工程施工过程中的设计变更，可能带来工程分项子目的变动，应对原施工图预算分项进行调整。一般来说，工程分项变化不大。当遇到特殊情况设计变更较大时，必然引起项目变化，故需作为新项目不列入工程结算。

（二）分项工程量差调整

工程量差指原工程施工图预算书与工程实际完成分项工程数量之间的差额。产生量差的主要原因有：

1．建设单位要求进行的设计变更。

2．施工单位根据施工中发生的实际情况（包括施工现场条件变化和施工措施改变等）提出的设计变更。

3．原施工图预算编制中，遗留问题产生的量差。

（三）材料价差的调整

工程竣工结算中材料价差产生的主要因素包括：

1．预算期价格与结算期价格之间的差额；

2．工程量差而引起工料耗量差额导致的材料价差；

3．材料代用所发生的价差。编制价差的主要依据有结算工、料汇总表和材料代用核定通知单。

（四）各项工程费用的调整

工程结算中产生的项目增减及工程量差均将影响工程直接费的变化。结算中应按有关规定对工程的各项基本费用进行调整，其中应特别注意的是：其他工程费用的调整。

1．非施工单位责任引起的窝工费用的计算与处理；

2．施工机械进出场费用的计算与处理；

3．施工现场水、电费的计算与处理。

四、建筑工程结算编制方法步骤

（一）建筑工程结算直接费调整表编制

根据竣工工程量差值套用预算定额单位估价表，计算工程结算直接费，其计算公式如式（10-1）、（10-2）、（10-3）所示，一般结算编制过程中，工程结算直接费的调整值按两步进行计算。

1. 计算调增部分直接费
2. 计算调减部分直接费

常用建筑工程结算直接费调整表，如表10 5所示：

工程结算直接费调整表　　　　　　　　　　　　表 10-5

工程名称：　　　　　　　　年　月　日　　共　页第　页

序号	定额编号	分项工程名称及说明	单位	工程量	直接费（元）	人工费（元）	机械费（元）
		调增部分					
		调增部分小计					
		调减部分					
		调减部分小计					
		调整值合计					

审核：　　　　　　　　　　　　　　　　　　　　　　　制表：

（二）建筑工程结算工、料量调整编制

根据结算表10-5，按统计表编制方法、常用建筑工程结算工料量调整表，如表10-6所示。

建筑工程结算工、料量调整表　　　　　　　　表 10-6

工程名称：　　　　　　　　年　月　日　　　共　页第　页

序号	定额编号	分项名称及说明	单位	工程数量	材　料		
		调增部分					
		调增部分小计					
		调减部分					
		调减部分小计					
		调整量合计					

审核：　　　　　　　　　　　　　　　　　　　　　　　制表：

（三）计算工料价差调整和其他工程费用计算表

根据工程材料调整量差合计量，按照价差计算办法，计算结算材料价差额。根据合同约定计算工程其他费用。

（四）建筑工程结算造价计算表

1．采用原有施工图预算造价合计结算总价

这种总价明显以原预算造价与调整结算价款之和表现。因此，工程结算造价表中计算的是调整部分的费用。计算中以调整直接费作为计算基础。其他计费程序与表式均与施工图预算编制类同。

2．采用原预算直接费与结算调整直接费合计计算总价

这种总价以原预算直接费与结算调整直接费之和按照相应的结算计费程序与方法重新计算工程结算总价。如表 10-7 所示：

建筑工程结算造价计费表 表 10-7

工程名称：　　　　　　　　　年　月　日　　　共　页第　页

序号	费用项目名称	单	计费基础		费	备 注
一	结算直接工程费	元				
（一）	结算直接费	元				1＋2
1	原预算直接费	元				原预算
2	结算调整直接费	元				结算表
（二）	结算其他直接费	元	结算直接费	%		按地方定额规定
（三）	结算现场经费	元	结算直接费	%		按地方定额规定
二	间接费	元	直接工程费	%		按地方取费标准
三	利润	元	直接工程费	%		按地方取费标准
四	单独计取的费用	元				3＋4＋5
3	特殊保健费	元	直接工程费	%		按地方取费标准
4	安全文明施工费	元	直接工程费	%		按地方取费标准
5	赶工补偿费	元	直接工程费	%		按地方规定计算
五	工、料价差	元				6＋7
6	人工工资调整	元	人工费	%		按地方规定计算
7	主材价差	元				价差计算表得
六	税前造价	元	一＋二＋三＋四＋五			
七	税　金	元	六	%		按国家有关规定
八	劳动保险基金	元		%		按地方有关规定
九	工程结算造价	元	一＋二＋三＋四＋五＋六			

审核：　　　　　　　　　　　　　　　　　　　　　制表：

308

复习思考题

1. 什么是工程竣工结算，通常办理结算方式有哪几种？
2. 办理工程竣工结算的主要依据有哪些？
3. 办理工程竣工结算的原则是什么？
4. 试简述竣工结算的编制程序。
5. 试说明按月结算法的基本步骤与方法。
6. 结算资料整理的重点应考虑哪些方面？
7. 工程施工过程中产生分项工程量差的主要原因有哪些？

第十一章　应用微机编制工程预算

第一节　概　　述

一、应用微机编制预算的效果

随着计算机的发展和计算机应用的不断推广，应用微机编制工程概预算已经相当普遍，并取得良好的效果。

1. 应用微机编制工程概预算，有利于减轻概预算工作者的劳动强度。

由于建筑工程产品的自身特点及其生产过程的特点决定了建筑工程概预算编制涉及内容的复杂性。手工编制建筑工程预算工作量大，花费时间多。同时，整个过程中数据计算量很大，容易发生计算错误；应用微机编制工程预算，可以使预算工作者从繁重的数据计算工作中解脱出来，将更多的精力投入到其他方面，以保证工程造价的正确性。

2. 应用微机编制工程概预算，有效地保证工程概预算编制内容的齐全性和资料的规范性。

建筑工程预算软件设计中考虑到定额应用的地区性，在设置套用定额计算工程直接费的功能时，建立不同地区的定额库（如建筑工程定额、安装工程定额、装饰工程定额、修缮工程定额、市政工程定额等），以满足在不同地区编制不同工程预算的需要。目前软件设计中还设置了跨定额的子目套价的功能，如有时在土建预算中可以调用修缮工程子目。保证了预算编制内容的灵活性。同时由于采用计算机输出打印、使预算资料更加符合文档管理工作的规范性。

3. 应用微机编制工程预算，可大幅度提高工程预算的准确性。

计算机作为现代化管理工具可用它提高管理工作效率、提高社会生产力水平。应用微机编制工程预算、采用微机处理计算过程，保证了计算速度和结果的准确程度。

二、应用微机编制工程预算的发展

在我国"电算预算"工作的发展过程大致可划分为三个阶段：

1. 试点阶段

我国在 20 世纪 70 年代初期，开始进行应用微机编制工程预算试点研究，并取得预期效果。

2. 工程概预算编制程序推广应用阶段

从 20 世纪 80 年代中期到 90 年代中期，在我国计算机的应用得到推广与普及、特别是"汉字系统"的开发成功，为工程概预算软件开发与推广提供了可靠的基础与广阔发展空间。在此整个期间，工程概预算软件开发方面一直停留在"建筑工程预算书编制"上。到 1990 年代中期才实现新的突破。

3. 应用微机自动编制工程概预算系统的形成阶段

（1）自动计算工程量软件开发成功，使自动编制工程预算成为了现实。1990 年代末期有"神机妙算"、"梦龙科技"、"广联达"、"海文电脑"……多家软件公司，经过多年的研究，先后成功开发了"建筑工程工程量自动计算"与"钢筋翻样"系统软件，并将其迅速推向市场。这使应用微机自动编制建筑工程概预算可望成为现实。使微机在建筑工程概预算编制工作乃至工程项目管理领域中的应用水平实现了新的飞跃。

（2）应用微机自动编制工程预算的程序。

根据工程预算编制资料，按照预算编制过程，结合"工程量自动计算"、"钢筋翻样"和"建筑工程预算书编制"软件的使用方法。工程预算编制、工程量计算、套用定额、费用计算，全部过程均由计算机来完成。

微机编制工程预算程序可描述为：如图 11-1 所示。

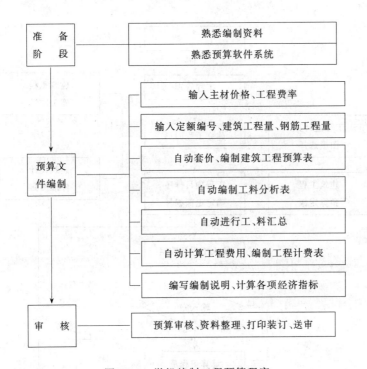

图 11-1 微机编制工程预算程序

第二节 应用微机编制工程预算的基本思路

应用微机编制建筑工程概预算的基本思路，可以形象地描述为：手工编制建筑工程概预算"机器化"。

一、手工编制建筑工程预算的主要步骤

手工编制工程预算的基本步骤如下：

1．收集、熟悉预算编制资料；

2．计算工程量；

3．套用预算定额估价表、计算直接费；

4．套用单位估价汇总表，进行工料分析、统计，计算工、料用量；

5．进行工、料汇总、计算主材价差；

6．编制工程计费表、计算工程费用；

7．编写编制说明、计算经济指标。

二、应用计算机编制工程预算的思路

建筑工程预算软件系统主要可分为两大块：即预算工程量计算和建筑工程预算书编制。

（一）工程量计算软件程序设计思路

工程量计算系统包括建筑工程量自动计算系统和钢筋翻样系统两个部分。目前系统采用的工程量计算方法主要为图形计算。按预算编制过程，计算工程量应用软件系统如框图11-2所示。

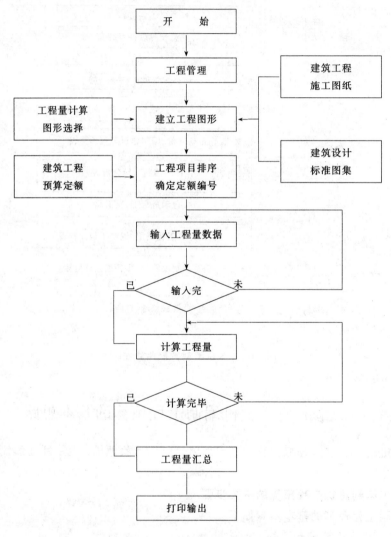

图 11-2　工程量计算系统设计

（二）建筑工程预算软件设计思路

建筑工程预算书编制过程主要任务是建筑工程预算表的编制。其重点难点是工程预算编制过程中数据算法处理，包括定额套用（含定额换算）、工料统计、造价计算三大步骤。
微机预算编制程序软件设计框图如图 11-3 所示。

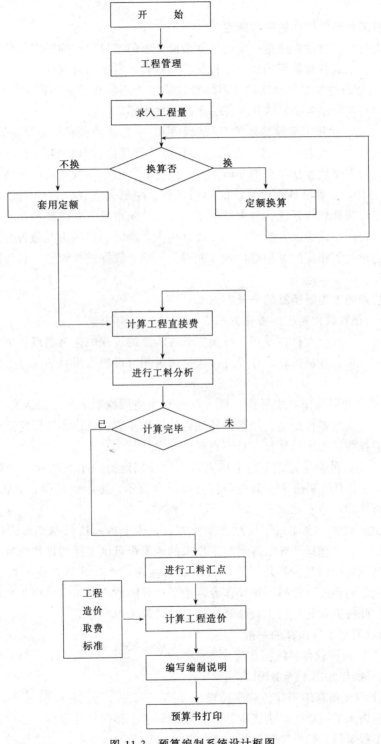

图 11-3　预算编制系统设计框图

第三节　应用微机编制工程预算的方法

一、建筑工程预算软件的主要特点

建筑工程概预算软件程序是一个比较复杂而完整的半封闭式的系统，经过多年开发研究和不断改进，现有各地使用的微机工程预算软件具备显著的特点：

1．适应性强。建筑工程预算软件系统可以适应于不同地区、不同时期建筑工程预算编制过程。并可任意录入、修改、补充、删除有关内容。

2．使用方便。建筑工程预算软件系统设计中，一方面使微机编制程序尽量采用与手工编制工程预算相同的程序。另一方面工程预算软件程序操作方式，采用"菜单式"提示。使人机对话方便性达到相当简便而随意的程度。工程预算软件使用灵活而方便。

3．维护方便。工程预算软件系统的使用优势，主要表现在一是使用方便，二是维护方便。建筑工程预算软件系统，为方便使用和适应建筑市场不断发展的要求，在满足通常所指方便性（程序中设置录入数据的补、改、插入、删除、错误指令警告与拒绝执行等功能）之外，还设置了相应的可调整内容。如对某些原始数据进行调整。它为系统维护提供了较大的方便。

二、微机编制工程概预算的一般方法

（一）微机预算软件系统的操作方式

操作方式是指机上人员在使用工程预算软件程序的过程中，为实现各个步骤目标所采用的操作方式。根据微机预算软件设计过程中所采用（设想采用）的操作方式，一般有以下几种：

1．步骤式　此种操作方式是指上机人员按程序使用说明书规定的操作步骤来完成工作任务的方式。其主要特点是：严格执行规定的操作步骤，操作顺序固定不变。程序设计比较简单，但操作过程比较呆板、且不直观。

2．问答式　此种操作方式是指上机人员采用按规定的顺序不断回答计算机所提出的问题的方式来工作任务的方式。其主要特点是屏幕显示；提示性较强，人机对话性较强，但操作节奏与操作顺序不易改变。

3．选择式，又称"菜单式"　此种操作方式是指上机人员根据工程内序容与工程预算编制过程的需要，选择计算机屏幕显示出来的若干个可供选择的操作内容来完成工作内容的方式。其主要特点是：操作灵活；人机对话性强，直观且具有逻辑性，使用十分方便。特别是操作内容的可选择性给操作者创造了良好随意选择操作顺序为系统提供了良好的维护环境。此种方式是目前工程预算软件系统普遍采用的方式。

（二）微机编制工程预算的一般方法

1．建筑工程预算软件系统操作程序图

"菜单式"操作如图 11-4 所示。

2．建筑工程概预算编制软件程序操作

（1）管理进入系统后，点击工程管理，显示原有工程代号与名称。选中已有工程代号可查阅已有工程资料；选择新建则可以由上机人员输入工程资料，建立新的工程账号。

（2）数据录入。点击数据录入，指令系统进入选中工程录入数据阶段。按照工程内容

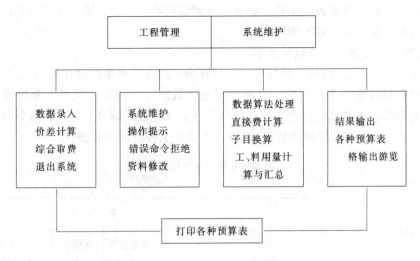

图 11-4 "菜单式"预算软件操作程序图

录入工程量，并对需要换算的工程子目进行换算。进行条件与方法的选择。

（3）定额换算

在［数据录入］时，由于工程分项所要求的工作内容与选定的定额子目的工作内容不同，需要进行换算，根据工程资料，按照相应的换算方式，其计算机编制预算的换算操作方法，基本与手工制中的做法一致：

1）系数换算：在分项目录表中点击需要进行换算的子目名称。选择［系数换算］框，选定分项工程中被换部分（工、料、机）。直接添加换算系数值即可。

2）配合比换算：在分项目录表中，点击需要进行配合比换算的子目录名称，选择［配比换算］框，利用屏幕显示出的分项子目的工、料组成目录，选定目录中被换出材料栏。点击［选择配比］框，指定混凝土、砂浆、混合料配比中的换入材料配合比，点击后退出，配合比换算完毕。

3）材料换算：在分项目录表中，点击需要进行材料换算的子目名称，选择［材料换算］框，利用屏幕显示出的分项子目的工、料组成目录，选定目录中被换出材料名称，点击［选择材料］框，指定工程材料名称、规格、单价表中的换入材料名称，点击后退出，材料换算完毕。

（4）直接费计算与工料分析。点击预算编制命令，自动计算工程直接费，编制工程预算表；点击工、料分析、指令系统，自动计算各种工、料用量，编制工、料分析表。

（5）计算材料价差。录入或修改材料市场价格表，计算价差。

（6）计算工程造价。根据工程类别和工程承包合同资料，录入或修改取费标准（系数）。并按相应取费程序进行计费，编制工程造价计费表。

（7）预算表资料打印输出

建筑工程预算资料打出形式通过常有两种（同时为方便使用，系统中都有打印预览，可以在资料打印前对结果进行审查，发现问题及时改正）：

1）按基价表式输出工程概预算书

选择［打表打印］，选择［基价表式］预算书，分别点击，打印预算表（单价表）、工、料分析表、材料价差表、工程计费表、编制说明表。各种表格的格式均如同人们常用的基价表编制建筑工程预算的表格。

2）按报价单式输出工程概预算书

选择［报表打印］，选择［报价单式］预算书，点击［单项报价计算］，系统根据原已输入的工程资料（分项工程内容、名称、规格、做法等）和价格资料、基价表、取费标准、调价文件等。按照规定的程序，分别计算各分项工程的综合单价（指含各种费用的单位价格）。表11-1再按［报价计算］，系统自动计算工程报价并制表，见表11-2。

建筑工程分项综合单价计算表   表 11-1

工程名称：

序　号	分项名称	单　位	基　价	人工费	费　用　分　析				
					其他直接费	现场经费	间接费	利　润	……

审核   计算

建　筑　工　程　报　价　单   表 11-2

工程名称：　　　　　　　年　　月　　日　　　共　页　第　页

序　号	分项编号	分项名称及说明	工程量	分项综合单价	合　价
	合　计				

审核   计算

此种方法中其他各种表格的打印均与第一种方法中所说明的相应表格的形式相同。

（8）打印浏览：为保证各种表格形式及编制过程的计算结果的正确性，操作人员可打开［打印浏览］框，实现过程审查之目的，浏览时发现问题，则可退出后再行修改、补充与调整。

（9）定额维护

1）参照相应定额编制新子目定额，参照某一分项定额的消耗标准，通过对分项子目修改的办法来制订新的分项子目消耗标准的方法，其操作步骤为：打开系统维护、选择［子目输入］先输入一已有定额（名称、代号）（可参相近子目），再删除子目中材料、基价、各种组成费用（或改为零）；然后按新的分项子目的要求、输入分项所需工、料、机名称、代号、单价等资料、存盘后退出。

2）定额库修改，选择［定额维护］，浏览定额项目，指定需进行修改的分项子目名称，打开子目组成，通过浏览进行相应的修改，可修改的内容包括：分项工料名称、规格及其基价等。

3）补充材料库：为满足材料换算的需要，对所换材料若材料库中还没有的材料，须进行补充，选择定额维护，打开材料库，输入新的材料名称，单位规格与预算价格与工、料代号。应当注意的是：输入新的材料时，其代号不能与原材料库中已有材料代号相同；补充完毕，存盘退出即可。

复 习 思 考 题

1．应用微机编制工程预算有什么效果？

2．日前工程预算软件都有什么特点？

3．简述自动编制工程预算的程序。

4．试说明应用微机编制预算的基本思路。

5．试说明工程预算书编制软件操作步骤。

6．日前预算软件中采用的操作方式是哪一种，有什么特点？

7．应用工程实际，进行机上训练，要求打印结果。

参 考 文 献

1．袁建新主编．建筑工程预算，第二版．北京：高等教育出版社 2000

2．袁建新，迟晓明编著．施工图预算与工程造价控制．北京：中国建筑工业出版社，2000

3．袁建新主编．建筑工程概预算．北京：中国建筑工业出版社，1997

4．车复周编著．土建预算快速手编技巧，第 2 版．北京：中国建筑工业出版社，2000

5．杨博主编．建筑工程预算．合肥：安徽科学技术出版社，1994

6．郭瑜．建筑装饰工程预算．山西省定额站，2001

7．沈祥华主编．建筑工程概预算．武汉：武汉工业大学出版社，2001

8．李成贞．建筑工程概预算．长沙、湖南科学技术出版社，1997

9．全国统一建筑工程基础定额．北京：中国计划出版社，1995

10．全国统一安装工程预算定额，第二版．北京：中国计划出版社，2001